前 言

心平气和，是建设国泰民安美好生活的心理资源。几千年来，中国人秉持着崇尚平和的传统。一方面，平和作为中国人的传统人格，是中国人追求的境界，亦是人格健全的表现。人格健全者会按照自己选择的人生目标不断进取，从而达成美好的人生理想，谓之民安。另一方面，当前中国社会正处于由传统向现代乃至于后现代的急剧转型期。社会学家将转型期中国人社会心态的基本特征归纳为人格的双极化或社会心态的两极化，既包括积极的社会心态，又包括消极的社会心态（周晓虹，2014b）。国家社会治理体系的建设离不开社会心理服务体系的建设，更离不开对积极社会心态的培育，因为国家发展的本质是人的发展，而人的发展离不开心理的健康发展。只有心安，方有民安，只有民安，方有国泰。

己亥末，庚子春，新型冠状病毒（2019-nCOV）疫情在全球流行，深深地影响了每个人。在社会性的恐慌与混乱中，平和是心安的基础。新型冠状病毒的迅速传播，引起大众的恐慌和心理健康水平的下降（方登星，董翠萍，2020；韩慧琴，陈珏，谢斌，2020；马楷轩等，2020）。Bao 等（2020）提出了应对精神压力的建议：评估所披露信息的准确性，完善社会支持系统，在安全条件下维持正常生活，积极使用社会心理服务系统等。平和与理性是运用这些建议的心理基础。关于平和的研究成果可以在健全国民人格、培育积极心态上发挥重要作用。

1 推动中国化健全人格研究的学术需要

如何认识和理解中国化的健全人格是当前重要的学术议题之一。2015年，心理学家黄希庭先生正式提出了健全人格理论。黄希庭教授带领的健全人格研究团队自1996年开始，经过20多年的潜心探索后提出，健全人格是一个开放系统，是指一个人按照自己规划的人生目标，不断发掘自己的潜能，不断地向幸福进取（黄希庭，2017）。因此，健全人格模型也称为幸福进取者模型。幸福进取者是一个具有人生理想的人，而要达成美好的人生理想，就必须具备勤于学习、善于思考、心胸宽广、追寻理想、人际和谐、心境平和、勇于担当等优良品格。健全人格并不等同于西方的健康人格（黄希庭，尹天子，2012）。所有人都可以成为人格健全的人，所有人的人格都有一个发展过程，并且是个性化的。

由于社会文化的差异，中西方在基本人格结构上可能是不相同的（曾红，2003；曾红，杨鑫辉，2001）。在西方人的自我结构中，个人跟社会是分离、对立的，强调个人的独特性；个人跟社会的界限是很清楚的。但是中国人的自我结构比较复杂，至少包含两个成分：个人成分和关系成分。几千年来，中国文化已经形成了自己的价值偏好，主要有：责任先于自由，和谐高于冲突等（陈来，2016）。当前关于人格心理学的研究基本上都是基于西方心理学的理论。如果完全使用西方人格心理学的概念，可能会带来水土不服的问题。比如，学界普遍将西方心理学中的“Self-esteem”翻译成“自尊”并在此基础上进行研究。事实上，“Self-esteem”与中国文化中的自尊是两个不同的概念。一般来说，“Self-esteem”指的是基于自我评价的自我感觉（Self-feeling），通常涉及自我欣赏或者自我喜爱与否；而自尊指的是保护自己的人格尊严，二者差异很大。中国人讲到自尊的时候强调的是个体和群体的尊严需要得到社会的认可，因此，中国文化下的自尊概念侧重于社会交往和社会层面对价值的认可，带有道德、脸面国家社会科学基金“十三五”规划2019年度教育学一般课题“幼儿教师职业倦怠的正念整合预防模式研究”（BBA190027）研究成果

大学生平和倾向的心理学研究

何元庆◎著

安徽师范大学出版社
ANHUI NORMAL UNIVERSITY PRESS
·芜湖·

图书在版编目(CIP)数据

大学生平和倾向的心理学研究 / 何元庆著 .— 芜湖：安徽师范大学出版社，2020.12
ISBN 978-7-5676-4899-9

Ⅰ. ①大… Ⅱ. ①何… Ⅲ. ①大学生 - 青年心理学 - 研究 Ⅳ. ①B844.2

中国版本图书馆 CIP 数据核字(2020)第 248027 号

大学生平和倾向的心理学研究 何元庆◎著
DA XUESHENG PINGHE QINGXIANG DE XINLIXUE YANJIU

责任编辑：辛新新 责任校对：李 玲
装帧设计：张 玲 责任印制：桑国磊
出版发行：安徽师范大学出版社
芜湖市北京东路1号安徽师范大学赭山校区
网 址：http://www.ahnupress.com/
发 行 部：0553-3883578 5910327 5910310(传真)
印 刷：苏州市古得堡数码印刷有限公司
版 次：2020年12月第1版
印 次：2020年12月第1次印刷
规 格：700 mm × 1000 mm 1/16
印 张：18.25
字 数：260千字
书 号：ISBN 978-7-5676-4899-9
定 价：52.80元

和地位的意味，跟西方带有自信、自我肯定的自我感觉概念是不一样的。中国文化下的自尊包含个体、民族和文化自尊等，与“Self-esteem”完全不同。因此，要弄清中国人自尊的内涵，不可盲目搬用西方人格心理学的概念（舒首立，郭永玉，黄希庭，2015）。

心理学界越来越强调要从中国的实际出发研究中国人的人格。在人格研究中国化的过程中，要吸收西方人格心理学中优秀的方法，中国心理学者对此已经做出积极的行动，如智慧（陈浩彬，汪凤炎，2013）、面子（翟学伟，2004）、羞耻（李阿特，汪凤炎，2013）、自立（夏凌翔，黄希庭，吴波，2008）、自尊（舒首立，郭永玉，黄希庭，2015）、自信（毕重增，黄希庭，2007）、自强（郑剑虹，2004）、自谦（胡金生，黄希庭，2009）、诚信（吴继霞，黄希庭，2010）、勇气（程翠萍，黄希庭，2016）、节俭（李林，黄希庭，2014，2016）、自省（王立皓，汪凤炎，2010）等，但是在中国人重视的平和上，却少有涉猎。

平和指心理和精神上平静安宁，学界目前关于平和的概念还不够明确。关于平和的研究大多集中在生活质量、宗教、医学和人力资源等研究领域（王诗茗，张振铎，刘兴华，2016）。内心平静一直是中国传统文化追求与向往的状态和境界。从国内研究的情况来看，截至2020年1月5日，以“平和”和“平静心境”为关键词在知网上检索，共查找到相关中文文献分别为123篇和4篇。从心理学学科领域来看，以“平和”和“平静心境”为主题共检索到相关文献分别为12和2篇。这说明平和受到了一些学科的关注，但在心理学领域的研究成果较少，尚处于起步阶段。因此，在国内开展平和方面的相关心理学研究显得尤为迫切。

重视对平和倾向的研究，可以推动中国化健全人格的学术研究。平和作为中国传统文化追求和向往的境界之一，是具有东方特色的人格心理学概念。社会文化的差异导致不同文化背景下对“幸福”的定义也有所不同，中国个体更倾向于用“和谐”和“平衡”来定义幸福感（Lee，Lin，& Huang，2013）。研究发现，中国人受儒道释文化的影响，偏好低唤醒的正向情绪，如“安适”与“平静”（Tsai，Knutson，& Fung，2006）。因此，研究平和倾向是对中国人追求心平气和的学术理解与时代回应，更是展示文化自信与担当心理学全球化责任之所在。因为心理学必须对源自不同文化、各种各样的心灵世界逐一进行细致探讨，剖析它们的内涵，才能对人类的心灵生活和心理活动有更为全面的理解（Teo & Febbraro，2003）。

2 培育积极社会心态的心理学时代使命

新时代我国社会主要矛盾是人民日益增长的美好生活需要和不平衡不充分发展之间的矛盾，社会心态的好坏是两者是否协调的指标。不平衡不充分的发展带来的阶层分化、贫富差距，诱发了大量的消极社会心态。关于社会心态的概念，国内学者较为认同的是：在一段时间中，弥散在整个社会或某个类别社会群体中的宏观社会心境状态，是整个社会的情绪基调、社会共识以及社会价值观的总和（杨宜音，2006）。积极社会心态是在一定的历史时期中，能够服务于国家和社会发展的需要，促进社会成员自由全面发展，并能发挥关键和核心作用的那些积极、正向的社会心态（欧阳瑜华，2017）。社会心态培育，可以理解为社会心态的养成、教育和引导，即将不良的社会心态转变为良好的社会心态的过程（俞国良，谢天，2018）。

2016年10月25日，中共中央、国务院印发了《“健康中国2030”规划纲要》，通过推进健康中国的建设，来提高国民的健康水平，强调培养国民自主自律的健康行为。2017年10月18日，党的十九大报告首次从社会治理的角度提出“加强社会心理服务体系建设，培育自尊自信、理性平和、积极向上的社会心态”。2019年12月18日，卫生健康委、中宣部、教育部等12个部委印发了《健康中国行动——儿童青少年心理健康行动方案（2019—2022年）》，提出到2022年底，基本建成有利于儿童青少年心理健康的社会环境，形成学校、社区、家庭、媒体、医疗卫生机构等联动的心理健康服务模式。

社会治理的核心是“人”的问题（辛自强，2018）。那么，强化心理健康服务和社会心理服务建设是完善社会治理体系的重要内容。前者是后者的基础，后者决定前者的效果，两者是社会治理的重点内容（俞国良，2018）。有学者对12个试点地区的社会心理服务体系建设的推进情况进行了评估：我国社会心理服务体系建设工作的“实然”与“应然”仍存在较大差距，还有较大的改善空间（池丽萍，辛自强，2019）。在过去的40多年，社会心态变化迅速，反映了社会急速转型过程中社会心态的流变，消极社会心态比例有所增加，因此，党和政府明确提出了要培育积极社会心态。

近10年来，社会心态已经成为心理学研究的核心内容之一（辛自强，2018）。中央文件和政府政策为心理学服务于积极社会心态培育提供了依据和导向，也宣告了心理学工作者的历史使命。总之，从系统化的角度加强心理健康服务与社会心理服务、完善现代化社会治理体系，是提升个体心理健康水平、促进人际关系和谐和消极社会心态转化为积极社会心态的重要举措，更是促进社会稳定发展、实现国泰民安和中华民族复兴的重要基础。心理健康是美好生活的前提，社会已经发展到国民的身心健康问题不再仅仅是个人问题而是社会问题的阶段，所以要从更高的维度即社会层面来解决个人心理健康问题（王俊秀，陈满琪，2019）。平和等积极社会心态的培育是社会心理服务体系建设中的重要内容。因此，培育积极社会心态是当今心理学科的时代使命之一。

遗憾的是，心理学对平和的内涵、结构、特点与影响因素尚没有系统和深入的研究。笔者初步认为平和的人格倾向、积极的平和情绪是个体心理健康的基石之一。平和倾向是一种个体的人格倾向，其在情境中表现为一种积极情绪，是积极社会心态的重要元素。积极社会心态中的理性平和有一个重要的内涵是，认识到客观存在的社会差异，并接纳差异、利用差异并达到求同存异。因此，研究与提升个体的平和倾向，有助于积极社会心态的形成。

2015年，习近平总书记提出构建亚洲命运共同体的重大倡议。几年来，亚洲国家在迈向命运共同体的过程中，合作意识有所增强，合作实践有所增加，积累了合作经验，进一步地，人类应该朝着全球命运共同体的方向努力。然而，当今世界局势复杂多变，经济等领域竞争加剧，如何在单边与多边冲突中实现合作，为构建人类命运共同体提供心理学资源，是心理学研究者义不容辞的责任。

前所未有的新冠肺炎大流行，深刻表明了全球的紧密联系及其脆弱性，构建人类命运共同体需要各国紧密合作，落到实处。2020年3月26日，在二十国集团领导人应对新冠肺炎特别峰会声明中提出：加强全球合作，将同一线国际组织，特别是世界卫生组织、国际货币基金组织、世界银行以及多边和区域开发银行一道，迅速果断开展合作。二十国集团领导人承诺共同增加疫苗和药品研发基金，利用数字技术并加强科研全球合作，评估大流行病防范方面的不足，并在未来几个月内向财政和卫生部长联席会议报告，以期建立关于大流行病防范和应对的全球倡议。然而，各国的紧密合作并不会一帆风顺，需要学界提供研究成果，强化对理性与平和的科学认知，以创设合作的基础。

少年强则中国强。2019年3月1日，习近平总书记在中央党校（国家行政学院）中青年干部培训班开班式上强调，人格是一个人精神修养的集中体现。要立志做大事，不要立志做大官，保持平和心态，看淡个人进退得失，心无旁骛努力工作，为党和人民做事。讲话中所蕴含的平和精神追求，也是大学生健全人格的努力方向。因此，在新时代背景下探讨大学生的平和倾向，具有时代的紧迫感和任务的艰巨性。

探讨平和倾向及其对合作行为的影响是当前社会治理的现实需要。研究平和倾向的影响因素、培养路径，为理性平和提供了心理基础，也为转化消极社会心态提供了前提条件。新时代美好生活的一个侧面是积极社会心态占主流，那么将当前消极社会心态，如恐慌（杨宜音，2015）、焦虑

（周晓虹，2014a）、拜金（孙时进，2014）、浮躁（杨宜音，2014）转化为平和与理性等积极社会心态十分重要。

本书立足于健全人格研究的学术背景和中国社会治理的实践背景，以大学生为研究对象，通过混合实证的研究方法，尝试回答以下问题：（1）大学生平和倾向是什么，包括平和倾向的概念和结构等问题；（2）大学生平和倾向怎么样，包括大学生平和倾向的总体特点如何，性别、年级和专业等人口学变量差异如何；（3）大学生平和倾向为什么如此，包括认知与人格因素对大学生平和倾向具有什么样的影响；（4）大学生平和倾向有什么作用，尤其是对合作具有怎样的影响等；（5）通过不同的诱发方式，提升大学生平和情绪，进而促进大学生的合作，是否可行？

目　录

第一章　文献综述与问题提出

当今社会，平和逐渐成为学者、政府和公众关注的热点。本书先对国内外平和研究的进展进行梳理，讨论了平和与合作的关系，接着对我国传统文化中的平和思想进行初探，在前人已有研究的基础上，提出研究的问题、对象、内容和方法。

第一节　文献综述

本节分三部分介绍平和与合作的相关研究。第一部分，为综述的主体部分，主要从平和的概念、测量、影响因素、作用以及文化差异性等五个方面梳理平和的研究现状；第二、三部分，主要阐述合作与平和之间的关系。

1 平和

平和是普遍、复杂的心理现象。平和作为词语，最早的记载约出现在春秋时期，与审美心理、音乐标准以及自我修养有关。《左传·昭公元年》曰：“中声五降，五降之后，不容弹矣。于是有烦手淫声，慆堙心耳，乃忘平和，君子弗听也。”平和是音乐审美中的重要准则（苗建华，2000），凡是能使人保持平和之心的音乐即“中声”，否则即为“淫声”（让人过分喜悦、悲伤的音乐）。平和之乐是音高、速度适中、情感表达有所节制的音乐，所谓平正谐和、调和也。

古人认为，平和是重要的君子之德，需要通过修身养性来获得，提高修养的媒介之一是音乐。《史记·乐志》曰："感涤荡之气而灭平和之德，是以君子贱之也。"因为"淫声"所携带的乱逆气息会侵袭、损害平和的德行，君子必然批判这样的音乐。《新论·琴道》曰："琴之言，禁也。君子守以自禁也。"禁，自我修养的涵义跃然纸上。古代君子正是通过弹奏、聆听平和之声来增长平和之德。平和之德在人的情绪和心境上是宁静，在性格和行为上是温和、不偏激。如宋朝司马光在《辞左仆射三札子》中写道："酌宽猛之政，处大小之事，必平和允惬，曲尽其宜。"

文化传统中，平和从调和音乐的审美准则逐渐扩展到了个体的情绪体验、性格特点、处世原则、精神追求以及治国理念，其核心是平衡调节、趋向和谐。党的十九大报告指出："加强社会心理服务体系建设，培育自尊自信、理性平和、积极向上的社会心态。"笔者对学术领域关于平和的相关研究进行了梳理，发现"平和"尚没有作为一个独立的概念进入心理学研究领域。前人对平和的相关概念进行了研究，取得了一些有益成果。

1.1 平和的概念

以"平和、平静、心境"等中文关键词与"Serenity、Equanimity、Peace of Mind、Inner Peace、Personal Peacefulness、Composure"等英文关键词检索文献，发现的有关平和的概念见表1-1。

中国对平和的研究分布在幸福感、正念与心境领域（刘兴华，徐慰，王玉正，刘海骅，2013；徐慰，符仲芳，王玉正，王晓明，安媛媛，2017）。与平和相关的概念有内在的平静与安适、平静心境和内心平静等。

西方对平和的研究分布在医疗领域，如护理（Blue，2009；Roberts & Aspy，1993）、临终病人（Messenger & Roberts，1994）、癌症晚期（Pomm，Shahady，& Pomm，2004；Thygeson，Hooke，Clapsaddle，Robbins，& Moquist，2010）领域，宗教（Wallace & Shapiro，2006）、灵性和幸福感（Kreitzer，Gross，Waleekhachonloet，Reilly-Spong，& Byrd，2009）领域，和平心理学（Anderson，2004；Nelson，2014a）领域。受文化的限制，西方心理学对平和的讨论较少，并且不认为平和属于一个独立的心理构念，而将其归为体验、灵性或者和平的下位概念。

表1-1　平和相关概念的分类

概念	定义	学者	类别
内心平静	一种良好的健康状态,一种和焦虑相反的状态	Kraft(1992)	状态性平和
内在的平静与安适	内心平和与和谐的状态,是东方幸福感的主要组成部分	Lee(2012); 李怡真(2008)	状态性平和
内心平静	心灵上的一种平和、安宁	徐慰(2013)	状态性平和
平静心境	平静心境或体验,既非愉悦又非不愉悦;是低度唤醒的正向情绪	刘兴华,王诗茗(2016)	状态性平和
内心平静	心理和精神上的平和状态	林道武(2014)	状态性平和
安静自我	是宽恕(Forgiveness)、观点采择(Perspective-taking)、独立意识(Detached Awareness)、成长(Growth)的综合	Wayment,Bauer(2018); 张舒(2017)	倾向性平和
意义性平静	在任何事情中找到意义(包括痛苦),产生人性和内心的平静	Victor Frankl(1963)	倾向性平和
持续平静	持续的内心平静状态	Gerber(1986)	倾向性平和
平静精神	不依赖于外部事件,在好的和坏的时期都是持续的	Oates(1979)	倾向性平和

续 表

概念	定义	学者	类别
平静的精神体验	独立于外部事件的一种内心平静的精神体验，尽管身处消极环境，仍有一种学习过的、低强度积极情绪，反映了人类心理的整合性与和平性	Roberts，Whall(1996)	倾向性平和
低水平暴力	低水平的暴力与和谐的关系	Anderson(2004)	倾向性平和
非暴力	没有暴力，促进状态、态度和行为的和谐	Nelson(2014)；Sims(2014)	倾向性平和
内心的平和、宁静、平静	不受压力影响的性格：去除消极的态度和信念，代之以积极的态度和信念	Connell，Skevington(2010)	倾向性平和
开悟、启蒙	与宗教有关的启蒙、开悟	Fraser(2010)	倾向性平和
与爱有关的精神建构	不一定对负性事件感到快乐，而是尽管发生了这些事件也能体验到平静	Roberts，Aspy(1993)	倾向性平和
内心宁静、安宁	包含与平静、安宁、无忧无虑有关的行为和认知的生活方式	Floody(2014)	倾向性平和
内在中立	开放而冷静的精神状态：中性情绪和不被偏差影响的内在中立状态	Desbordes(2015)	倾向性平和
心理上的平静	自我的完整性或世界观的完整性与经历之间的一致性或平衡	Van，Green(2010)	倾向性平和

从梳理的相关概念来看，平和概念的界定呈现出百花齐放的态势。目前，在描述有关平和的概念时，学者从状态性和倾向性的角度对平和的内涵进行了探讨。对状态性平和与倾向性平和的区分，有助于我们更好地理解平和。

1.1.1 状态性平和

一些研究者强调平和的状态性，西方文献描述的平和是一种与焦虑相反的、积极的情绪，是内心各部分与外部冲突解决的结果。1400—1500年，“Serenity”开始被用来描述一种积极的情绪状态（Kay & Wotherspoon，2004），如性情平稳、平静、冷静、镇静、安稳、宁静和泰然自若的状态。“Relaxed”是“Serenity”的常用描述（Clark，Milberg，& Erber，1984）。Kraft（1992）提出，内心平静是一种良好的健康状态，是一种和焦虑相反的状态。

台湾学者李怡真认为，内心平和与和谐的状态，是东方幸福感的主要组成部分，提出安适幸福感的构念。身心安适的平静以及随遇而安的恬淡与平和直接相关。刘兴华团队提出：平静心境或体验，既非愉悦又非不愉悦；是低度唤醒的正向情绪。林道武认为，内心平静是指个体心理或者精神上的平和状态，是一种有丰富的知识和涵养，在面对不和谐或紧张时内心平和的状态。东方的状态性平和是一种平静情绪、平和情绪与平和心境，提炼出了与平和直接相关的情绪和心境范畴，即中国人强调的安适恬淡和平静心境，为研究平和倾向打下了良好的基础。

1.1.2 倾向性平和

东方尚无心理学者从倾向角度阐述平和的概念，黄希庭先生在论述健全人格体系构建时，提到心境平和（黄希庭，2017）。西方心理学领域关于平和的讨论较少。然而，它出现在相关的概念中，如宁静、平静、接受、非判断、非努力、非反应，尤其是在正念冥想练习中。在西方，学者主要涉及的是倾向性平和，描述其跨时空稳定的倾向，强调平和的超越性、不被偏差影响的内在中立性以及非暴力性的人格。下面从三组概念来展开讨论：

（1）超越性平和。突出平和的精神性与超越性，从意义、宗教和非宗教中获得启蒙，并在对人类有了全面理解之后，建构与爱有关的精神品质、意识水平。平和与心灵的平静有关，但不仅是心灵的平静，还是一种内在的和平。精神性是指人类的内在本性，它涉及崇高的道德价值观，如善良、归属、爱和正义。精神性可能包括宗教，也可能不包括宗教（Dossey，2007；Magyar-Russell et al.，2014），如安静自我（Quiet Ego）概念中并没有涉及宗教的内涵（Wayment & Bauer，2018；张舒，2017）。真正健康快乐的心灵在于如何控制欲望和依恋，保持内心的平静。在一些文化中，内心的平静被视为一种意识的启蒙，它可以通过祈祷、冥想、打太极拳或练瑜伽等多种形式逐步培养起来。

Tongeren 和 Green（2010）提出，心理上的平静与自我的完整性或自己世界观的完整性有关。他们建议，为了保持心理上的平静，意义的来源必须被保留。每当一个人体验到自我意义的某一领域被破坏时，另一种意义的来源就会得到支持，以恢复心理上的平静。这一术语代表着一种评价过程，将平静等同于一个人的世界观和个人经历之间的一种一致性或平衡状态。一种持续的内心平静状态必然具有倾向性。

宁静（Serenity）是一种与善良、诚实、爱、慈善以及宇宙的关系有关的精神建构，一些人拥有了正式的宗教教条，不一定会对不受欢迎的生活事件感到快乐，而是尽管发生了这些事件也能体验到平静（Roberts & Aspy，1993）。维克多·弗兰克的经典著作《人类对意义的追寻》讲述了他在纳粹集中营的经历以及他对幸存者的观察。他认为，人们可以在任何事情中找到意义（包括痛苦），这样他们可以找到人性和内心的平静。

（2）中立性平和。突出平和作为生活方式的独立性，不受压力影响的性格，开放而冷静的精神状态：不被偏差影响的内在中立，不依赖于外部事件，在积极与消极的情境中都能保持持续的平和、宁静。Roberts 曾将“Serenity”定义为一种精神状态，可以减轻压力，促进健康，随后，将“平静”定义为独立于外部事件的一种内心平静的精神体验，尽管身处消极的环境，仍有一种学习过的、低强度积极情绪，反映了人类心理的整合性与和平性（Roberts & Whall，1996）。“Serenity”包含与平静、安宁、无忧无虑有关的行为和认知（Floody，2011）。与快乐和满足不同的是，平和不依赖于外部事件，在好的和坏的时期都是持续的。Skevington 等认为，内心的平和、宁静、平静是一种不受压力影响的性格：去除消极的态度和信念，代之以积极的态度和信念（Connell & Skevington，2010）。

一些研究者试图在现代心理学和神经科学的背景下，使用佛学框架阐明平和的概念。Desbordes 等（2015）认为，“Equanimity”可以被定义为对所有经历或事物的一种平和的性格倾向，面对外在事物开放而冷静的精神状态，包含中性情绪及不被偏差和选择影响的内在中立状态，不管事物的起源或情绪效价（愉快的、不愉快的或中性的）。平静也包括一定程度的不偏不倚，它是“一种不能被偏见和偏好所左右的心态”，“面对任何一种体验，不管是否存在快乐（或）痛苦”。这种平静的状态表现为“对快乐和痛苦的平衡反应，它保护一个人免于情绪激动”。他用“Even-mindedness”这个词来定义平静、稳定和沉稳的状态。Grabovac、Lau 和 Willett（2011）将平静描述为“以同样的兴趣接近愉快、不愉快和中性事物的体验”。这违背了个体寻求愉快事物和远离不愉快事物的习惯倾向。Desbordes 等（2015）明确提出：①平和与一个人的感知体验的关键变化相关；②平和与情绪调节策略具有一定的共性；③平和会影响对压力源的情绪和生理反应过程。

（3）非暴力性平和。突出平和的低水平暴力或者非暴力性。从和平心理学的视角，提出非暴力与和谐是平和的主要维度。1990年8月11日，美国心理学会（APA）和平心理学分会在第一次会议上声明：成立此分会的目的是鼓励有关和平，非暴力解决冲突，战争的原因、后果、预防和其他形式的破坏性冲突心理学研究、教育和培训。近年来，该学会研究的重点从国际关系（世界和平）和社会机构（结构性暴力）转向更多地关注个人行为、态度、情绪、心理和生理整合过程的人格视角。Anderson（2004）将和平定义为个人、家庭、团体、社区和（或）国家经历低水平的暴力并且拥有相互和谐的关系。Nelson、Puopolo 和 Sims（2014）将和平定义为个人倾向于非暴力、促进状态、态度和行为和谐。

鉴于和平人格对人类生存和福祉的重要性，心理学家开始拓宽和平心理学的研究领域，使用评估人格维度的变量，如情绪稳定（神经质）、自我接纳、积极情感、宜人性和亲社会行为。“和平人格”的概念被定义为个人的一个特征，涉及随着时间的推移和跨情境的和平状态、态度与行为的一致表现（Nelson，2014b）。和平的状态包括平静、宁静和安全等情绪，以及自我内在和谐的状态。和平的态度被定义为建立、维护非暴力与和谐关系的信仰和价值观。和平的行为被定义为创造和维持非暴力和谐关系的行为。合作和友善是和平行为的重要内涵。

总之，平和是一种普遍且复杂的心理体验，尽管一些研究成果已经开始探讨其概念，但目前学界尚没有一致的定义。笔者认为，作为一个与哲学、社会学和宗教学等牵涉较深的心理学概念，对其界定和研究需要立足于文化差异性，对平和概念进行更为清晰的界定和梳理。现有的研究提示我们，倾向性平和或者平和倾向是一种个体的人格倾向，其在情境中可以表现为一种积极情绪，即平和情绪或状态性平和。

1.2 平和的测量

从现有研究来看，西方对平和测量问题的探讨，往往与其他的积极情绪情感混合在一起，很少单独讨论平和的测量问题。如 Mack 等（2008）发展的癌症体验量表，对平和并没有明确的定义，问卷上的项目是关于“接受诊断”“内心的和平与和谐”“与癌症和平相处”“内心的平静与安宁”的。宁静简式量表，作为衡量灵性和幸福的工具，包括三个分量表：接受、内在安宁和信任（Kreitzer et al.，2009）。Floody（2011）开发了维特博宁静问卷（Viterbo Serenity Inventory），由更高的力量、和谐、积极性和生活方式四个维度组成。Nelson（2014b）开发了自我感知量表（Self Perception Scale），强调的是对自我的接纳和内心的和谐。由此可见，西方仅仅把平和视为模糊或者附属的心理构念，表征内在安宁、和谐以及对自我的接纳，强调对痛苦的超越或者进入灵性的精神世界，灵性自我、出世取向的特点明显。

以中国为代表的东方平和，突显的是对现实苦难的平静心境（王诗茗等，2016），强调的是淡定地面对意外，温和地与人相处，另外，安适恬淡的特点明显（李怡真等，2008）。笔者尝试从研究文献中提取平和概念，从状态性和倾向性两个角度展开对有关测量工具的分析，以期对平和的结构与本质有更清晰的认识。

1.2.1 状态性平和的测量

状态性平和的测量工具主要由李怡真和刘兴华等人开发。他们共同提炼出了与平和直接相关的情绪和心境范畴，即中国人强调的安适恬淡和平静心境。

李怡真（2008）在其博士论文中对安适幸福感（Peace of Mind）的构念、测量与检验，做了细致的分析，是第一个研究状态性平和的学者。Lee、 Lin、Huang和 Fredrickson（2012）开发的安适幸福感量表（Peace of Mind，POM），由7个项目组成，5点计分（1=从不，5=总是），量表Cronbach's α系数为0.83。研究者认为，幸福感并非仅是追求正向情绪的极大化，而是回归身心安适的平静状态，以随遇而安和恬淡幸福为中心概念所编制的单维量表（询问被试在日常生活中的内心感受，具体题目如：我的内心是轻松自在的；我感到焦躁和不安），与心理抑郁量表呈负相关，与生活满意度问卷呈显著正相关。

刘兴华团队在研究正念的同时，对大学生平静心境（林道武，2014；王诗茗等，2016）进行了探索。王诗茗等（2016）编制的平静心境量表（Inner Peace State Scale，IPSS）由7个项目组成，直接以词语来测量个体一周以来的心境状态，即平静、平和、安宁、烦躁、心烦意乱、心平气和与怡然自得。它采用Likert 5级自评（0=一点也不，1=一点儿，2=中等，3=相当地，4=非常地），其中条目2和5为反向记分，要求填写者将最能代表其近一周心境状态程度的评分填写在每个条目前，得分越高表示平静程度越高。该量表Cronbach's α系数为0.89，重测信度为0.71。

安适幸福感的内涵是身心安适地平静以及随遇而安地恬淡；平静心境的内涵是既非愉悦又非不愉悦的、低度唤醒的正向情绪。两者皆为单维度问卷，共同指向东方的平和在情绪领域的状态内涵，突显的是对现实苦难的平静心境，强调的是淡定地面对意外，使个体处于心平气和与怡然自得的状态。可以推测安适幸福感与平静心境所测量的构念皆拥有一个共同因子，即“平静与和谐”的情绪状态。两者针对的皆是大学生群体，为大学生平和构念的情绪领域探索提供了基础性的测量工具。

1.2.2 倾向性平和的测量

在东方心理学中尚没有检索到倾向性平和的有关概念及其测量文献。在西方，学者主要研究的是倾向性平和，描述其跨时空稳定的倾向，强调平和的超越性、不被偏差影响的内在中立性以及非暴力性的人格。

平和的超越性主要发轫于医疗领域，开发者将其作为护理的目标来测量。22题版的宁静简式量表是一个修订后的测量工具，5点计分，宁静的定义是通过从更广阔的角度接受事件，利用内心的安慰能力，相信事件作为更大计划的一部分，会以应有的方式展开。量表的Cronbach's α系数为0.95，包括三个分量表：接受（Cronbach's α=0.89）、内在安宁（Cronbach's α=0.94）和信任（Cronbach's α=0.88）（Kreitzer et al.，2009）。宁静度与积极情绪和正念呈正相关，与消极情绪、焦虑、抑郁、健康困扰和移植相关压力呈负相关。

22题版的宁静简式量表的前身40题版的宁静量表（Roberts & Aspy，1993），Cronbach's α系数为0.93，其9个因子的一致性较差，具体包括内在安宁、接受、归属、信任、视角、满足、当前中心、慈善和认知重组。Kruse、Heinemann、Moody、Beckstead和Conley（2005）得出结论，宁静量表衡量的是一个单一的概念：内心的宁静与安全，超脱过度欲望和情绪，接受无法改变的情况。宁静是一种非宗教的、有别于宗教倾向或宗教虔诚的精神层面，可以用来衡量改善健康和幸福的护理干预的结果。

在不被偏差影响的内在中立性方面，Floody（2011）开发了维特博宁静问卷，24题，5点计分，由更高的力量、和谐、积极性和生活方式四个维度组成。更高的力量维度的题目包括“我相信更高的权力决定了我的大部分行为”“灵性将一切联系在一起，为一个人生命中的一切事物赋予意义”等。和谐维度的题目包括“当遇到压力时，我能找到内心的平静”“我内心有一种和谐的感觉”等。积极性维度的题目包括“我更愿意与他人合作而不是竞争”等。生活方式维度的题目包括“我喜欢经常与大自然接触”“我经常喜欢放松、祈祷或冥想”等。研究者报告了平均得分情况，未报告信度。

Lundman、Strandberg、Eisemann、Gustafson和Brulin（2007）在一项心理弹性量表开发中，将平静定义为弹性的因素之一，是一个人生活的平衡视角。项目包括“我不停留在我不能做任何事的事情上”“我通常从容应对事情”“我很少怀疑这一切的意义是什么”“如果有人不喜欢我，没关系”和“在困难的情况下，我通常可以找到出路”等。这些项目将多重构念（如自我价值和平静）混为一谈。

Tongeren和Green认为，心理上的平静与自我的完整性或世界观的完整性有关。为了保持心理上的平静，意义的来源必须被保留。当一个人体验到自我意义的某一领域被破坏时，另一种意义的来源就会得到支持，以恢复平静。可将平静等同于一个人的世界观和个人经历之间的一致性或平衡状态，示例项目包括“我能放下过去的遗憾和不满的感觉”“我可以保持开放，不管生活提供给我什么”等。

在非暴力性的人格领域，平和可被看作一种健康的人格，与暴力人格相反，这类人格的个体内心平静程度高，外表平和友好（Sims，Nelson，& Puopolo，2013）。作为一种人格特质，内心的平和可以用几种方式来定义：（1）作为一种自我接纳、自我同情和对自我的非暴力倾向；（2）作为一种相对持久的自我各部分之间的和谐状态；（3）作为支持和平关系和（或）与体验和谐相关的情感状态的一种倾向。每个定义都包含了相关情境和时间的一致性特征。Nelson（2014a）开发了一种自我报告工具——自我感知量表（Self Perception Scale），用来评估前两种人格特质的平和。测试自我接纳、自我同情和对自我的非暴力倾向的两个项目是“我对自己的弱点和失败自我接受”和“我为我的错误和失败惩罚自己”（反向计分）。用来衡量自我各方面和谐的两个例子是“我与自己和平相处”和“我经历了内心的冲突”（反向计分）。问卷有12个项目，6点计分，未报告信度。

总之，平和测量工具的开发并不充分，个别研究在平和的情绪领域、倾向领域进行了一些初步尝试，对平和的认知、意志领域还缺乏深入的认识。在已经开发的量表中，有些没有报告信效度，有些使用范围狭窄。在大学生平和的一般领域，目前缺乏经实证检验的、结构完整的测量工具。

1.3 平和的影响因素

分析生理、社会和发展因素，对于全面理解平和的影响因素很重要，但本书仅限于对个体心理因素的分析。

1.3.1 正念

正念是影响平和的重要认知因素。正念起源于东方的冥想，属于佛教修行的技术。40年来，正念被西方心理学家去宗教化后，成为心理干预和自我训练的方法，对个体的人格和情绪有积极作用。正念为“有意识、此时此刻和不加批判地注意而产生对当下的觉知”（Kabat-Zinn，2003）。基于正念的练习旨在意识到当下，并帮助培养心理更健康的人，而不是习惯化的反应。集中注意、不带偏见地接受当下任何事物和经验是正念的核心（Bishop，2002）。有研究者认为，“去中心化”是正念的核心，对平静的发展至关重要（Kuyken et al.，2010）。“去中心化”构念与经验回避呈负相关，与情绪调节呈正相关，测量项目包括“我可以观察不愉快的感觉而不被吸引”和“我可以把自己从我的想法和感觉中分离出来”等。

正念是许多人为给生活带来更大安宁而采取的实践，是一种应对未满足的需求和困难的情绪的巧妙方法。平和的心态更多的是通过理解、接受和处理经历中的困难情绪来实现的（Brown，Ryan，& Creswell，2007；Ekman, Davidson, Ricard, & Wallace, 2010)。内部和谐导致外部和谐(Siegel, 2009)。因此，在培养正念的过程中，笔者增加了个人的平和、个人关系中的平和，以及在其他社会领域中获得更大平和的潜力。中国学者的实验发现，正念冥想使人变得平和：冥想组被试在练习过程中脑部α波指数显著升高。与控制组被试相比，冥想组被试对负面情绪图片的效价评定值显著提高，这表明正念冥想缓和了被试对负性情绪图片的情绪反应。研究还发现，正念冥想降低了对正性情绪图片的积极评价倾向，从而得出对外部施加的正、负性情绪刺激而言，正念冥想练习的调制作用可以使情绪反应趋于平和的结论(任俊，黄璐，张振新，2012)。

平静(Equanimity)是对所有经历或事物的一种心平气和的心理状态或人格倾向，不论它们的情感效价(愉快、不愉快或中性)或来源(Desbordes et al., 2015)。一个功能性磁共振成像研究表明，经过8周的正念冥想练习后，与训练前相比，新手冥想者在对情绪唤起刺激的反应中杏仁核的激活呈现纵向下降(Edesbordes et al., 2012)。这一研究表明，接受过正念冥想练习的被试表现出更高的平静，并且会更快地脱离刺激。冥想组和控制组在默认模式网络中的功能连接存在差异(Hwan et al., 2011; Kilpatrick et al., 2011)。总的来说，这些发现与以下假设是一致的：培养特定的正念冥想状态是相对短期的，却可以导致人格特质的持久变化(Slagter, Davidson, & Lutz, 2011)。

1.3.2 严谨性与宜人性

人格是影响平和的重要因素。严谨性(Conscientiousness)是指个体在按照社会规范控制冲动的倾向、以任务和目标为导向、先思后行、延迟满足以及遵守规范和纪律等方面上的个体差异(Soto, 2008)。在NEO-PI-R中，严谨性维度包含6个相互区分的成分：胜任感、条理性、责任心、事业心、自律性与审慎性。严谨性与自我同情、快乐和积极影响呈正相关，与神经质和消极影响呈负相关(Neff, Rude, & Kirkpatrick, 2007)。元分析也发现严谨性与神经质呈负相关(Piers, Joseph, & Jonas, 2008)。

宜人性（Agreeableness）很好地体现了人际交往中的特质性平和，其6个因子为：信任、直率、利他、顺从、谦虚与温柔。Jensencampbell和Graziano（2010）在回顾了许多关于宜人性的研究后得出结论，宜人性的特征描述了个体在与他人相处时表现出的可爱、愉快和和谐的差异。和平的人有明显更高的严谨性和宜人性（Mayton，2009）。

1.3.3 依恋方式

不同的成人依恋方式会影响平和。成人依恋方式对情绪情感经验具有重要意义，因为依恋方式有助于个体组织内在心理工作模式对社会事件和外界环境做出情绪情感反应（Shaver & Mikulincer，2007；Stroebe，Schut，& Stroebe，2006）。对成人依恋方式与积极情绪的研究结果发现，安全型依恋与爱、自豪、共情和愉悦等积极情绪呈显著正相关（Mikulincer & Sheffi，2000；Shiota，Keltner，& John，2006；Unrau & Morry，2019）。在不安全依恋程度较低的个体中，高度的应对灵活性与疾病接受程度的提高有关，而当不安全依恋程度较高时，这一发现并不显著（Hamama-Raz et al.，2018）。当个体对人际关系和被遗弃感到高度焦虑时，他们会在情绪调节方面遇到困难，从而降低平静（Melen，Pepping，& O'Donovan，2017）。在婚姻中，重视规范并努力遵守方面，有安全依恋的人比没有安全依恋的人对婚姻更满意，也更平静（Clark，Lemay，Graham，Pataki，& Finkel，2010）。

1.3.4 价值观

价值观是个体根据客体对于主体的重要性进行评判和抉择的标准。爱好和平与仁慈的价值观和普遍主义价值观相关程度更高（Mayton，2009）。仁慈的价值观可以保护和增进人们的福利；普遍主义价值观反映了对所有人福利的理解、赞赏、容忍和保护（Schwartz et al.，2002）。爱好和平与权力价值观、享乐主义价值观（Mayton，2009）、刺激性价值观相关程度较低。权力价值观包括对社会地位和威望的追求，对人和资源的控制或支配。享乐主义价值观优先考虑自己的享乐或感官享受。刺激性价值观包括对生活中的兴奋、新奇和挑战的渴望。Schwartz等（2002）开发了一个13项最大化量表。“最大化者”在任何选择情况下都试图最大化他们的结果，如果他们觉得自己没有从众多选择中做出最好的选择，他们可能会感到后悔，而与“最大化者”相对的“满足者”则只是寻求一个“足够好”的结果，也就是刚刚超出某种可接受的限度。

一项实验表明，个体的情绪控制价值观（即重视情绪控制的程度）在不同的文化下可能有不同的含义：在亚裔组被试中，较强的情绪控制价值观与较低的愤怒体验和行为有关；在欧美组被试中，较强的情绪控制价值观与较低的愤怒行为有关，但与愤怒体验无关（Mauss & Butler，2010）。进一步的研究表明，亚裔组在报告和行为上比欧美组表现出更少的愤怒，而在生理反应上并没有群体差异（Mauss，Butler，Roberts，& Chu，2010）。

1.3.5 自我同情

自我同情与心理功能有强相关（Birnie，Speca，& Carlson，2010）。自我同情对积极心理健康的预测差异显著，超出了人格因素（Neff，Rude，& Kirkpatrick，2007）。Neff和她的同事们开发了自我同情量表，该量表与积极的心理健康（更大的生活满意度和更少的抑郁与焦虑）的测量结果密切相关。自我同情包括：自我仁慈（在涉及痛苦或自我不足的情况下善待自己），共同人性（不是孤立，意识到痛苦和失败是人类经验的普遍组成部分），以及正念（平衡情感意识，接受痛苦的想法、感觉和经历，不加以评价、夸张、戏剧化或自怜）。Neff等指出情感智慧量表（Ardelt，2003）和个人内心平静度的几个指标之间有相关性（Neff，Kirkpatrick，& Rude，2007）。Chatterjee、Baumann和Koole（2017）的实验发现：状态导向的个体通过重视善行从情境激活的相似关系中获益（减少了负面情绪）。那些具有自我仁慈、正念和共同人性的人，会用适应策略来调节自己的情绪，而不是批评或逃避（Moon & 최해연，2015）。

在正念、严谨性与宜人性、依恋方式、价值观和自我同情对平和的影响的研究方面，目前仅个别研究关注到了正念与自我同情的作用，如正念冥想练习使人们的情绪反应趋于平和（任俊等，2012）；培养特定的正念冥想状态是相对短暂的，却可以导致人格特质的持久变化（Slagter et al.，2011），这些因素对平和倾向的作用机制尚不清楚。在大五人格、价值观与依恋方式对平和的影响方面，缺乏直接的证据。

1.4 平和的作用

1.4.1 强化中庸思维方式

中庸思维方式是指从多个角度来思考同一件事情，在详细地考虑不同看法之后，选择可以既顾全大局又顾全自我的思维方式（吴佳辉，林以正，2005），包括三个维度，分别是多方思考、整合性与和谐性。杨中芳认为，中庸思维是一套“元认知”的“实践思维体系”，是在运用“中庸”的具体生活实践中，反映个体所生长及生活的文化集体思维之特色，以及自己在认知、动机、信念及价值观等心理层面上的特色，并成为包含很多子构念、彼此之间相互联系的思维体系，即“中庸实践思维体系”（杨中芳，2009，2014；杨中芳，林升栋，2012）。中庸思维方式是中庸实践思维体系的组成部分。由前面的文献梳理可知，平和所蕴含的平静情绪或心境以及超越性和中立性，对于中庸思维方式发挥作用具有基础意义。

1.4.2 提升认知灵活性

认知灵活性（Cognitive Flexibility）被认为是良好心理健康的指标（Kashdan & Rottenberg，2010）。心理平衡和认知灵活性对有效管理紧张的情绪事件很重要。积极情绪会促使个人产生更广泛的、灵活的认知，拓展脑海中出现的一系列想法和行动计划并进行整合（Isen，1990），扩大可能行为反应的范围（Betzel，Satterthwaite，Gold，& Bassett，2017）。在极度兴奋和麻木之间平衡的唤醒状态有助于在面对情绪挑战时减少脑力和体力的消耗，而认知灵活性扩大了可能的行为反应的范围。平和可以促进认知灵活性，以应对新的和意想不到的情况，这样就可以根据当前的情况选择最佳的反应，而不是“卡在”习惯性思维模式上。一项实验表明，积极情绪预示着大脑更灵活（Betzel et al.，2017）。

1.4.3 促进亲社会行为

亲社会行为（Prosocial Behavior）通常被定义为旨在造福他人的自愿行为（Eisenberg，Eggum，& Di，2010）。人类是具有社会认知能力的社会生物：理解他人的情感、意图和信仰。包括移情、同情和利他主义在内的同情行为已经牵涉到关于社会认知、相关经验分享与亲社会行为的概念模型和理论（Zaki & Ochsner，2012）。根据亲社会行为的不同形式，研究者将亲社会行为划分为分享、合作、助人与抚慰等多种类型（Dunfield，2014）。实验发现，放松心情后的被试更乐于助人（Whitaker & Bushman，2012）。

1.5 平和的文化差异性

心平气和，这是人类的一种体验。但是，平和又与人所生存的文化背景直接关联。由于人们倾向于拥有被其文化所重视的情感体验（Mesquita & Frijda，1992），因此，平和具有一定的文化差异性。西方文化下平和的内涵的核心是情绪调节，而东方平和的内涵不仅仅是情绪调节，更是对情绪的二阶调节。

平静涉及在面对挑衅刺激时保持冷静和心理平衡的熟练过程（Carmody，Baer，Lykins，& Olendzki，2009）。这一过程符合情绪调节的传统概念。情绪调节是指影响情绪反应一个或多个方面的发生、幅度、持续时间、强度或质量的过程（Gross，Halperin，& Porat，2013）。Desbordes 等（2015）将平静描述为一种情绪调节策略，它可以改变反应的幅度和质量。与以反应为中心的重新评价策略相反，平静并没有改变外部刺激的认知解释，而是促进了对短暂的、无形的心理事件等的识别（Chambers，Gullone，& Allen，2009）。

西方平和仅仅强调平静，东方平和除了强调平静，还强调和谐。李怡真在《安适幸福感的构念发展与情绪调控机制之探讨》博士论文中系统提出了安适幸福感的构念：既包括心境平和的内在状态，又包括心境和谐的内在状态。与平和相关的内在状态很容易在低唤醒积极情绪的条目中找到，如平静、宁静或放松。然而，与和谐相关的内在状态，如和谐、平衡或安定在西方开发工具的条目中难以找到。因此，安适幸福感比低唤醒积极情绪更能捕捉到个体内部的和谐状态。内部和谐是一个概念，起源于中国古代的阴阳理论，它描述了宇宙中两种对立力量之间的动态变化和平衡（Lu & Gilmour，2004）。因此，东方语境下较平和的人更有可能在个体两种对立的情感状态之间维持和谐。李怡真的研究发现，更高平和心态的人不太容易受生活事件的影响，表明平和在维持平衡和谐的情感生活中扮演了重要角色。

安适幸福感研究显示了文化的特殊性和普遍性。研究结果表明，中国人在安适幸福感上的得分高于欧洲裔美国人，安适幸福感能更准确地预测中国人的抑郁症，从而验证了心境平和是一种建立在东方文化特别重视的基础上的测量指标，并且安适幸福感在欧洲裔美国人中仍然表现出良好的信度和效度，即安适幸福感能够测量心境平和的构建，也可以作为西方文化中幸福感的一个指标。

这些研究提示我们，虽然平和具有一定的共性，但是其文化特异性是一个不容忽视的因素。我国是具有平和传统的国家，文化中蕴含着丰富的平和思想，因此，有必要在国内外平和研究的基础上，深入探究我国文化背景下平和的特异性，建构本土化的平和理论，更好地推动本土化的平和理论的实证研究。

2 合作

合作（Cooperation）对社会发展有重要意义。由于资源有限，人类在追求自身利益的过程中，往往会因过度竞争而致使资源耗竭，进而影响生存环境的可持续发展（Lange，Joireman，Parks，& Dijk，2013）。无论是有限资源的合理开发利用，还是团队工作的顺利推进，都离不开人类的合作。人类合作的规模是一个进化之谜（Richerson，Boyd，& Henrich，2003）。*Science* 杂志在庆祝创刊125年之际公布了125个最具挑战性的科学问题，其中第16个议题便是“人类的合作行为如何发展与维持？”。Ito和Doebeli（2019）发现，竞争促进了种群内部的平均合作水平，合作和竞争的共同演化与只有合作或只有竞争的演化具有本质上不同的结果。因此，下面从合作的内涵、影响因素等方面进行简要梳理。

2.1 合作的内涵

Decety、Jackson、Sommerville、Chaminade和Meltzoff（2004）认为，合作是两个或两个以上的个体或群体，为实现共同目标而协同活动，在行为上互相配合、彼此协作的一种互动行为。合作可理解为一种亲社会行为，是通过抑制自我利益最大化的冲动从而满足群体利益最大化的决策表现（Vugt，Cremer，& Janssen，2007）。合作之所为被称为“亲社会”，是因为该类行为对社会具有积极影响，是被社会所接受、认可和鼓励的行为（Dovidio，Piliavin，Schroeder，& Penner，2017；何丽艳，2014）。

群体中的个体时常要面对个人利益与群体利益、眼前利益与长远利益相冲突的博弈情境，这种情境被称为社会困境（Social Dilemma）。社会困境关乎国家经济的可持续发展、环境资源的有效利用，已成为威胁整个社会幸福感提升的重要因素（Lange et al.，2013）。社会困境中的成员往往面临着两难：选择合作行为可以让群体利益获得更多保障，而选择竞争行为可以让个人利益获得更多保障。竞争行为往往能使个人获得更多的利益，但一旦所有人都选择竞争行为，每个人获得的利益之和将少于所有人选择合作行为的结果。社会困境中的合作是个体做出有利于群体利益的选择，而竞争是个体做出有利于个体利益的选择。社会困境的本质是个体的自利理性选择会导致群体的非理性选择。如何避免“搭便车”现象，如何促进社会困境中的合作行为已成为心理学、经济学等众多领域研究者所关注的热点话题（Declerck，Boone，& Emonds，2013）。本书专注于社会困境中的合作行为，对其他领域的合作行为不做过多讨论。

心理学对社会困境问题的研究主要表现在：揭示人类亲社会决策的心理认知过程，即人类在面对不同社会困境时具有怎样的心理认知过程，究竟是怎样的心理因素促使人类能够走出社会困境，表现出亲社会行为。心理学在研究社会困境问题时有别于经济学，经济学的研究者通常假设个体层面的因素是同质的，着重考察外部奖惩因素对行为的影响；而心理学的研究则假设人的特质存在差异，这些心理因素会影响个体行为的变化与发展。

依据不同的分类标准，社会困境中的合作行为有许多表现形式（张婍，王二平，2010）。社会困境中合作行为产生的动机包括经济理性和社会理性，其中获得物质奖励、避免惩罚与获得好名声等经济理性动机会促使个体使用理性认知来抑制个人对短期收益的追求，进而促进合作行为；而消除不确定性、增强信任感与避免背叛等社会理性动机会促使个体使用社会认知来建立信任感以平衡社会困境带来的冲突，进而促进合作行为。合作共赢的结果是一种社会奖励，对个体来说有着与金钱奖励相同的意义（张蔚，袁博，宋霞刚，刘微，王益文，2016）。

Declerck等（2013）提出了一个合作脑机制模型。合作决策在产生经济价值的同时也可以产生社会奖励，负责对外部刺激进行加工的认知控制系统与评估信任的社会认知系统共同调节了个体的合作意愿。具体情境中做出经济理性或社会理性的决策与个体利己和利他偏好有关，也影响到这一过程中相应脑区的激活程度（袁博，2014）。Declerck等（2013）认为，大脑中的奖励系统产生的合作（或不合作）动机是由两个神经网络系统（处理外部合作激励的认知控制系统和处理信任与威胁信号的社会认知系统）调节的。越来越多的神经成像数据证实了激励和信任对合作决策的独立调节作用，调和了经济理性与社会理性之间的明显矛盾，表明合作与经济和社会理性都有关联。人类的这种行为超越了动物间简单的交换，逐渐发展成为一种相互信任的社会行为。但同时也产生了合作困境，即与付出个人资源相关的成本与为群体（他人）创造的利益之间的矛盾。研究者对此开展了大量研究，可以帮助我们理解合作的影响因素。

2.2 合作的影响因素

一直以来，合作的影响因素都是研究的热点。在人格因素、社会文化的影响下，个体通过对具体情境的认知加工，做出合作与竞争的行为决策。启发式（Lind，2001）假说认为，人类的合作是一种直觉反应，尤其是在时间约束条件下表现出来。对于有机会进行反思的个人来说，合作更有可能被在特定情况下为使个人利益最大化而校准的优化过程所限制（Bird Brian et al.，2019）。通过对囚徒困境这一博弈论经典研究的分析可证明，在特定的信息条件下，合作虽能得到高收益但并非是理性博弈参与者的最优选择；但如果对博弈条件进行修正，参与者的最优选择也会发生改变，合作能够达成并得以保持。声誉、恩仇等机制的引入也提高了博弈达成合作均衡的可能性（刘小山，唐晓嘉，2019）。本书仅对涉及平和与合作关系（特别是以博弈论为基础的前人研究）的相关影响因素进行综述。

2.2.1 中庸思维方式

中庸思维方式是指从多个角度来思考同一件事情，在详细地考虑不同看法之后，选择既可以顾全大局又可以顾全自我行为的思维方式（吴佳辉，林以正，2005），它包括三个维度，分别是多方思考、整合性与和谐性。杨中芳（2014）认为，中庸能帮助个体对具体的认知过程做调整，并由此做出决定，以达成目标。具有较高中庸思维水平的人，更倾向于顾全大局，采取对团体成员而言都合情合理的方式，不容易立即、冲动地采取行动。这一思维特性对合作态度的形成有重要影响。李艳（2011）研究发现，员工的中庸思维水平与合作竞争态度有显著的正相关关系，对合作的预测力大于对竞争的预测力。戴健林和冯燕（2008）发现，不同组织文化中的员工的中庸思维特质存在显著差异，中庸思维特质对其面对不公平事件时采取的策略有显著影响。谢晓非、孔瑞芬、陈曦和阎学煌（2000）运用投射法发现，合作型个体比竞争型个体的服从倾向更高。大学生中庸自我与合作行为呈显著正相关，中庸自我对合作行为的正向预测作用显著（胡舒乐，2014）。

公共物品两难博弈情境下，中庸思维方式得分不同的个体，合作行为显著不同。与低中庸思维方式个体相比，高中庸思维方式个体表现出更高的合作倾向。不同自我构念类型个体的合作行为存在显著差异。中庸思维方式与自我构念类型交互作用显著，不同自我构念类型对不同中庸思维方式个体的合作行为有不同的影响。低中庸思维方式个体受自我构念类型的影响不大，合作行为倾向较低；但是，互依型自我构念的高中庸思维方式个体的合作倾向显著高于拥有独立自我构念的高中庸思维方式个体（辛志勇，刘静，杜晓鹏，李升阳，郭庆科，2017）。

2.2.2 情绪因素

情绪与情绪调节能力对合作有显著影响。积极情绪体验是实施者的社会善念促进接受者产生合作行为的中介变量（窦凯，刘耀中，王玉洁，聂衍刚，2018）。快乐的音乐对人们采取合作行为会产生显著的正向影响，积极的情绪与合作行为之间也存在显著的正相关关系（Kniffin，Yan，Wansink，& Schulze，2017），且积极情绪在快乐的音乐与合作行为之间起到部分中介作用（罗旖颀，苏方国，余子逸，2017）。初中生共情、情绪调节能力与合作倾向显著相关。共情、情绪调节能力可以正向预测初中生的合作倾向，以提升初中生共情、情绪调节能力为取向的团体干预可以有效提升初中生的合作倾向（林栋，2016）。表达失望比表达愤怒有助于建立互利的关系（Maarten，David，& Dijk，2009）。

2.2.3 人格因素

人们会利用人格信息来指导自己与他人互动（Ian，Cheryl，& Hooley，

2018)。中国人人格特质中的善良特质直接影响合作意识，行事风格与人际关系因素直接影响合作行为，外向性通过调节合作意识与合作行为的关系影响合作行为（王娜，2012)。个体相信对情感的依赖比对理性的依赖更能表明一个人愿意合作。那些依赖情感者倾向于有条件地合作（只有当他们相信合作伙伴时），而那些依赖理性者往往会背叛（Emma et al., 2018)。自恋个体的人际合作行为受人格特质和互动情境交互作用的影响，自恋个体能够根据情境的变化调整互动策略（郭丰波，2017)。

在人际互动过程中，个体对互依情境作出主观解释，并根据个体内在规范，对自己的解释结果和他人的解释结果产生不同偏好，这种解释偏好被称为社会价值取向（刘长江，郝芳，2011)。研究者根据个体对自己和他人主观解释结果表现出的相对稳定倾向，将个体的社会价值取向划分为亲自我取向与亲社会取向。亲社会取向是指作出的决策会首先保证集体的利益最大化；亲自我取向是指作出的决策首先会保证自己的利益最大化，或者与他人相比，自己的利益优势更明显。研究表明，相较于亲自我取向的个体，亲社会取向的个体在社会困境实验中表现出更高的合作水平(Bogaert, Boone, & Declerck, 2011；王沛，汲慧丽，2008；严进，王重鸣，2000)。

2.2.4 社会情境

社会情境（Social Context）是影响合作竞争的重要因素，包括宏观层面的文化认同（种属、民族等)、中观层面的小团体归属需求（Cremer & Leonardelli, 2003)，以及微观层面的具体情境（合作还是竞争规则)。Richerson 等（2003）提出文化适应（Cultural Adaptation）理论来解释具有非亲缘关系的大范围人类合作。目前，对于集体主义抑或是个体主义，哪个更有益于合作，并没有统一的回答。研究者倾向于认为，所有人类都更可能帮助被他们认为是团体内成员的人，而较少帮助被他们认为是团体外成员的人，文化因素仅仅在决定人们内外团体界限的清晰程度时起作用(Twenge, Baumeister, DeWall, Ciarocco, & Bartels, 2007)。群体的异质性，即群体成员属于不同种族、宗教，会不利于合作。Khwaja（2009）发现，宗教、政治的多样性不利于集体设施维护。Baldwin 和 Huber（2010）认为，群体异质性会导致公共物品低效率生产、较低的经济增长率，以及高水平的腐败，甚至会导致冲突和暴乱。宗教实践可以促进非亲缘个体之间的合作，或者在极不可能出现互惠的情况下促进合作（Bremner，Koole，& Bushman，2011）。

在合作方面的研究表明，组内和组外效应明显（Rand，Newman，& Wurzbacher，2015；Rand et al.，2014）。合作还会受到情境内部结构性的影响，比如社会困境下的奖惩制度（Balliet，Li，& Joireman，2011；Gächter & Herrmann，2011；Szolnoki & Perc，2009），资源、利益和角色的不对称性（Van，Kwaadsteniet，& De，2009）以及对群体成员的不确定性认知（Kwaadsteniet，Dijk，Wit，& Cremer，2006）；同时，社会困境也受动态交互过程的影响，比如直接互惠（Klapwijk & Lange，2009）、间接互惠（Indirect Reciprocity）以及在群体中位置的变化（Cremer & Dijk，2011；Vladas，Tybur，& Bram，2010）和交流沟通。

2.2.5 时间约束

David 等（2015）对合作决策的双重过程进行了总结，其中合作困境中的决策被概念化为两种不同类型的认知过程交互作用的结果：一些是快速的、自动的、直觉的，一些是缓慢的、控制的和反思的（Frederick，2005；Kahneman，2003）。将时间约束应用于经济博弈的研究表明，合作决策是一个内在的动态过程：时间约束有时会增加这些博弈中的合作，有时则没有影响，但尚未发现系统性减少合作的现象（Gustav et al.，2013；Rand，Greene，& Nowak，2012）。以上研究表明，平均而言，时间约束力有利于合作，在经济博弈中起着重要作用，但这种作用会受到不同调节因素的制约。

研究发现，在时间压力下做出的反应比反思性反应更具有合作性，即使是在团队成员或竞争环境下做出的决定也是如此。因此，与从根本上改变合作动力的社会环境相比，具体情境可以作为直觉合作水平的初始锚，而直觉合作水平随后会随着个人的深思熟虑而降低。以前报告的结果并不是参与者内隐地假设他们的伙伴是组内成员，而是时间压力促进了合作（Alexander，Rollins，Walker，Wong，& Pennings，2015；Rand & Kraft-Todd，2014）。

David等（2015）的研究表明，时间约束促进了经济博弈中的合作。社会情境效应可能在合作决策的早期阶段就已经进入合作决策过程，并且在反思性破坏合作之前就已经牢固地存在。换句话说，合作可以相对不受自上而下加工的影响，这一点很重要，因为它表明其他类型的情境因素（如数字锚的存在、情绪的变化、感觉比伙伴更强大等）可能会影响合作决策，而这一阶段是在反思性破坏合作的后续影响之前。

3 平和与合作的关系

自平和受到心理学研究者的关注后，研究者便对平和与合作的关系有了初步的探索。本部分将从理论探索和实证初探两个方面综述平和与合作的关系。

3.1 平和与合作关系的理论探索

3.1.1 认知情感人格系统理论

认知情感人格系统理论（Cognitive Affective Personality System，CAPS）（Kammrath & Scholer，2013；Mischel & Shoda，1995；Mischel & Shoda，1999；Mischel，Shoda，& Ayduk，2007）强调认知表征和情感状态的相互作用，正是它们之间关系的长期可通达性形成了人格结构的核心："认知—情感"单元。CAPS认为，个体人格差异不仅反映了特定认知和情感的可通达性，还反映了它们之间关系的独特性。平和倾向即是以上"认知—情感"单元的可通达性和独特性组合。平和倾向作为一种重要的、普遍的心理体验，不仅体现为一种情绪变化，更表现为一种稳定的对刺激反应所进行的调节倾向。平和倾向既具有情感共性，又具有个体差异性。平和倾向包括认知维度和情绪维度，即具有平和倾向的个体会采用理性的方式应对问题且情绪平静。

关于大学生的合作心理品质与大五人格特征的相关关系的研究表明，宜人性对合作总分及其各维度都存在着积极的预测作用，并具有最强的预测力，主要表现为同情友善、宽容亲切与信任他人等（曾莲子，2010）。这说明合作行为本身就具有一定的利他、温和的特性。在认知和情感之间存在相似性的个体，在与一组独特的情境特征相关的关系中被激活，并伴随一种特殊的处理倾向。平和倾向高的个体在合作的情境中容易激活促进合作的“认知—情感”单元的可通达性和独特性组合。换言之，平和倾向的“理性—平静”维度与合作所要求的“认知—情感”单元的可通达性和独特性之间存在共性。这说明认知情感人格系统理论可以为平和倾向正向影响合作提供理论基础。

3.1.2 积极情绪的拓展-构建理论

积极情绪的拓展-构建理论（The Broaden-and-Build Theory of Positive Emotions，BBTPE）可以帮助解释平和情绪对合作行为的积极作用。拓展和构建两大功能是该模型的核心部分（高正亮，童辉杰，2010）。积极情绪的拓展-构建理论认为，积极情绪的经历会拓展人们瞬间的思想-行动资源，即拓宽人们的认知和行动范围，进而有助于构建他们持久的个人资源，包括身体资源、心理资源以及社会资源，这些资源可以储备起来用来提高成功应对风险的概率（Fredrickson，2001；Mayne & Bonanno，2001）。Isen认为，积极情绪会促使个人产生更广泛的、灵活的认知，拓展脑海中出现的一系列想法和行动计划并进行整合（Isen，1990），扩大可能行为反应的范围（Betzel et al.，2017）。许多情绪理论模型都认为，情绪与特定的行为倾向有关（Frijda，1986；Frijda，Kuipers，& Schure，1989；Lazarus，1991；Oatley & Jenkins，1996）。通常情况下，情绪始于个体对某些先行事件的个人意义的评估，这个评估过程会在松散耦合的组成系统（如主观经验、面部表情和生理变化）中引发一系列反应倾向（Fredrickson，2004）。这说明在积极情绪状态下，个人更容易产生特定的积极行动倾向。

积极情绪与合作之间存在显著的正相关关系（Kniffin et al.，2017），合作通过抑制自我利益最大化的冲动从而满足群体利益最大化的决策表现（Vugt，Cremer，& Janssen，2007），包括外显合作和内隐合作，是一种积极的亲社会行为。平和情绪是平和倾向在某一情境中的具体反映。平和情绪作为积极情绪的一种，为更大范围的思考、更长久的计划及综合考虑多方利益提供了情绪基础。这说明平和情绪对合作行为具有积极作用。

除此之外，选择性投资理论（Selective Investment Theory，SIT）也可以帮助解释平和情绪对合作行为的正向作用。选择性投资理论和积极情绪的拓展-构建理论都是以进化理论为指导，拓展-构建理论侧重于构建个人资源，而选择性投资理论强调将人际关系作为一种资源。选择性投资理论赋予人际关系更大的作用，扩大了个人资源的范围，而不是简单地把它们看作拓展的潜在环境或一种特殊的资源。拓展不应局限于可能建立个人资源的情况，也应在社会环境中扩展，包括利他主义和对他人的关怀（Cohn & Fredrickson，2006）。

选择性投资理论认为，积极情绪引导我们的注意力和认知加工从短期的个人生存转向累积的长期利益。当我们处于一种相对安全与满足的状态时，积极情绪使得我们去追求长期的利益。处于积极情绪状态的人会形成更具包容性的社会群体（Dovidio，Isen，Guerra，Gaertner，& Rust，1998）。平和情绪下的个人更具有安全感和满足感。作为一种积极情绪，平和情绪可以促使个人积极感知他人，对他人产生正向知觉，使个人从能获得短期收益的竞争行为转向能获得长期利益的合作行为，进而表现出更多的合作行为。因此，选择性投资理论也可以为平和情绪促进合作行为提供理论支撑。

3.1.3 双过程加工理论

双过程加工理论（Dual-Process Theory，DPT）认为，人类具有基于认知的和基于情绪的两种信息加工系统（Strack & Deutsch，2004），前者主要以语言为媒介，进行有意识但相对费时费力的规则推理和认知加工，后者则是发生于意识层面之下，非语言的、快速的内隐心理活动（Bargh，Chen，& Burrows，1996；Klaczynski，2001；Sloman，1996）。平和、合作都与冲突及其调节有关。反思-冲动模型（Reflective-Impulsive Model，RIM）有助于理解与冲突相关的现象（Strack & Deutsch，2004）。Chaiken和Trope（1999）出版的*Dual-Process Theories in Social Psychology*在把自动过程和受控过程置于社会心理学理论的中心地位上发挥了核心作用。社会现象背后的心理过程，根据其运作方式是自动的还是非自动的，可以分为两类：基于联想的过程与基于规则的过程（Sloman，1996）。这一区别已经成为各种广义双过程加工理论的共同基础，包括区分反思和冲动加工理论（Strack & Deutsch，2004）、反思和反射加工理论（Lieberman，Gaunt，Gilbert，& Trope，2002）及系统1和系统2加工理论（Kahneman，2003；Stanovich & West，2000）。RIM帮助识别了促进而不是阻止自我控制的条件（Wilhelm Hofmann，Friese，& Strack，2009）。这提示我们需要从双过程的角度来审视平和、合作以及两者的关系。

平和、合作涉及个体的自我调节、情绪管理，两者都与冲突情境有关。情绪是对特定刺激的快速和自动反应（Mascha，Chang，& Sanfey，2010）。情绪调节是指个体通过一系列不同的策略来影响他们所体验到的情绪、他们体验这些情绪的时间，以及他们怎样体验和表达这些情绪。情绪可以以不同的方式介入我们的决定，从评估潜在的选择到各种可能的结果等。尽管关于自上而下的情绪控制和决策行为之间联系的实证研究很少，但已有一些先行者（Mascha et al.，2010）探索了自我调节（思想、动力、信念、行为和目标的调节），经典的双过程解释已经被提出（Hofmann et al.，2009；Strack & Deutsch，2004）。

大量的研究表明，人的决策是有限理性的（Loewenstein，2001；Kahneman，2003）。在反思系统中产生的判断可能基于冲动系统的各种输入，包括情感和认知（Deutsch & Strack，2006；Hofmann，Strack，& Deutsch，2008）。这导致干预的重点不是人们的目标，而是导致健康损害的冲动成分（Wiers，Rinck，Kordts，Houben，& Strack，2010）。平和情绪的诱发可以促进对冲突下冲动成分的协调。

虽然情绪因素在决策情境中起着明显作用，但人们对情感信息和更深思熟虑的信息在决策中的整合机制的研究相对较少。研究表明，在偶然的情绪诱导后，决策发生了变化（Harlé & Sanfey，2007；Nicolao et al.，2011）。一个有趣的问题是，调节情绪的方式的个体差异是否预示着有更优的选择或能更好地避免有害行为（Grecucci，Giorgetta，Bonini，& Sanfey，2013）。迄今为止，研究人员关注的主要是负面情绪对决策的影响。然而，积极情绪对决策也可能有很大的影响，未来的研究可以检验这些影响。双过程加工理论可以作为考察平和倾向对合作影响的基础框架。

3.2 平和与合作关系的实证初探

目前，直接探讨平和与合作关系的实证研究还很少，但是平和与合作的关系可以从与平和相似的特质和状态变量中得到实证支持。

大五人格中的宜人性与合作等变量呈正相关：人际关系的平和，在操作上被定义为宜人性，因此可以被概念化为一个共同的特征（Nelson，2014a）。大量的证据表明，在宜人性方面得分高的人更愿意与其他人保持和平的关系。宜人性得分高的人通常被认为是社会期待的，他们被观察到在各种实验情境中处理冲突时更具建设性，而且比宜人性得分低的人更喜欢合作、更乐于助人、更有同理心、更少偏见（Jensencampbell & Graziano，2010）。例如，在一项针对五年级和六年级学生的研究中，宜人性得分高的学生比宜人性得分低的学生更支持建设性冲突解决策略（如谈判），而对破坏性策略（如操纵或身体威胁）的支持较少；家长和老师对学生使用建设性冲突解决策略的评分与学生的宜人性得分呈正相关（Jensen-Campbell，Gleason，Adams，& Malcolm，2010）。另一项研究发现，相对于宜人性得分较低的学生，在3周的人际冲突期间，宜人性得分较高的学生更频繁地使用谈判策略，较少使用竞争和攻击策略（Deutsch，Coleman，& Marcus，2014）。其他研究表明，当参与者面临资源困境时，宜人性与合作相关（Koole，Berg，Vlek，& Hofstee，2001）。在实验情境中，宜人性与合作策略的使用呈正相关，与竞争策略的使用呈负相关（Park & Antonioni，2007；Wood & Bell，2008）。

第二节　中国平和思想述评

中国蕴含着丰富的平和思想。《周易》作为平和思想的源头，有多处表述，如：乾卦九二曰“见龙在田，利见大人”，何谓也？君德也。对此，宋代学者张载在《横渠易说》中进一步明确：“二之时平和，见龙在田者则是可止之处也。”可见，“通过知止（有标准）来调节”是中国平和思想的重要内容。随着历史的发展和中外交流的扩大，平和思想在我国传统文化中不断得到丰富和发展，其涉及的领域远远超过本书所关注的心理学领域，横跨天文、地理、哲学、文学和医学等不同学科。本书尝试从“儒、道、佛、中医”四家，对我国传统文化中的平和思想进行初步梳理，为开展中国化平和倾向研究奠定理论基础。

1 “平和”的语义分析

“平和”是一个复合词。在国学大师网站（http：//www.guoxuedashi.com/）检索的所有古籍中，“平”字出现了168711次，“和”字出现了176133次，“平和”一词出现了4477次（截至2020年1月5日）。因此，在古汉语中，“平”“和”与“平和”是可以独立使用的字词。

1.1 “平”的语义

“平”字最早的字形在春秋时期出现，其基本形式近于西周中晚期的“乎”字，写作“”，本义是平坦、不倾斜。《诗·小雅·黍苗》：“原隰既平，泉流既清。”“平”的涵义可引申为平静、齐一、均等、端正和公正。由平坦义可引申为平原、平地，又可引申为汉语声调中没有高低起伏的平声；由平静义可引申为平定、平息、太平；由齐一和均等义可引申为平常和普通，如“平民”；由端正和公正义可引申为衡量的标准，后来衡器之一的天平就因此义而得名；由平定、平息义又可引申为媾和、治理，如“治国平天下”。小篆字形“”，从于，从八。“于”是气受阻碍而能越过的意思，“八”是分的意思，气越过而能分散，语气自然平和舒顺。本义：语气平和舒顺（平，语平舒也。——《说文》）。

在古汉语中，“平”的含义主要包括三个方面：首先是“平坦、平静、均等、端正和公正”。其次是“平定、平息、媾和与治理”。前者着重地貌和状态，后者着重调节和过程。最后是指说话语气平和、舒顺。

在现代汉语中，“平”的含义主要有两个：一是“平坦与均等”，不倾斜，无凹凸，像静止的水面一样，如平地、平面、平原；均等，如平分、公平合理；与别的东西高度相同，不相上下，如平列、平局、平辈；一般的，普通的，如平民、平庸、平价、平凡。二是“治理与平复”，治理，镇压，如平定；抑制（怒气），如他把气平了下去；安定，安静，如平安、平复。[①]

1.2 “和”的语义

“和”古人写作（咊）、（龢），形声字。从口，禾声。《说文》

① 中国社会科学院语言研究所词典编辑室.现代汉语词典[M].6版.北京：商务印书馆，2012：999.

曰："和，相应也。"本义指声音相应和、和谐地跟着唱或伴奏。"顺也，谐也，不坚不柔也"。(《广韵》)。"鸣鹤在阴，其子和之。"(《易·中孚》)"阳春之曲，和者必寡。"(《后汉书·黄琼传》)由声相应义引申出附和、响应义，由附和义引申出答应、允许义，亦引申为和诗，即以诗歌酬答或依照别人诗词的题材或体裁作诗词。以上诸义皆读为hè。"和"还有和谐、平和、温和、和睦、调和、汇合等义，读hé，如"保合太和"(《易·乾卦》)、"协和万邦"(《书·尧典》)。"和"常与"龢"通用，二字本义各有所指，"和"指声音相应和，"龢"指音乐和谐。在古汉语中，"和"的含义主要包括"应和""和谐"两种含义。

在现代汉语中，"和"的含义主要包含三个方面：一是"和谐、调和"，如和美、和睦、和声、和合、相安、谐调、和衷共济等；二是"温和、和气"，如祥和、和平、和气、和悦、和煦、惠风和畅等；三是"平息争端"，如讲和、和约、和议等。①

1.3 "平和"的语义

在古汉语中，"平和"的含义主要有以下三种。一是平正谐和、调和，如"于是有烦手淫声，滔堙心耳，乃忘平和，君子弗听也"(《左传·昭公元年》)。如元朝耶律楚材在《弹相思二绝》之一中写道："秋思而今不入时，平和节奏苦嫌迟。"二是宁静、温和、不偏激，如"感条畅之气而灭平和之德，是以君子贱之也"(《礼记·乐记》)。如宋代司马光在《辞左仆射三札子》中写道："酌宽猛之政，处大小之事，必平和允惬，曲尽其宜。"三是康复、痊愈，如"伏惟圣体渐就平和，上下同庆，不觉抃舞"(《晋书·华表传》)。

"平和"在《现代汉语词典》中的解释是"(性情或言行)温和；(药

① 中国社会科学院语言研究所词典编辑室.现代汉语词典[M].6版.北京：商务印书馆，2012：524-525.

物）作用温和；不剧烈；平静；安宁；（纷扰）停息”。[1]“温和”是“（气候）不冷不热；（性情、态度、言语等）不严厉，不粗暴，使人感到亲切”[2]。“平和”在现代汉语中主要有温和与停止争端的意思。

2 儒家平和思想：调谐之基石

以儒家为代表的中华文明已经形成了自己的价值偏好，主要有：责任先于自由，义务先于权力，社群高于个人，和谐高于冲突（陈来，2016）。面对人与天、人与人的冲突，温和待人、理性调节是儒家建构天人关系、人伦关系的重要原则。天人合一（感应）、孝悌和家国命运共同体观念让儒者具备了突破小我的樊篱、在大我中建构自我的条件，同时也必然要求在世俗人际关系中修身养性。一日三省、克己复礼和清心寡欲，彰显的是性情温和、处事理性的光辉，才有可能“为天地立心，为生民立命，为往圣继绝学，为万世开太平”（张载）。

2.1 温和待人

在儒家看来，平和的核心是中和，即温和与理性的复合。儒家推崇谦谦君子、温润如玉；在比较君子与小人的人格时会说：“君子泰而不骄，小人骄而不泰。”两者的本质差异在于“君子和而不同，小人同而不和”（《论语·子路》）。《国语·郑语》曰：“夫和实生物，同则不继。以它平它谓之和，故能丰长而物生之。若以同裨同，尽乃弃矣。”宋儒朱熹强调：“致中和，天地位焉，万物育焉。”（《中庸》）

儒家的修身养性需要温和。《大学》开篇曰：“大学之道，在明明德，在亲民，在止于至善。”温和待人，与人为善是最高目标。孔子曰：“夫仁

① 中国社会科学院语言研究所词典编辑室.现代汉语词典[M].6版.北京：商务印书馆，2012：1000.

② 中国社会科学院语言研究所词典编辑室.现代汉语词典[M].6版.北京：商务印书馆，2012：1361.

者，己欲立而立人，己欲达而达人。能近取譬，可谓仁之方也已。”（《论语·雍也》）所谓“能近取譬”就是将心比心，孔子规定的是温和的具体原则。孟子曰：“亲亲，仁也；敬长，义也。”（《孟子·尽心上》）“尧舜之道，孝弟而已矣。”“辞让之心，礼也。”（《孟子·公孙丑上》）规定了温和的具体目标。“知止而后有定，定而后能静，静而后能安，安而后能虑，虑而后能得。”（《大学》）我们朝着最高目标去努力，一定会有所成就。天人合一是儒者通过修身养性达到像天一样造福于人类的理想境界。

2.2 理性调节

儒家的修身养性需要理性。天人合一还表现在理性对情感的调节。《中庸·第一章》云：“喜怒哀乐之未发，谓之中；发而皆中节，谓之和。中也者，天下之大本也；和也者，天下之达道也。”喜怒哀乐是人的自然属性，是情感的表现，为了追求与天合一的至善，因而需要对情感加以约束、限制和调节。“中”的状态即内心不受情绪的影响，保持平静、安宁、祥和的状态，是天下万事万物的本性。而始终保持“和”的状态，不受情绪的影响和左右（控制情绪，让情绪在一个合理的范围里变化），则是高明的做法。

3 道家平和思想：超然之基石

与儒家一样，道家也要解决人与天、人与人的冲突问题。平和是道家超然物外和虚静忘我的基石。道法自然是老子提出的最高原则，他说：“人法地，地法天，天法道，道法自然。”（《道德经·第二十五章》）老子将自然之道置于人伦礼仪之上，将“道”视为天地万物之源，认为大道无为，主张道法自然，提出以道生法、以雌守雄、刚柔并济等理念，具有朴素的辩证法思想。李约瑟（2010）认为，中国人性格中有许多吸引人的因素都来源于道家思想。道家强调用中道和合的原则，以平和之心来处理人与人、人与天的关系。老子说得很清楚："万物负阴而抱阳，冲气以为和。"（《道德经·第四十二章》）一阴一阳才称其为道，唯有在阴阳的相互激荡中才能得到整体的和谐。超然物外和虚静忘我是道家解决人与天、人与人的冲突的平和策略。

3.1 超然物外

超然物外需要做到无为、不争和知足。《道德经》第二章曰："天下皆知美之为美，斯恶已；皆知善之为善，斯不善已。故有无相生，难易相成，长短相较，高下相倾，音声相和，前后相随。是以圣人处无为之事，行不言之教。"韦政通（2002）认为，老子对当时的文明思想与现实社会产生了严重的"叛离"，如果说他的思想代表一种反叛，那么他是一种"创造性的反叛"。老子代表的不是道德力量，而是利欲滚滚的浊世里的一股清澈的智慧。儒家提倡的道德之善，在当时已经出现不善的恶果。面临战国时期人们生活严重失调的社会现实，放弃言教，让自然发挥更大的作用则是平和的必然选择。让百姓休养生息，能够按照自然规律行事的人就是圣人，他做的事不是妄为。庄子主张人应复归自然，返璞归真，与万物谐同一体，天地与我并生，而万物与我为一。

道家提倡不争。《道德经》第二章曰："上善若水，水善利万物而不争，处众人之所恶，故几于道。居善地，心善渊，与善仁，言善信，正善治，事善能，动善时。夫唯不争，故无尤。""道"是产生天地万物的总根源，是先于具体事物而存在的东西，也是事物的基本规律及其本源。所以"道"是我们每个人都应该认知与理解的。水的德行就是最接近于"道"的，水无所不利。它可以流淌到任何地方，滋养万物，洗涤污秽。它处于深潭之中，表面清澈而平静，但却深不可测。它源源不断地流淌，造福万物却不求回报。这样不争的德行，乃至仁，自然也不会有忧患。

在欲望面前，道家提倡知足。《道德经》第四十四章曰："名与身孰亲？身与货孰多？故知足不辱，知止不殆，可以长久。"意思是声名和生命相比哪一样更为重要？生命和获利比起来，哪一样更为贵重？所以说，懂得知足，就不会受到屈辱，懂得适可而止，就不会遇见危险，这样才可以保持住长久的平安。“知足者富”是“大盈若冲，其用不穷”之富。这种“知足”的心态已经成为传统中国人极为普遍的人生态度。庄子认为，不能将生命贬为工具或手段而使生命异化。庄子曰：“自三代以下者，天下莫不以物易其性也。小人则以身殉利，士则以身殉名，大夫则以身殉家，圣人则以身殉天下。故此数子者，事业不同，名声异号，其于伤性以身为殉，一也。”（《庄子·骈拇》）在利欲至上观念的驱使下，人们往往把自己的生命异化为牟利的工具。而要防止生命异化，实现超然物外，庄子认为，修养在于顺应自然，在于返璞归真，在于拒绝贪欲。

3.2 虚静忘我

虚静忘我需要做到致虚守静和宠辱不惊。致虚守静是道家平和的根本。《道德经》第十六章曰：“致虚极，守静笃。……夫物芸芸，各归其根。归根曰静，静曰复命。复命曰常，知常曰明。不知常，妄作凶。”使心灵保持“虚”和“静”的笃定状态，不妄作，为的是万事万物发生时，用这种心态观察事物循环往复的规律。庄子提出，世人可经由“虚、静、损、忘”等彻底从现实的人生中实现超越，即所谓“调适而上遂”。告诫人们在名利之外可以有一个奋斗目标，那就是虚静忘我。

宠辱不惊是平和的重要途径。老子《道德经》第十三章有言：“何谓贵大患若身？吾所以有大患者，为吾有身。及吾无身，吾有何患？故贵以身为天下，若可寄天下。”对于普通人来说，以己身为身，利害不外乎一身之得失。得也患，失也患，所谓患得患失。宠也惊，辱也惊，所谓宠辱两惧。而对于得道的圣人来说，非以己身为身，而以天下为己身。非以一己得失为得失，而以天下之治为得失。所谓宠辱两忘也。庄子的观点是崇天道屈人道，是天人对立又相互消融；在顺应自然的要求下，天是实位，人是虚位。庄子思想中所表现的天人合一的境界，是由人宠辱不惊、自弃忘我而达到的超然和谐的境界。

4 佛教平和思想：超脱之基石

在儒家和道家之外，佛教为中国人提供了补充性的精神追求和信仰体系，蕴含着丰富的平和思想，对于抚慰人们的心灵具有积极作用。面对人与天、人与人的冲突问题，戒定生慧和无我涅槃是超脱痛苦的法门，也是佛教平和的核心。

4.1 戒定生慧

佛教为了引导人们认清无常、无我，创立修行的“八正道”，包括：正见、正思、正语、正业、正命、正精进、正念、正定，目标是觉悟解脱。按照八正道来说，戒（正语、正业及正命）作为基础，与正念、正精进和正定联合才能培养出慧（正见、正思）。佛教修行所强调的戒定生慧，促使佛教信众持戒而行，慈悲同体。从入世者的淡泊名利到出世者的看破红尘，佛教徒共有的特征是去欲和淡定。

4.2 无我涅槃

无我涅槃是佛教提供超脱痛苦的康庄大道。涅槃是永远没有生命中的烦恼、痛苦和轮回，需要放下我执，才有可能实现。所谓修行，就是去探究我是什么，去发现世间“无我”的本质。从平和的角度看，涅槃是无我的淡定，是“本性”之学。生死与涅槃的区别在于是否见性，众生不见佛性，涅槃则为生死，菩提则为烦恼，众生若见佛性，则生死即涅槃，烦恼即菩提（韦政通，2003）。佛教所强调的平和，是遵守戒律，清心去欲，慈悲修行，逐步放下我执，实现涅槃超脱。

5 中医平和思想：调理之基石

中医和传统文化有特殊的历史渊源，从某种意义上说，中医本身就是传统文化，传统文化不仅渗透和表现于中医，还直接参与了有关概念、范畴乃至整个理论体系的构建。中医理论的许多概念和原理都是古代哲学的直接应用。它用哲学的“阴阳”解释人体的组织、结构、生理、病理变化，指导疾病的诊断、治疗，用“五行”的特性来分析五脏之间的生理联系。在儒道佛思想的影响下，中医形成了不同于西医的“气–阴阳–五行”思维模式，具体有整体思维、辩证思维、直觉思维、中和思维和象数思维等。在疾病观上，中医认为，疾病的主要原因就是人体气血脏腑功能的失衡，中医的优势体现在未病养生的预防观念、辨“证”求“本”的诊断方法、发掘正气潜能、自调节的治疗原则上。调和身心与未病养生是中医平和思想的主要内容。

5.1 调和身心

康复、痊愈是古文平和的重要涵义。中医从一开始就是一种综合性、大生态、大生命的医学模式。虽然中西医学都将人的健康当作自己的目的，但如何才能获得健康，却有不同的思维。中医是和合性思维，认为人体功能的动态平衡态、稳态、和合态就是健康，因而治病的根本原则就在于“法于阴阳，和于术数”，亦即采用以调节、调和为主的治疗方法，将失衡的状态调节到动态平衡态、阴阳和谐态。中医学的中和思维强调在观察分析和研究处理生命问题时，注重各种矛盾关系的和谐、协调或平衡，如在对疾病的认识上，中医学侧重于“阴阳失调”的关系性因素，提出了以关系失调为核心的病因病机理论；在治疗上，中医学注重的是宏观地调节人的阴阳状态，而不是微观地消除病原体，提出了调和致中的调理身心的方法。比如，情志相胜疗法是在中医理论指导下，根据我国传统文化和民族心理，运用情志之间相互制约的关系来进行治疗的方法。它是历代医家在长期临床实践中总结出来并行之有效的一种治疗方法，具有明显的中医特色，对中国古代医学治疗理论产生了深远的影响①。《黄帝内经》具体论述了情志相胜疗法的基本策略：喜伤心，恐胜喜；怒伤肝，悲胜怒；思伤脾，怒胜思；忧伤肺，喜胜忧；恐伤肾，思胜恐。

5.2 未病养生

中医通过“虚”心、“静”神，养生的“恬淡虚无”，情志的“清静安和”，以达到生命的最佳状态。《黄帝内经》中说“治未病”：真正高明的医生不是等患者得了病才去治疗，而是在患者尚未发病时就开始了预防，也就是预防胜于治疗。中医提倡健康的生活方式，从天人合一的角度，正气存内，邪不可干，自然可以养生长寿。人与自然和，人与社会和，人与人要和（特别是碰到人际问题时，要心平气和）以及个体的身心相和（饮食有节、起居有常、不妄劳作）、形神要和。养生更重要的是保养精气神。张其成教授（2011）提出，养精是基础、养气是路径、养神是关键。养生之“道”与儒、道、佛、中医的“道”是一气贯通的。中医的文化宝藏，如八段锦、五禽戏、太极拳等，通过锻炼意识、调控精神而纯化心灵，可以起到未病养生、调节身心的功效。综上，中医倡导的“调心—调息—调身”含有平和思想的核心：调理。

6 小结

总之，我国平和思想源远流长，“儒、道、佛、中医”等传统思想为我们开展平和倾向的心理学研究奠定了良好的文化基础。尽管“儒、道、佛、中医”四家在平和思想上存在明显差异，但它们也有共通之处。本书尝试对它们进行梳理、比较（见表1–2），并在此基础上提炼我国传统文化

① 杨鑫辉．医心之道：中国传统心理治疗学[M]．济南：山东教育出版社，2012：58–59．

下平和思想的共性：处理天人关系、人人关系和人己关系时的二阶调节，即对“一阶调节”——增强调节与减弱调节进行的再次调节。

对“天人合一”的理解是中国传统文化各家强调的平和的基础。传统文化中的“天”既包括浩瀚、神秘的自然存在，又包括人生安立的宇宙秩序和不可变更的自然规律（冯友兰，2011；钱穆，2012；韦政通，2003），以“自然（天）”为称谓既易于理解又兼具文化特点；“人”不是单独的个体存在，而是相互联系的关系存在，是关系的“人”（黄光国，2009，2015）。

表1-2　“儒、道、佛、中医”平和思想的比较

	平和策略	平和思想	平和内容
儒：中庸	天人关系：感应、小我； 人人关系：仁者爱人，至善； 人己关系：自我反省，克欲	温和待人：谦谦君子、知止有定	致中和，天地位焉、万物育焉； 大学之道，在明明德，在亲民，在止于至善； 知止而后有定，定而后能静，静而后能安，安而后能虑，虑而后能得； 正心诚意、止定静安、安虑后得
		理性调节：一日三省、欲不可纵	克己复礼；礼之用，和为贵； 喜怒哀乐之未发，谓之中；发而皆中节，谓之和。中也者，天下之大本也；和也者，天下之达道也
道：中道	天人关系：法天，忘我； 人人关系：不争，知足，无身； 人己关系：致虚守静，淡欲	超然物外：无为、不争、知足	人法地，地法天，天法道，道法自然； 圣人处无为之事，行不言之教； 天地与我并生，成物与我为一； 上善若水。水善利万物而不争； 知足不辱，知止不殆

续 表

	平和策略	平和思想	平和内容
		虚静忘我：致虚守静、宠辱不惊	致虚极，守静笃； 归根曰静，静曰复命； 调适而上遂； 及吾无身，吾有何患？故贵以身为天下，若可寄天下
佛：中观	天人关系：因缘，无我； 人人关系：众生平等，慈悲； 人己关系：自我关照，灭欲	戒定生慧：遵守戒律、清心去欲	正语、正业及正命； 正念、正精进和正定； 正见、正思
		无我涅槃：放下我执、觉悟超脱	悲智双运； 无我实相； 止观； 证得自性
中医：中和	天人关系：相应，动我； 人人关系：调和致中，平衡； 人己关系：虚心静神，少欲	调和身心：动态平衡、阴阳和谐	"气-阴阳-五行"思维模式； 法于阴阳，和于术数； 调心-调息-调身； 情志相胜
		未病养生：恬淡虚无、清静安和	调和致中； 虚心静神； 上医治未病； 志闲而少欲，心安而不惧

在"天人合一"的思想下，"天"与"人"是相互联系的有机整体（冯友兰，2011）。儒家强调"天人感应"，道家强调"道法自然"，佛家强调"因缘和合"，中医强调"天人相应"，这都是对"天人"关系的基本理解。"天人合一"系列观点让中国人对不可控制的天（自然）有了一种认识上的控制，儒家和中医按照人伦的规则去替天行道，道家按照自然的规律去生活，佛家主张缘起性空，通过放下我执，进入涅槃佛国。

知止（有标准）是二阶调节的基础，这个"止"是二阶标准或者说是"元标准"，对此，冯友兰提出天地境界的标准，在此种境界中的人，其行为是“事天”的。在此种境界中的人，了解了社会的全之外，还有宇宙的全，人必知有宇宙的全时，始能使其所得于人之所以为人者尽量发展，始能尽性。在此种境界中的人，有完全的高层的觉解。此即是说，他已完全知性，因其已知天。他已知天，所以他知人不但是社会的全的一部分，而且是宇宙的全的一部分。对于社会，人应有贡献；对于宇宙，人亦应有贡献（冯友兰，1996；廖建平，2004）。中华传统文化作为早熟的文化，长于理性短于理智，这个理性是万物和谐、天人合一之理（杨玉婷，2015）。由此，在文化层面上，中华文化选择理性，推崇世俗人伦作为二阶调节的具体法则。

在人人关系层面，也就是个人与群体、社会的层面，各家也有明显的平和观点与策略。以世俗伦理建构宇宙和人伦秩序素来是儒家的传统。王阳明提出良知心学，知行合一。王阳明先生以良知为天理，欲致心之良知于所有事物，道理全在人心之安排，事物无复本然之则。中华民族拥有人文取向的辩证整体论思想：人通天地、将心比心（翟学伟，2004）。儒家和中医，通过孝悌伦理、差序格局、家国情怀的代代相传，让“个体我”成长为承载“群体我”的君子；在不以物喜、不以己悲，先天下之忧而忧、后天下之乐而乐的进程中，小我转化成大我，增强的是社会利益动机，减弱的是个人利益动机，并在两者交融中实现二阶调节。道家提倡向水学习，不争名不夺利，在人际关系中强调宠辱不惊，知足常乐。佛家认为，众生都在六道中轮回，不仅人人平等，而且一切有情生物都平等，其二阶调节的策略是慈悲修行，渡己渡人。

在人己关系层面，也就是个人与自己、心与身的层面，各家也有明显的平和观点与策略。儒家和中医强调修身养性，通过自我反思克制情绪与欲望，达到符合礼数、齐家治国、心安理得的境界。道家提倡致虚守静，清心寡欲，以阴阳和合，归根复命。佛家在二阶调节方面走得最远，首先，离开欲望的发源地——俗世；其次，出家修行，秉持戒律，把欲望减少到极低的程度；最后，观照实相，熄灭欲望。罗素认为，中国人的心平气和（Pacific Temper）最可贵（白薇臻，杨莉馨，2018）。梁漱溟在《中国文化要义》中总结为：温顺和平、知足安命、有自得之趣、稳健、悠悠然、老成持重、有分寸、近情近理、不偏不倚、耻于用暴、重文轻武、特喜调和、中庸均衡、适可而止、贫而乐、贫而无怨、安分守己、尽人事听天命、恬淡而爱好自然风景、不矜尚权力、少以人力胜天之想等。

几千年来，“儒、道、佛、中医”崇尚平和，共同的中国传统文化内涵之一是平和、调节，在入世中出世，在天人合一中修身，在人伦中超越小我、忘却自我、成就大我，形成流动之我。谦谦君子、和而不同，代表了中庸仁爱、超越小我的儒家境界。致虚极、守静笃，物我两忘，代表了中道归真、超然物外的道家境界。放下我执，证得自性，代表了圆融中观、超脱寂灭的佛家境界。调和致中，恬淡虚无，代表了五行中和、阴阳平衡的中医境界。

在“儒、道、佛、中医”等基础上，初步提炼我国传统文化下平和思想的共性，为开展中国化平和倾向研究奠定理论基础。平和思想的核心是处理天人关系、人人关系和人己关系时的二阶调节，这种对调节的调节即对一阶调节——增强调节与减弱调节进行的再次调节，即以整体性、关系性与和谐性的策略来达到动态平衡。

第三节　问题提出与研究设计

1 问题提出

1.1 现有研究的不足

平和涉及人们对幸福与苦难的理解与抉择，一直受到文学、哲学、美学、社会学等的关注，但是，心理学的研究却并不多见。目前，平和倾向尚未作为一种独立的心理现象进入心理学研究领域。笔者认为，现有研究存在以下五个方面的不足，有待未来做进一步探索。

1.1.1 平和倾向的概念和结构有待确定

平和是一种普遍且复杂的心理体验，尽管一些学者已经开始探讨其状态性与倾向性的内涵，但目前尚没有统一的认识和定义。笔者认为，作为一个与哲学、社会学和宗教学等牵涉较深的心理学构念，对其界定和研究需要立足于文化差异性，来对平和内涵的普适性和特殊性进行明晰。

（1）西方心理学界未把平和视作独立的构念。受文化的限制，西方心理学对平和的讨论较少，并且不认为平和属于一个独立的心理学构念，而将其归为体验、灵性或者和平的下位概念，或者仅仅理解为焦躁的反面。最有代表性的定义指出，内心平静是一种良好的健康状态，一种和嘈杂、不安、焦虑以及混乱相反的状态（Kraft，1992）。与此相对的是，东方语境下的两个独立构念：安适幸福感描述的是内心平和与和谐的情绪状态；林道武等（2014）提出的内心平静是指心理和精神上的平和状态，是一种有丰富的知识和涵养，在面对不和谐或紧张时保持内心平和的状态。东方心理学界提出的状态性平和是一种平静心境或体验，提炼出了与平和直接相关的情绪和心境范畴，即中国人强调的安适恬淡和平静心境，为研究心理学视角下的平和打下了良好的基础。

（2）东方心理学界没有从倾向角度理解平和。西方心理学领域关于平和的讨论较少。然而，它出现在相关的概念中，如宁静、平静、接受、非判断、非努力、非反应——尤其是在正念冥想练习中。在西方，学者主要涉及的是倾向性平和，描述其跨时空稳定的倾向，强调平和的超越性、不被偏差影响的内在中立性以及非暴力性的人格。在中国文化传统中，平和逐渐从调和音乐的审美准则扩展到了个体的情绪体验、性格特点、处世原则、精神追求，其核心是自我调节，趋向和谐的理念、特点和状态。东方尚无心理学者从倾向角度阐述平和的概念。黄希庭先生在论述健全人格体系构建时，提到心境平和（黄希庭，2017）。因此，未来应深入研究人格倾向视角下的平和，进一步把平和心境之外的认知因素、人际互动、意志动机与应对方式纳入平和倾向的范畴，更全面地表征中国文化所突显的平和。

平和倾向作为一种重要的、普遍的心理体验，不仅体现为一种状态性情绪变化，更表现为一种稳定的对刺激反应所进行的二阶调节倾向。平和倾向既具有情感共性，又具有个体差异性。在获得平和倾向构念的基础上，结合状态性平和或者情绪性平和，可以更好地理解与培育平和倾向。因此，从人格倾向性视角探讨和研究平和倾向应是未来研究的一个重要方向。目前，国内还没有对平和倾向的结构这一问题进行探讨。探讨中国文化背景下平和倾向的结构是后续研究的重点问题。

1.1.2 平和倾向的测量工具有待开发

从现有研究来看，西方对平和倾向测量问题的探讨，往往与其他积极情绪混合在一起，很少单独讨论平和测量问题。如Mack等（2008）发展的癌症体验量表对平和并没有明确的定义。宁静简式量表作为衡量灵性和幸福的工具，包括三个分量表：接受、内在安宁和信任（Kreitzer et al., 2009）。Floody（2011）开发了维特博宁静问卷，由更高的力量、和谐、积极性和生活方式四个维度组成。Nelson（2014b）开发了自我感知量表，强调的是对自我的接纳和内心的和谐。由此可见，西方人仅仅把平和视为模糊或者附属的心理构念，表征病人等特殊群体的内在安宁、和谐以及对自我的接纳，强调对痛苦的超越或者进入灵性的精神世界，灵性自我出世取向的特点明显，缺少对普通人世俗生活中的情绪、认知和意志行为进行测量的工具。

以中国为代表的东方平和，突显的是对现实苦难的平静心境，安适恬淡的特点明显。Lee等（2012）开发了七项目安适幸福感量表。王诗茗等（2016）编制的平静心境量表，由7个项目组成，直接以词语来测量个体当下的心境状态。安适幸福感与平静心境所测量的构念有一个共同因子，即“平静与和谐”的情绪体验，缺乏对大学生的认知、人际、意志以及行为进行测量的工具。

总的来说，平和测量工具开发得并不充分，个别研究在平和的情绪领域、倾向领域进行了一些初步尝试，对平和的认知、意志领域还缺乏深入的认识。在已经开发的量表中，有些没有报告信效度，有些使用范围狭窄。在大学生平和的一般领域，目前缺乏经实证检验的、结构完整的测量工具。

1.1.3 平和倾向的前因变量有待探索

关于平和倾向的前因变量问题，目前仅个别研究关注到了正念与自我同情的作用，如正念冥想练习使人们的情绪反应趋于平和（任俊等，2012）；培养特定的冥想状态是相对短暂的，却可以导致人格特质的持久变化（Slagter et al.，2011）；那些具有自我仁慈、正念和共同人性的人，会使用适应策略来调节自己的情绪，而不是批评或逃避（Moon & 최해연，2015）。这些因素对平和倾向的作用机制尚不清楚。在大五人格、价值观与依恋方式对平和的影响方面，缺乏直接的证据。未来应对平和的前因变量展开系统的研究，以明确促进平和倾向的机制。

1.1.4 平和倾向对后果变量的影响机制有待明确

从理论上来说，平和倾向作为一个人格倾向类的变量，对个体的知、情、意、行都有影响。目前比较明确的是在情绪方面，平和可以提高情绪的稳定性，那么可以减少其他消极情绪吗？在认知方面，平和是否可以提高执行功能、成绩与工作效率？在意志方面，平和是否可以减少过多的欲望，增加对合理目标的动机？在行为方面，平和是否可以增加人际沟通，促进合作行为？平和倾向对后果变量的影响及机制将是未来研究的重要方向，可以开展系统化的探索。

1.1.5 平和倾向的中国化和跨文化研究有待加强

关于平和倾向的本土化和跨文化研究方面，目前还非常薄弱。首先，国内缺乏平和倾向的本土化研究。当前，中国正处于经济高速发展和社会转型的新时代，人们的焦躁明显增加，因此，基于中国传统文化背景开展本土化的平和倾向理论和实证研究显得尤为迫切。

其次，平和倾向的跨文化比较需要加强。平和倾向是人类普遍存在的人格倾向，具有跨历史性和文化普遍性，同时，平和倾向也存在文化特异性。与平静相关的内在状态很容易在西方心理学开发的低唤起积极情绪的测量工具中找到，如宁静或放松。然而，与和谐相关的内在状态，如和谐、平衡或安定，并不包括在低唤起积极情绪中。安适幸福感的跨文化研究发现，中国人或华裔美国人比欧洲裔美国人更重视低唤起积极情绪和内部和谐，而欧洲裔美国人比中国人更重视高唤起积极情绪（Lu & Gilmour，2004；Tsai，Knutson，& Fung，2006）。Mesquita 和 Frijda（1992）认为，生活在不同规范和价值观的文化中的人往往有不同的情感体验。受中国哲学思想的影响，东亚人更倾向于体验内心的平静，而不是单纯地享受幸福。东亚人应该更容易意识到内心的平静时刻，保持内心的平静状态，甚至试图维持或增强这种状态。由于内心的平静并不是西方文化强调的主要价值，因此西方人在日常生活中不重视并更少体验内心的平静。综上所述，由于两种文化对于幸福的文化价值观不同，东亚人在日常生活中比西方人更容易感受到内心的平静。

心境平和的人并不只有平淡的情感生活。李怡真等（2008）的研究结果表明，心境较平和的人在日常生活中更容易经历积极情绪，与消极刺激相比，他们更容易被积极刺激所吸引。因此，拥有较高心境平和的人能够不受无关刺激的干扰而保持相对稳定的情绪状态，并能够保留在环境中接收积极信息。拥有较高心境平和的人更有可能在个体两种对立的情感状态之间维持和谐的内稳态，更可能保持他们的平静情绪，不太可能受生活事件的影响，这表明平和的心态在维持和谐的情感中扮演了一个重要的角色。

目前，国外关于平和倾向的研究也还处于发展阶段，对于平和倾向的结构、影响因素及作用机制等问题均有待推进和完善。在中国文化背景下，大学生平和倾向的结构和特点与国外相关群体是否存在明显差异？与西方人群相比，影响中国大学生平和倾向的因素是否存在一些特殊性？中国大学生平和倾向对合作的影响及机制，与西方相比，是否也具有相同或特殊之处？这些问题应是后续研究的重点。

1.2 理论构想与拟讨论的问题

本研究以认知情感人格系统理论（Cognitive Affective Personality System，CAPS）（Kammrath & Scholer，2013；Mischel & Shoda，1995；Mischel & Shoda，1999；Mischel et al.，2007）为基础，结合积极情绪的拓展-构建理论与选择性投资理论（Selective Investment Theory，SIT）理解平和情绪对合作行为的正向作用（Cohn & Fredrickson，2006），并从双过程加工理论（Dual-Process Theory，DPT）的角度（Strack & Deutsch，2004）来探讨平和倾向的结构、特点、影响因素及其对合作的影响等问题。

1.2.1 大学生平和倾向的结构与测量工具

由于平和倾向内涵的复杂性，探讨平和倾向的结构会遇到很多困难。CAPS 理论认为，稳定的"情境-行为"图式不仅有助于研究个体在其生活环境中的具体情况，而且还为描述个体提供了一种理论途径。CAPS 理论强调，认知表征和情感状态相互作用、相互影响，正是它们之间关系的长期可通达性形成了人格结构的核心："认知-情感"单元。这些单元类型包括编码、期望和信念、情感、目标和价值观以及能力和自我调节。CAPS 理论认为，个体人格差异不仅反映了特定认知和情感的可通达性，还反映了它们之间关系的独特性。平和倾向即是以上"认知-情感"单元的可通达性和独特性组合。

本研究第一个要解决的问题是，扎根于中国传统文化，从"儒、道、佛、中医"中提取和归纳平和倾向的思想精华，为开展本土化的平和倾向研究奠定文化基础；以普通大学生群体为研究对象，从其日常经验中提炼平和倾向的概念和结构，在此基础上编制大学生平和倾向的测量工具。

1.2.2 大学生平和倾向的特点与影响因素

平和倾向的产生应是主、客观因素相互作用的结果。在中国文化背景下，大学生平和倾向的特点怎么样？哪些因素是影响大学生平和倾向的主要因素？这些因素如何影响大学生的平和倾向水平？这是本研究探讨的第二个问题。探讨大学生平和倾向的特点，可以为了解新时代大学生平和倾向的真实状况提供实证依据。对大学生平和倾向影响因素的探讨，有助于理解和揭示大学生平和倾向的形成条件，为大学生平和倾向的培养提供依据。

1.2.3 平和倾向与合作的关系及机制

CAPS模型这样的元理论通过简单的形式提供概念框架，把具体领域的模型建构任务留给了研究者。CAPS模型的潜力来自它产生局部优化的特定理论的能力——该理论以一般原则为指导，针对特定的问题可以产生具体的中观理论。本研究正是基于CAPS模型，结合双过程加工理论，提出了具体的平和倾向影响合作的假设。本研究关注的第三个问题是：从人格倾向性的视角来看，平和倾向与合作倾向是否也存在这样的正相关关系？平和倾向影响合作倾向的机制是什么？解决了以上问题后，在合作决策情境中可以更加清晰地理解平和倾向。

基于被试主观报告的结果，反映的是个体平和倾向与外显的合作竞争倾向之间的关系。双过程加工理论认为，人类具有基于认知的和基于情绪的两种信息加工系统（Bargh，Chen，& Burrows，1996；Klaczynski，2001；Sloman，1996），前者主要以语言为媒介，进行有意识但相对费时费力的规则推理和认知加工，后者则是发生于意识层面之下，非语言的、快速的内隐心理活动（Strack & Deutsch，2004）。相应地，合作包括外显合作和内隐合作：外显合作是指在社会交往中，个体自觉表现出来为了集体或团队利益而做出可能的自我损失决策，多采用直接的自我报告法进行测量；内隐合作则是指个体非自觉的合作行为，是个体内化的、自己不一定能够意识到的为了集体或团队利益而做出可能的自我损失决策，多采用间接的内隐联想测验法（Implicit Association Test，IAT）进行测量。已有研究表明，外显和内隐亲社会行为是两个相互分离的心理和行为过程（何宁，朱云莉，2016；蒋达，王歆睿，傅丽，周仁来，2008；吴睿，郭庆科，李芳，2018）。平和倾向是否也影响内隐合作？如果影响，其作用机制与外显合作存在哪些差异？这是本研究拟探讨的第四个问题。对此问题的探讨，有助于将平和倾向与合作的关系研究由意识层面深入至潜意识层面，对推动平和倾向的潜意识研究具有一定的意义。

1.2.4 诱发平和情绪对合作的影响

平和情绪对合作有怎样的影响？作为亲社会行为的一种，合作是社会物种成功的基础。然而，合作需要个人承担使他人受益的成本。有研究者认为，合作仅仅是“与生俱来的”，与基因相关联，而不是文化传播的产物。David等（2012）提出，直觉反应也可能在发展过程中受到文化进化和社会学习的影响。鼓励决策者保持最大限度的理性可能会产生意想不到的副作用，使他们变得更加自私。但是我们假设：平和，作为中国文化的特征之一，可能与理性携手，共同促进合作。

积极情绪的拓展-构建理论与选择性投资理论可以帮助解释平和情绪对合作行为的正向作用。它们都是以进化理论作为指导，拓展-构建理论侧重于构建个人资源，而选择性投资理论强调将人际关系作为一种资源。选择性投资理论赋予人际关系更大的作用，扩大了个人资源的范围，而不是简单地把它们看作拓展的潜在环境或一种特殊的资源。拓展不应局限于可能建立个人资源的情况，也应在社会环境中扩展，包括利他主义和对他人的关怀（Cohn & Fredrickson，2006）。处于积极情绪状态下的人会形成更具包容性的社会群体（Dovidio et al.，1998）。平和状态下的个人更具有安全感和满足感。作为一种积极情绪，平和可以促使个人积极感知他人，对他人产生的正向知觉，可以使个人从能获得短期收益的竞争行为转向能获得长期利益的合作行为，表现出更多的合作行为。那么，诱发大学生的平和情绪，可否促进其合作，这是本研究探讨的第五个问题。

1.3 研究意义

1.3.1 理论意义

本研究的理论意义主要体现在：（1）探讨大学生平和倾向的结构和特点，为了解新时代大学生平和倾向的真实状况提供实证依据；（2）考察个体因素对平和倾向的影响，有助于揭示平和倾向产生和发展的内部条件，从而更加完整地理解平和倾向，并为后续平和倾向的培养提供理论依据和指导；（3）从两个意识层面来研究平和倾向对合作的影响，既有助于深入揭示平和倾向对合作的促进效应，又有助于理解平和倾向的本质属性；（4）尝试从心理学视角整理中国传统文化下的平和思想，采用自上而下与自下而上相结合的思路，对平和的结构和作用机制（主要针对合作）进行初步探讨，对本土化的平和理论研究具有一定的促进作用。

1.3.2 实践意义

本研究的实践意义主要体现在：（1）探讨多重因素对平和倾向的影响及其机制，研究结果对新时代背景下大学生平和倾向的培养具有一定的指导意义；（2）探究不同诱发方式提升大学生平和情绪的效果，进而促进大学生的合作，对培养大学生的积极社会心态具有一定的指导意义；（3）探讨平和倾向对合作倾向、外显合作与内隐合作的作用，明确平和倾向对合作的正向效应及内在机理，有助于促进社会和谐发展，对社会治理具有一定的指导意义。

2 研究设计

为解决上述问题，本研究提出如图1–1所示的总体设计。结合前述拟探讨的主要问题，本研究的实证研究主要包括以下4个部分，共10个子研究：

第一部分，大学生平和倾向的结构与测量工具研究。本部分包括2个子研究。基于平和的文化特殊性，本部分首先扎根于中国传统文化，以

《四库全书》为研究对象，采用内容分析法，对涉及中国自然、人文、社会等领域的传统平和的涵义进行探究。以大学生为研究对象，采用问卷调查法，对平和的现代内涵、结构进行归纳（研究一），以明确平和倾向的内涵与结构；其次，在形成的大学生平和倾向结构框架下，编制大学生平和倾向问卷，并对其信效度进行检验（研究二）。

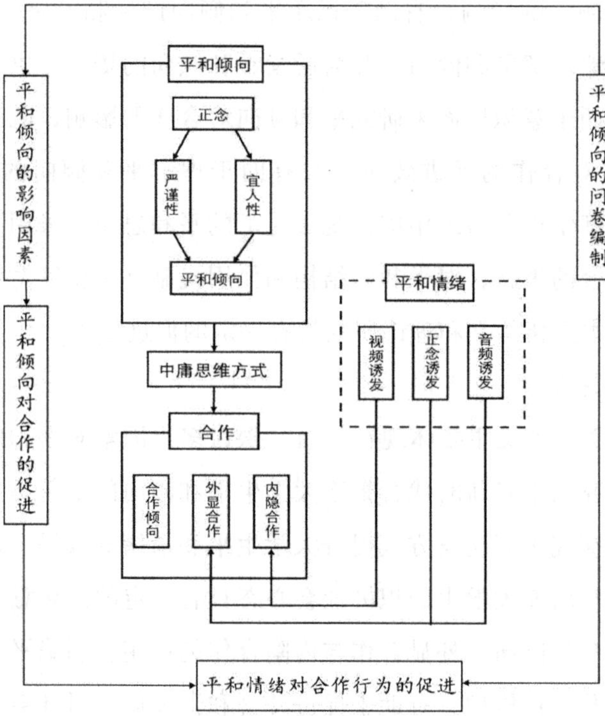

图1-1　研究总体设计

第二部分，大学生平和倾向的特点与影响因素研究。本部分包括2个子研究。首先，采用自编的“大学生平和倾向问卷”，进行大样本抽样，考察大学生平和倾向的现状和特点（研究三）。其次，在理论分析和前人实证研究的基础上，分别探讨个体的认知因素（正念）和人格因素（严谨性和宜人性）对大学生平和倾向的影响，进而建构一个中介效应模型，考察不同因素对大学生平和倾向的综合效应，以期在一定程度上反映影响大学生平和倾向的内在机制（研究四）。

第三部分，大学生平和倾向与合作的关系及机制研究。本部分包括3个子研究。本部分主要从人格倾向性的视角，探讨大学生平和倾向与合作倾向的关系及机制：尝试建构并检验中庸思维方式的中介机制模型（研究五）。为了明确大学生平和倾向与外显、内隐合作行为的关系，通过两个行为实验进一步检验中庸思维方式在平和倾向与外显、内隐合作行为中的中介作用。第1个行为实验探究的是平和倾向与外显合作行为的关系［公共物品博弈（Public Goods Game，PGG）范式、研究六］。第2个行为实验探究的是平和倾向与内隐合作行为的关系（IAT范式、研究七）。此外，为了获得内隐合作IAT实验材料和视频诱发材料，开展了预研究。

第四部分，大学生诱发平和情绪对合作的影响研究。本部分包括3个实验研究。第1个行为实验探究的是视频诱发平和情绪与外显合作的关系（PGG范式、研究八）。第2个行为实验探究的是视频诱发平和情绪与内隐合作行为的关系（IAT范式、研究九）。第3个实验探究的是正念练习诱发平和情绪对外显合作的影响（PGG范式、研究十），为今后开展干预实务打下基础。此外，为了获得诱发材料，开展了短时正念练习与音频的材料评估预实验。

第二章　大学生平和倾向的结构与测量工具

加强社会心理服务体系建设，培育理性平和等积极的社会心态，需要深入研究人格倾向视角下的平和，开发符合测量学要求的工具。以平和心理为研究内容，以当代大学生为目标群体，尝试编制首个大学生平和倾向问卷，为推进平和倾向的实证研究提供心理学工具，在一定程度上可以丰富平和心理的理论研究成果，对完善中国化的人格心理学理论亦具有一定的意义。本章包括两个研究，通过对平和倾向传统涵义的分析及对大学生平和理解的开放式调查，获得编制问卷的概念与结构，然后按照规范流程编制问卷并进行信效度的检验。

第一节　平和倾向的传统涵义分析

1 引言

“平和”在中国文化中有着非常重要的地位。大国成长需保持平和心态（杨雪冬，2010），需要加强对大学生平和理性社会心态的培育（胡宇南，罗映光，2013；王自华，李惠，2018），更应加大对平和的深入研究，全面而充分地了解平和的内涵。目前，我国缺少对平和内涵的深入分析，因此本章接续第一章对中华传统文化中的平和思想的探索，通过梳理《四库全书》中“平和”的内涵，旨在分析中华传统文化中平和倾向的核心涵义，以期更好地理解平和，为问卷编制提供概念和结构的基础来源。

2 方法

本研究采用内容分析法，在电子版《四库全书》中检索关键词“平和”，共得到1504条关于“平和”的记录，由一位心理学研究生导师、四位心理学研究生和两位古代汉语研究生导师组成研究小组，对检索到的古籍材料条目进行白话翻译并进行归类整理，对每一条记录的白话翻译在组内无异议后方可以进行归类。检索到的古籍共有597部。最终归纳出12个关于平和的小目，如天文、水文、哲学、文学、艺术、政治、经济、品格、名称、身体、中医等，涉及自然、人文、社会、心理、医学以及其他等六大领域。

3 结果

在《四库全书》中检索到1504条关于平和的材料，涉及古籍597部。按年代来看，秦朝的1部，汉朝的12部，三国时期的4部，晋朝的5部，南北朝的5部，隋唐的36部，五代十国的4部，宋朝的190部，金朝的3部，元朝的46部，明朝的126部，清朝的72部，其他（朝代不详）的93部。

《四库全书》中的平和所涉及的领域，基本涵盖了人类社会生存发展的各个方面。对1504条材料进行整理，初步分析得到12个小目，经过再次分析归纳为五大内涵及其他释义。（见表2-1）

表2-1 平和内涵分类汇总

类目	小目	细目频次	比例
自然(61)	天文(20)	历法名称(11) 和谐安定(9)	4.0%

续 表

类目	小目	细目频次	比例
	水文(41)	环境安宁(20) 气候温和(8)	
		水文平稳(7) 土地肥沃(6)	
人文(118)	哲学(32)	调和平衡(17) 谦逊低调(7)	7.8%
		中正端正(4) 和谐稳定(4)	
	文学(28)	评论公正(5) 内容平实(8)	
		语气温和(4) 文风平静(11)	
	艺术(58)	曲风纯正(14) 乐调平稳(25)	
		书法调和(11) 文风素雅(8)	
社会(148)	政治(133)	社会和谐(79) 朝政安定(13)	9.9%
		外交安全(10) 政策公平(31)	
	经济(15)	市价稳定(9) 交易公平(3)	
		经济调节(2) 价格便宜(1)	
心理(490)	品格(251)	人格倾向(115) 恬畅心境(56)	32.6%
		道德品格(11) 情绪调节(61)	
		温和心态(8)	
	名称(239)	地名(186) 人名(38)	
		官名(9) 军事名称及封号(6)	
医学(405)	身体(266)	身体稳定(266)	26.9%
	中医(139)	药性为温(56) 症状缓解(6) 气味平淡(4)	
		中药名称(18) 强度适中(12)	
		调理身体(38) 温柔手段(5)	
其他(282)	其他(282)	非词组(277) 其他(5)	18.8%

3.1 平和的自然涵义

在检索到的1504条材料里，与自然释义相关的条目占4.0%。自然可分为天文类和水文类，天文领域里对平和的解释主要为历法名称和和谐安定。水文领域里平和的涵义有多种，主要为环境安宁，即岁月柔和，无干旱洪涝灾害，庄稼自然成长，天地之间处于一个稳定的状态；气候温和，如“正值冬令气候平和”（《钦定平定台湾纪略·卷三》）；水文平稳，即河水的潮势平稳，“勘过现在潮势平和情形恭折”（《世宗宪皇帝朱批谕旨·卷十六》）；土地肥沃，如“塞王南君厮宾治循鲜城土地平和，无所不有”（《水经注笺刊误·卷一》）。（见表2–2）

表2–2　平和的自然涵义及典型条目

小目	细目频次	典型条目
天文	历法名称(11)	用望平和，历时之义；用望平和，盖亦远矣
	和谐安定(9)	斗星盛明，王道平和，爵禄行；星明，天下平和
水文(118)	环境安宁(20)	究年辰而区别，平和则物阜民康；天地平和之气
	气候温和(8)	春夏多炎，隆冬无雪，较元江差觉平和；正值冬令气候平和；三四月间风力平和
	水文平稳(7)	奏为奏明现在潮势平和情形仰祈；勘过现在潮势平和情形恭折；潮势平和情形恭折
	土地肥沃(6)	塞王南君厮宾，治循鲜城。土地平和，无所不有

平和在自然领域中的涵义主要代表一种天地之间、水文与土地之间和谐安稳的状态，无灾无害，风雨调和，自然万物安得其所，自由生长。

3.2 平和的人文涵义

平和的人文涵义亦是丰富饱满，如内容中正、中肯及言辞温和的文学评论，调和事物的阴阳平衡与谦虚、低调做人的处世哲学，乐调曲风平淡舒缓和书法文艺温和素雅的艺术，折射出一种没有高调、只有平和的取向。（见表2–3）

平和的人文涵义涉及哲学、文学及艺术三个领域。在文学方面，可以从文章内容、文学评论、文章言辞、语气和行文风格五个角度来理解平和。平和可理解为：文章内容中正温和，平实易懂；文学评论温和中立，以表达出公正中肯、不偏不倚的态度；文章言辞的平稳规矩，理性辩证的措辞用句，以达到中规中矩；诗文的语气温和，读来内心温暖安静，能感受到作者内心的宁静温和；文风温和平静，如苏轼对晁补之行文的建议，“凡人为文，宜务使平和”（《闻见后录》），由作者的行文亦可知当时的社会风俗如何，“读王风则见其怨诗尤为平和”（《诗传大全·卷二》）。

表2-3　平和的人文涵义及典型条目

小目	细目频次	典型条目
哲学	调和平衡(17)	见阴阳平和天时人事之难得者也;阴阳平和者,交也合也;则气化平和;亦寓阴阳平和之义矣
	谦逊低调(7)	二之时平和,见龙在田者则是可止之处也
	中正端正(4)	皆有中正平和,德皆有美凶,品皆有邪正
	和谐稳定(4)	道者无形,平和而神;事事平和,得火罗临冲穹合
文学	评论公正(5)	议论平和,绝无区别门户之见;赞其断论平和,考据精核
	内容平实(8)	自然意味平和;明道平和简易
	语气温和(4)	词气平和;则肃雍平和,蔼然有关雎士女之行至
	文风平静(11)	凡人为文,宜务使平和至足,余溢为奇怪;工而平和
艺术	曲风纯正(14)	声平和,则郑卫不能入也;本朝乐,皆平和,所以世祚久长;由是言之,声音以平和为体
	乐调平稳(25)	其辞平和而意深长者,大抵皆盛世之音也;歌咏诗曲,将以宣平和,著不逮也
	书法调和(11)	安军未报,平和之如何,深可为事也;平和淡宕之致
	文风素雅(8)	周砥诗,淳风返元化,至体适平和;其怨诗尤为平和

3.3 平和的社会涵义

平和的社会涵义可从政治与经济两个角度来阐释。在政治方面，社会和谐是平和的首要内容，即社会安定，百姓安居乐业，社会各机构运行平稳，平衡协调，市价稳定，买卖公平。《中庸》云："能尽人之性，则能尽物之性。"人与天地万物融为一体，则社会安定，百姓安居乐业，做到"万物并育而不相害，道并行而不相悖"。其次是政策公平，即国家政策公平温和，治理有道，赏罚分明。再次是朝政安定，即社稷稳定，国家稳固，治理恰当，可有效管辖各官府部门，统领团结百姓；以"礼乐刑政，综合为治"为治国方略，以"为政以德"为政治观念，君主权力理性化，吏治清明，司法公正，民心稳固，则朝政安稳。最后是外交安全，即国家关系和睦稳固，相互交好，互惠互赢。

在经济方面，平和的涵义可以理解为市场上商品的价格稳定，波动不大，经济平稳运转；交易公平，买卖商品公正公平；经济调节，调节某商品税率，"常平、和籴、茶税、征商、榷场等法"（《佩文韵府·卷八十六》），将商品价格调整至恰当价钱，"平和其价以优黔首远邦常市杂物"（《册府元龟·卷五百二》；价格便宜，如"夏至，时价平和"（《御定月令辑要·卷三》）。

在社会方面，平和的政治与经济涵义也较为丰富，都要达到一个和谐安稳的环境，无论是政治政策，还是市场价格及买卖，需要"礼乐刑政""为政以德"，不搞暴政劳民伤财，调节市价，让百姓能获得实惠，减轻他们的负担。（见表2–4）

表2–4　平和的社会涵义及典型条目

小目	细目频次	典型条目
政治	社会和谐(79)	值平和福德增重;明大,天下平和;平和章明
	政策公平(31)	而平和之政,万无一者;朕以寡薄,政缺平和;为政平和
	朝政安定(13)	政格平和,遂弛万人之狱;为难事,故以谕良相,酌宽猛之政,处大小之事,必平和允惬;止武平星,平和政刑
	外交安全(10)	平,和也,合二国之好也;守和同,谓不相与战而平和也
经济	市价稳定(9)	但得米谷流通,价值平和;若遇丰熟之年,米价平和;则市价平和,人人受赐

续 表

小目	细目频次	典型条目
	交易公平(3)	须平和交易;画时支价两平和,买雇赁并不科俵民间饥荒去
	经济调节(2)	常平、和籴、茶税、征商、榷场等法;平和其价以优黔首远邦常布杂物
	价格便宜(1)	夏至,时价平和。晦日夏至五谷贵

3.4 平和的心理涵义

平和的心理涵义需从品格和名称角度来解读。其中人格倾向和地名细目占据了主要部分，待人温和、低调淡泊、中正安宁、平衡稳重、平易近人以及平淡不偏激的人格倾向是平和的首要内容；另外，名称条目囊括了地名、人名、官名、军事名称及封号。从这么多有关平和的名称可以看出古人对平和的向往与追求。(见表2–5)

表2–5　平和的心理涵义及典型条目

小目	细目频次	典型条目
品格	人格倾向(115)	性平和,不抑寒素;平和温润;与人处平和谦抑;其人资性平和;宽容平和;情性平和,方可以学道矣
	恬畅心境(56)	清静平和;使人精神平和;人饮神瀵,力志平和,过则醉;外无贪而内清净,心平和而不失中正
	道德品格(11)	不以贵贱经怀而平和恬畅;聿修少平和温润,素流之中,最有规检
	情绪调节(61)	即于解状判处斩,从容平和,略不变色;听之不觉心平和
	温和心态(8)	言禀平和之气,性理安舒也;好和不争曰安,宽容平和曰安;师古曰:稍侵,言渐笃也平和也
名称	地名(186)	北至福建平和县
	人名(38)	三司徐平和;使人开府徐平和至,辱告言语,具闻也
	官名(9)	平和大夫;成全、平和、保安大夫;平和郎
	军事名称及封号(6)	平和营游击

在其他角度，平和有着各自的涵义：安宁祥和、温和平静地看待事

物，淡雅端庄的修养心境；清明中正、温顺儒雅、秉性温和、从容待人接物的道德品质；淡然平稳、朴实质朴、祥和宁静，可以快速平复心情；温和淡定、心平气和，有着“海纳百川，有容乃大”的包容心态。

3.5 平和的医学涵义

平和的医学涵义可从身体与中医两个角度来理解，共分为8个细目。身体稳定：身体的各个部分如器官、气息、血液、脉搏处于稳定的状态；药性温和：中药的属性是温，不热不寒；调理身体：形容中药能调理人体的五脏六腑、阴阳二气、寒热二气，使它们处于一个稳定状态；中药名称：如平和汤、平和饮子、平和羹等；强度适中：中药药性不猛烈、比较轻微或者适中；症状缓解：身体的机能从不稳定到稳定，症状逐渐缓解的过程；气味平淡：形容食物或中药的气味与味道平淡不刺激；温柔手段：中医处理疾病时使用的手段温柔温和。（见表2-6）

表2-6　平和的医学涵义及典型条目

小目	细目频次	典型条目
身体	身体稳定(266)	气体平和;血气平和;脉皆平和;起居平和;胃气平和;平和无恙;平和自若;食息平和
中医	药性为温(56)	龙眼平和也;平和之药;平和之剂;以平和药扶持之乳食调养之;用平和药如升麻汤
	症状缓解(6)	精神清胜,脉遂平和;自然平和,不可妄用大凉之剂;息数平和八九至此是皆人之
	气味平淡(4)	气味平和无毒;其药味平和
	中药名称(18)	平和汤;平和药;平和饮子;平和剂;平和羹
	强度适中(12)	药性平和;其方平和故列于首;不可固执只宜平和之说
	调理身体(38)	遂悉平和其阴阳也;调顺三焦,平和胃气,顺气;平和益脾胃降气之药;平和府藏;平和心肾
	温柔手段(5)	须平和疗以接之;平和调理;治必循次平和

4 讨论

要研究中国人的人格，就必须深入中国人的生活实际，观察他们日常生活中的心理和行为现象，提炼出与人格有关的概念作为研究主题（黄希庭，2017）。当今社会人心焦躁，平和逐渐成为学者、政府和公众关注的热点。然而，自古以来，平和是中国人命名的重要选择之一，生活中不时可见与“平和”相关的人名、桥名及县名、乡名，如福建省平和县至今已有五百多年的历史。采用词汇学途径（Allport & Odbert，1936）探索的人格结构有着文化特异性，即人格维度的命名应来自个体的日常生活用语（王登峰，崔红，2006）。

平和的心理内涵与“儒、道、佛、中医”的理念不谋而合，这证明了平和在中国传统文化中的重要地位。传统文化中，平和是百姓的内心体验、人际目标、行事风格和精神追求。笔者认为，在中国文化背景下，平和倾向是个体内心平静、待人温和、处事理性的人格倾向，也可以称之为倾向性平和，包括知、情、意、行4个维度。从认知维度看，平和倾向表现为理性地思考和解决问题；从情绪维度看，平和倾向表现为情绪相对平静，自我调节能力强；从意志维度看，平和倾向表现为动机的强度适中，综合考虑个人利益和全体利益；从行为维度看，平和倾向表现为做事稳重，不急不躁。

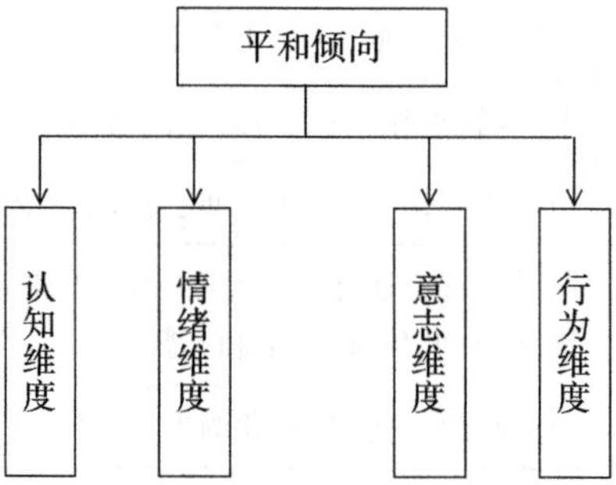

图2-1　平和倾向的四个维度

从以上分析讨论得出，平和在自然、人文、社会、心理、医学等领域中的共性是，处理天人关系、人人关系和人己关系时存在二阶调节并推崇动态平衡与深层和谐。一阶调节包括增强调节与减弱调节，即对涉及个人利益的“物喜与己悲”的调控。在中国文化所强调的实现“不以物喜、不以己悲”的进程中，一阶调节受二阶调节的影响，家国利益超越了个人利益，小我转化成大我，增强的是社会利益动机，减弱的是个人利益动机，并在两者交融中实现以追求情绪宁静和淡泊欲望为基础的二阶调节。《礼记·中庸》首章就提出：“致中和，天地位焉，万物育焉。”二阶调节在以下几个方面得到充分显现：从天地之间的自然和谐的关系状态，到国家管理追求的稳定秩序、平稳社会经济的方法以及医者治疗时秉持的理念（穆俊平，杨建宇，朱庆文，2017），到创作艺术时所追求境界的审美标准，再到个体调节自身情绪和为人处世的基本原则。

在哲学方面，平和的意思主要为调和事物之间的阴阳平衡，使之能正常存之；另外是从为人处世角度理解，做人做事需低调谦虚，中正端正。子曰：“君子欲讷于言而敏于行。”（《论语·里仁》）孔子认为，君子不应夸夸其谈，而应脚踏实地行事。《易经》也认为“谦谦君子，用涉大川，吉”：谦谦君子，即使跋山涉水，也能安全渡过，到达目的地。“无不利，撝谦”（《易·谦》），只要有谦逊的美德，就没有什么不利。可见古人对谦虚低调的美德的赞赏及推崇。在我们现代社会，为人处世照样需要谦逊，如此才能学会俯耳倾听，学到更多知识，亦能收获更多友情。谦逊是一种人格特质，是一种亲社会行为，是一种做人态度，是一种行事风格（谢威士，汪凤炎，2014）。

在艺术领域，需从音乐、书法和文艺方面解读二阶调节。音乐又包括乐调：音乐的乐调平淡不猛烈，舒缓温和，节奏稳定，协调和睦，听起来融洽顺耳；曲风：曲风纯正安宁，不偏不倚，乐风安宁平静；平和的内涵还可指乐名乐章，即组成乐章的部分或乐曲的名称。古籍中的平和亦可表示书法调和，笔墨流畅和谐。在文艺方面，平和指文风素淡典雅，行文搭配适当，内容祥和纯正。《左传》中有以“中声”为美的思想，由此而及的“平和”也是音乐审美中重要的准则，凡是能使人保持平和之心的音乐即为“中声”（苗建华，2002）。

人体和中药，都可以分成阴阳两种状态，而平和是两种相反状态之间的一个稳定状态。《内经》中提到“阴阳和平之人”（《灵枢·通天》），此类人群，气色好，四肢健全灵活，身体各个部分没有出现病变，处于身体稳定的状态，不容易生病。在中医疗法中，常选用的药物药性温和，采用“和法缓治”。北京中医药大学教授张其成（2007）表示，中医讲究调中，治病即是调和阴阳。“和”是中医追求的最高境界，人生病是因为失“和”，治疗疾病需要调和致中。平和在医学中既可表示人体健康，脾胃平和，阴阳平衡，又可指药物的药性平和，名称、味道与气味温和以及温和的中医疗法等。从这可以看出，平和在中医中调节阴阳平衡，使其达到温和适中的程度。

在个体层面，待人温和、低调淡泊、中正安宁、平衡稳重、平易近人以及平淡不偏激的人格倾向是平和的主要涵义。

综上，平和有着独特的涵义，是中国智慧的重要内容，是我国传统文化的一个核心原则，反映在自然、社会、人文、中医和心理领域，在中国传统文化中占有重要地位。

5 小结

基于对平和思想的梳理和《四库全书》中平和涵义的分析，笔者认为，在中国文化背景下，平和倾向是个体内心平静、待人温和、处事理性的人格倾向，包括知、情、意、行4个维度。

第二节 大学生平和倾向问卷的编制

1 引言

为了编制问卷，通过开放式问卷调查，本研究拟提出大学生平和倾向的操作性定义和维度。

本研究在已明确大学生平和倾向维度的基础上，编制问卷项目，形成初始问卷，从安徽省属7所本科高校中抽取936名大学生施测，对问卷项目进行项目鉴别力分析，对初始问卷的结构进行探索性因素分析。然后，以大学生平和倾向问卷正式版为测量工具，对大学生正式施测，对问卷进行验证性因素分析（Confirmatory Factor Analysis，CFA）、信度和效度检验，以期全面检验大学生平和倾向问卷的心理测量学特征。验证性因素分析的目的在于探究事先假设的模型与实际数据的拟合能力，以试图观测变量的因素个体和因素负荷是否与预先建立的理论假设一致（Thompson，2004）。本研究的基准假设模型（M_0）是基于探索性因素分析获得的多因素模型。为检验多种可能性假设，本研究同时建构多个可能的竞争模型，进行多个模型的拟合情况比较，从中选取最佳的拟合模型。

在验证性因素分析的基础上，本研究还进行了测量等值性检验，应用结构方程模型框架下的多组验证性分析（Muti-group Confirmatory Factor Analysis，MCFA）（Vandenberg & Lance，2016），检验大学生平和倾向问卷在不同性别、年级、专业等大学生亚群体中的测量等值性。本研究将检验大学生平和倾向问卷的内部一致性系数、合成信度和重测信度。本研究还将检验大学生平和倾向问卷的效标关联效度以及内容效度。已有研究表明，平和倾向与安适幸福感（李怡真等，2008）、平静心境（王诗茗等，

2016）、大五人格神经质（胡艳华，黄敏儿，2006）等变量显著相关，本研究以这些变量进行效标关联效度的检验。内容效度的检验采用专家评定法。本研究假设：

（1）大学生平和倾向问卷在男生和女生两个亚群体中具有测量等值性；（2）大学生平和倾向问卷在大一、大二、大三和大四等四个亚群体中具有测量等值性；（3）大学生平和倾向问卷在文科、理科、工科、医学、艺术、农林及经管等七个亚群体中具有测量等值性；（4）大学生平和倾向问卷的内部一致性系数、合成信度和重测信度可达到心理测量学的基本要求；（5）大学生平和倾向与安适幸福感、平静心境、大五人格神经质等变量显著相关；（6）专家评定认为，大学生平和倾向问卷能够较好地测量所需测量的心理构念，内容效度良好。

2 方法

2.1 大学生平和倾向的开放式调查

为明确大学生平和倾向的结构和维度，本研究设计“大学生平和倾向开放式调查问卷”，对大学生所理解的平和倾向做进一步调查。开放式问题为“你是如何理解平和的？”“古今中外最平和的人身上有什么特点？”被试根据自己的实际情况填写。问卷包括人口学变量（性别、年级和年龄）和开放式问题两部分。

采用方便取样法，从安徽某省属高校抽取550名大学生参与调查，使用问卷星网络调查平台（www.sojump.com）收回问卷516份，回收率93.8%。其中，男生166人（32.2%），女生350人（67.8%）；大一学生147人（28.5%）、大二学生184人（35.7%）、大三学生95人（18.4%）、大四学生90人（17.4%）；平均年龄20.2周岁（*SD*=1.4，年龄范围为18~24周岁）。完成问卷后，所有参与调查的被试均获得价值1元的红包或小纪念品。

问卷回收后，采用二级编码进行归类，以明确大学生平和倾向的结构和维度。首先，调查问卷回收后进行处理：共计收集大学生关于平和的内容2801条，平均每名被试5.43条（SD=1.9，条目数范围从2到12）。

其次，由研究小组独立进行编码、分类。由2名心理学专业博士生组成研究小组，对条目进行独立编码。每名研究者对平和涵义的编码在4至6个，如平静、温和、淡定、理性、安静、承担、辩证、安宁等。

再次，研究小组讨论并确定平和的涵义。研究小组根据各自的编码情况进行综合讨论，然后本研究确定大学生平和倾向的操作性定义和维度：个体平静、理性、温和与淡定的倾向。平静倾向是安宁平静的倾向，理性倾向是理性分析问题和运用整体思维的倾向，温和倾向是待人和气的倾向，淡定倾向是镇定稳重的倾向。

最后，对有效条目进行归类分析。依据讨论确定的平和倾向的类别，研究小组对1507条有效条目进行归类，计算2个研究者的编码、归类一致性程度，Kendall W系数为0.83（p<0.001），表明2名研究者的编码归类一致性程度较高。

表2-7 大学生平和涵义的开放式调查结果（n=516）

大类目(频次)	小类目(频次)
平静(300)	平静(95) 情绪稳定(32) 心平气和(25) 无大的情绪波动(24) 稳定(20) 不慌不忙(20) 不激动冲动(17) 处变不惊(16) 波澜不惊(14) 处事不惊(12) 心静如水(15) 内心平静(10)
理性(371)	理性(245) 冷静(80) 不受干扰(21) 理智(13) 观点独立(12)
温和(441)	温和(68) 温柔温暖(49) 平易近人(38) 不容易生气(32) 不急躁焦躁(37) 不易怒暴躁(29) 和善友善(37) 和蔼(29) 控制情绪(22) 可亲(18) 和谐(17) 随和(17) 脾气好心态好(13) 不偏激(12) 慈祥(9) 与人为善(7) 友好(7)

续 表

大类目(频次)	小类目(频次)
淡定(395)	淡定(78) 从容不迫(36) 看淡看开(30) 安静(24) 平稳(16) 不骄不躁(17) 宁静(15) 淡然(15) 无争(24) 不争不抢(19) 淡泊名利(17) 荣辱不惊(10) 稳重(12) 沉着沉稳(21) 无欲少欲(15) 泰然坦然(15) 抗挫能力强(8) 无为自然(13) 怡然自得(10)

2.2 初始问卷的形成

构建项目。主要通过两种方式构建初始问卷的项目：一是按照构建的4个维度从开放式问卷调查材料中抽取适宜的陈述，编制成项目。二是根据平和倾向的操作性定义，结合国内外已有的一些测量工具，进行项目编制。在项目表述时力求措辞准确、简单明了、通俗易懂、没有歧义。初始问卷共计编制了113个项目。

专家审读。113个项目编制完成后，请6名心理学专业研究生导师对项目进行审读：参照各维度的界定，评价每个项目是否准确反映了维度的内涵；分析每个项目的表述是否清晰，其中特别注意分析是否存在歧义，是否符合大学生的年龄特征等。基于专家的评估，将113个项目精简、合并和修改，形成49个项目。

被试群体对可读性进行评估。对49个项目进行随机编排，形成可读性问卷，从某高校抽取74名大学生施测。从“1”（完全不明白）到“6”（完全明白）对每个项目进行主观评分。结果表明，“完全明白”的项目共37个，占75.5%，“基本明白”的项目共6个，占12.2%，“有点明白”的项目共3个，占6.1%，“基本不明白”的项目1个，占2.0%，“完全不明白”的项目2个，占4.1%。删除或修改主观评价为“有点明白”“基本不明白”“完全不明白”的6个项目。

最终形成包括45个项目的大学生平和倾向初始问卷。该问卷采用Likert 6点计分法，从“1”（非常不符合）到“6”（非常符合）进行计分。施测时还编写了指导语。

2.3 研究对象

初次施测样本（用于项目分析和探索性因素分析）：从安徽省属7所本科高校中抽取936名大学生参与调查。由辅导员或任课教师通知所在班级学生，统一通过问卷星网络调查平台进行施测，学生自愿参与并在规定时间内作答。数据回收后，对数据进行整理，剔除作答时间明显过短等无效问卷，获得有效问卷898份，有效率95.9%，有效被试的平均答题时间为4.4分钟（*SD*=1.8，时间范围为2.0min ~ 15.7min）。有效被试中，男生368人（41.0%），女生530人（59.0%）；大一学生295人（32.9%），大二学生207人（23.1%），大三学生252人（28.0%），大四学生144人（16.0%）；文科生254人（28.3%），理科生211人（23.5%），工科生167人（18.6%），医科生266人（29.6%）。所有被试的平均年龄为20.4周岁（*SD*=1.7，年龄范围为17 ~ 26周岁）。完成问卷后，所有参与调查的被试均获得价值1元的小纪念品一份。

正式施测样本（用于验证性因素分析及效标检测）：从安徽、江西省属本科高校（综合类、师范类、农林类、理工类和医学类大学共7所）中抽取2100名大学生参与调查。调查采用集体施测方式，由一名心理学专业研究生和一名辅导员担任主试，利用学生会议或上课时间在教室统一通过问卷星网络调查平台施测。数据回收后，对数据进行整理，剔除“未通过测伪题”等无效问卷，获得有效问卷1948份，有效率92.8%。有效被试中，男生756人（38.8%），女生1192人（61.2%）；大一学生739人（37.9%），大二学生570人（29.3%），大三学生430人（22.1%），大四学生209人（10.7%）；文科生258人（13.2%），理科生216人（11.1%），工科生424人（21.8%），医学生278人（14.3%），艺术生336人（17.2%），农林生205人（10.5%），经管生231人（11.9%）。所有被试的平均年龄为20.3周岁（*SD*=1.5，年龄范围为17 ~ 26周岁）。完成问卷后，所有参与调查的被试均获得价值1元的小纪念品一份。

重测信度样本（用于重测信度检测）：采用集体施测方式，统一通过问卷星网络调查平台进行，从安徽某省属本科高校中抽取两个教学班级参与调查。第一次施测在2019年5月15日，间隔4周后进行第二次施测；第一次施测共136人参加，第二次施测共118人参加，其中18人因请假或其他原因未参加第二次施测，脱落率为13.2%。在两次均有效的被试中，大二学生51人（43.2%），大三学生67人（56.8%）；男生47人（39.8%），女生71人（60.2%）。被试的平均年龄为20.3周岁（*SD*=0.91，年龄范围为19～23周岁）。完成问卷后，所有参与调查的被试均获得价值3元的小纪念品一份。

2.4 效标工具

2.4.1 安适幸福感量表

台湾学者Lee等（2012）开发的安适幸福感量表，由7个项目组成，适用对象为大学生。该量表采用5点计分（1=从不，5=总是），Cronbach's α系数为0.83。研究者认为，幸福感并非仅是追求正向情绪的极大化，而是回归身心安适的平静状态。以随遇而安和恬淡幸福为中心概念编制的单维量表（题目如“我的内心是轻松自在的”），与心理抑郁量表呈负相关，与生活满意度呈显著正相关。在本研究中，安适幸福感量表的Cronbach's α系数为0.87。

2.4.2 平静心境量表

平静心境量表（IPSS），由7个项目组成（王诗茗，张振铎，刘兴华，2016），适用对象为大学生。采用Likert 5级自评（0=一点也不；1=一点儿；2=中等；3=相当地；4=非常地），其中项目2和5为反向记分。要求填写者将最能代表其近1周感觉程度的评分填写在每个项目前，得分越高表示平静心境越高。该量表的内部一致性系数为0.89。在本研究中，平静心境量表的Cronbach's α系数为0.91。

2.4.3 大五人格量表修订版（NEO Personality Inventory，NEO PI-R）焦虑和敌意因子

大五人格量表修订版包含240个条目，中文版本由戴晓阳、杨坚等人翻译，具有良好的信效度（戴晓阳，姚树桥，蔡太生，杨坚，2004）。本研究采用的神经质分量表（全式）中的两个因子：焦虑和敌意因子，采用5级评分（0～4），每个因子有8个条目，总分范围为0～32，得分越高说明个体的焦虑或敌意越高，也表明其神经质水平越高。在本研究中，焦虑和敌意因子的Cronbach's α系数分别为0.63和0.76。

2.5 统计与数据处理

采用SPSS 19.0进行项目分析、效标关联效度和Cronbach's α系数的计算。采用Mplus 7.4进行探索性因素分析、验证性因素分析和多组验证性因素分析，合成信度计算。

3 结果

3.1 项目分析

本研究采用临界比率法和相关法进行项目分析。按被试问卷总分的高低进行排序，取前、后27%的被试作为高分组和低分组，对两组进行项目分数差异的独立样本t检验。在本研究中，高分组包括242名被试，问卷总均分为224.76（SD=13.67），低分组包括242名被试，问卷总均分为151.20（SD=18.02），高分组与低分组在问卷总均分上差异显著（t=50.60，p<0.001，d=4.60）。45题的CR值均达到显著性水平（p_s<0.001），应予以保留。

表2-8 大学生平和倾向初始量表项目分析（n=898）

项目	$M\pm SD$	*Skewness*	*Kurtosis*	*CR*值	题总相关(r)
1	4.41±1.22	0.81	0.16	23.02***	0.65***
2	3.71±1.22	0.21	0.53	21.66***	0.63***
3	4.08±1.21	0.46	0.24	25.99***	0.71***
4	3.28±1.26	0.18	0.45	13.44***	0.48***
5	4.48±1.13	0.76	0.38	25.06***	0.73***
6	4.06±1.21	0.33	0.42	22.05***	0.65***
7	3.95±1.23	0.37	0.36	23.64***	0.68***
8	4.08±1.17	0.39	0.31	24.02***	0.70***
9	3.93±1.16	0.33	0.39	20.46***	0.63***
10	3.99±1.12	0.27	0.17	21.37***	0.66***
11	4.30±1.01	0.58	0.47	23.62***	0.74***
12	4.07±1.07	0.34	0.02	21.05***	0.65***
13	4.20±1.02	0.33	0.11	20.87***	0.66***
14	4.33±1.01	0.56	0.59	18.87***	0.66***
15	4.27±0.98	0.55	0.71	23.11***	0.72***
16	4.32±0.96	0.41	0.39	21.67***	0.73***
17	4.18±0.95	0.20	0.08	23.16***	0.73***
18	3.64±1.15	0.08	0.24	2.67**	0.10**
19	4.20±0.94	0.43	0.60	22.08***	0.72***
20	4.26±1.16	0.51	0.07	20.02***	0.64***
21	4.32±1.05	0.69	0.79	25.03***	0.75***
22	4.44±0.91	0.57	1.04	19.76***	0.67***
23	4.60±0.96	0.59	0.56	18.37***	0.60***
24	4.54±1.05	0.71	0.55	21.15***	0.66***

续　表

项目	$M \pm SD$	*Skewness*	*Kurtosis*	*CR*值	题总相关(r)
25	4.59±1.10	0.74	0.27	16.95***	0.56***
26	4.16±1.05	0.30	0.27	26.02***	0.74***
27	4.66±0.97	0.79	1.08	18.78***	0.62***
28	4.61±1.02	0.64	0.19	18.28***	0.60***
29	4.44±0.97	0.50	0.20	18.63***	0.61***
30	3.89±1.16	0.32	0.22	16.19***	0.53***
31	4.56±0.93	0.68	1.02	19.98***	0.64***
32	4.45±0.99	0.61	0.79	15.62***	0.56***
33	4.49±0.95	0.75	1.09	22.05***	0.73***
34	3.76±1.23	0.30	0.39	16.34***	0.54***
35	3.45±1.17	0.06	0.32	16.28***	0.55***
36	4.47±1.03	0.55	0.39	14.28***	0.53***
37	4.65±0.97	0.62	0.50	18.60***	0.60***
38	3.77±1.12	0.03	0.36	15.72***	0.53***
39	4.09±1.02	0.26	0.02	25.39***	0.74***
40	4.16±1.05	0.42	0.11	23.37***	0.71***
41	3.97±1.03	0.16	0.19	24.37***	0.72***
42	4.19±1.06	0.51	0.27	24.17***	0.72***
43	4.16±1.16	0.39	0.34	17.50***	0.56***
44	4.26±1.08	0.52	0.18	17.86***	0.61***
45	3.95±1.10	0.16	0.22	14.06***	0.50***

注：$^{*}p<0.05$，$^{**}p<0.01$，$^{***}p<0.001$，下同。

一般认为，项目与问卷总分之间的相关系数越高，该项目的鉴别力越高。常用的标准是项目与总分的相关系数在0.40以上。44个项目得分与总分均呈正相关（$p<0.001$），相关系数r值的范围为0.48～0.74，予以保留。

1个项目第18题（“在无能为力时，我通常会选择放弃。” $r=0.10$，$p<0.01$）与问卷总分的相关系数小于0.40，予以删除。

3.2 探索性因素分析

采用Mplus 7.4进行探索性因素分析（Exploratory Factor Analysis，EFA）。首先，对44个项目进行正态分布检验。结果发现，除了q22、q27、q31和q33等4个项目的峰态系数（Kurtosis）大于1之外（Kurtosis=1.04、1.08、1.02、1.09，见表2-8），其余项目的偏态系数（Skewness）和峰态系数均小于1，因此，可以认为44个项目基本符合正态分布（Balakrishnan & Scarpa，2012；Srivastava，1984），模型估计时采用极大似然估计（Maximum Likelihood，ML）是合适的（Finney & DiStefano，2006；West，Finch，& Curran，1995）。但是，如果采用稳健极大似然（Robust Maximum Likelihood，MLR）估计将获得更为稳健的参数估计结果（Satorra & Bentler，1994），所以，本研究采用MLR估计。

因素提取时，同时考虑以下方法或标准：（1）特征值大于1（Kaiser's Rule，K1）；（2）解释方差总量；（3）平行分析（Parallel Analysis）；（4）竞争模型比较。因子提取时考虑竞争模型比较（Fabrigar，Wegener，MacCallum，& Strahan，1999）。

项目保留或剔除时，同时考虑以下标准：（1）因子负荷值（Factor Loadings）应大于0.40，小于0.30的予以剔除（Hair，Black，Babin，& Anderson，2011；Reise，Waller，& Comrey，2000）；（2）不存在较严重的共同负荷问题（Cross-loading），即一个项目不能同时在多个因子上的负荷值大于0.30，若在两个因子上的负荷值大于0.30，则负荷值之间的差异必须大于0.20，否则予以剔除（Floyd & Widaman，1995；Peterson，2000）；（3）同一因子下的项目数不应少于3个（≥3），否则予以剔除（Reise et al.，2000）；（4）项目之间存在语义包含关系时，优先考虑保留信息量大的项目；（5）项目归属于某个因子时，不符合理论假设的，予以剔除。

将44个项目一起纳入进行首次EFA，因子旋转采用斜交旋转方法（胡中锋，莫雷，2002），结果显示，共有6个因子的特征值大于1（18.52、2.57、1.97、1.70、1.35、1.06），可解释方差总量的61.76%，但是较多项目的因子负荷值达不到统计学要求，或项目归属不符合理论假设。按上述项目保留和剔除标准，采用每增删1个项目进行一次EFA的逐次分析方法，经过24次EFA，最终获得了基本符合要求的20个项目。

在这20个项目中，共计抽取出特征值大于1的因子4个（9.36、1.92、1.51、1.12），可解释方差总量的69.59%。平行分析结果显示，真实数据有3个因子大于模拟数据，第4个因子等于模拟数据。模型比较结果显示，与其他因素模型相比，四因素模型的各项拟合指数均较好（χ^2/df=3.45，*RMSEA*（90%*CI*）=0.05［0.05，0.06］，*CFI*=0.96，*TLI*=0.94，*SRMR*=0.02，*AIC*=42176.63，*BIC*=42723.85），也明显优于其他模型（见表2-9）。因此，本研究抽取4个因子，共计解释方差总量的69.59%。

表2-9 探索性因素分析模型拟合指数

模型	X^2	*df*	X^2/df	*AIC*	*BIC*	*RMSEA*(90%*CI*)	*CFI*	*TLI*	*SRMR*
单因素模型	2380.33***	170	14.00	45006.41	45294.42	0.12[0.12,0.13]	0.70	0.70	0.09
双因素模型	1615.34***	151	10.70	43779.69	44158.90	0.10[0.10,0.11]	0.80	0.75	0.06
三因素模型	839.70***	133	6.31	42758.39	43224.01	0.08[0.07,0.08]	0.91	0.87	0.04
四因素模型	400.68***	116	3.45	42176.63	42723.85	0.05[0.05,0.06]	0.96	0.94	0.02
五因素模型	320.66***	100	3.21	42057.41	42681.44	0.05[0.04,0.06]	0.95	0.93	0.06

20个项目在4个因子上的负荷矩阵见表2-10。依据项目归属情况，对4个因子进行命名：

因子1：包括q3、q7、q8、q9和q10，共5个项目，主要测量大学生安宁平静的倾向，包括内心安宁、轻松自在、较少烦躁、怡然自得等，将其命名为“平静倾向”。

因子2：包括q11、q12、q13、q14、q15和q16，共6个项目，主要测量大学生理性分析问题和运用整体思维的倾向，包括理性地分析遇到的问题，从不同角度看待问题和决策，以及将注意力放在问题解决上等，将其命名为“理性倾向”。

因子3：包括q24、q25、q26、q28和q29，共5个项目，主要测量大学生待人和气的倾向，表现为与人相处随和、较少冲突等，将其命名为“温和倾向”。

因子4：包括q39、q40、q41和q42，共4个项目，主要测量大学生镇定稳重的倾向，碰到预料之外的事，镇定从容、淡定面对等，将其命名为“淡定倾向”。

表2-10　探索性因素分析项目的因子负荷情况

项目	因子F1	因子F2	因子F3	因子F4
q3	**0.57**	−0.02	0.17	0.11
q7	**0.60**	0.03	0.06	0.11
q8	**0.88**	−0.05	0.02	−0.01
q9	**0.74**	0.07	−0.09	0.01
q10	**0.83**	0.05	−0.09	−0.05
q11	0.12	**0.59**	0.09	0.09
q12	−0.01	**0.80**	0.01	−0.02
q13	−0.01	**0.89**	−0.06	−0.03
q14	−0.06	**0.84**	0.01	0.01
q15	0.04	**0.76**	0.02	0.05
q16	0.11	**0.62**	0.07	0.06
q24	−0.04	−0.03	**0.81**	0.01

续　表

项目	因子F1	因子F2	因子F3	因子F4
q25	0.02	-0.02	**0.78**	0.09
q26	0.01	-0.03	**0.77**	0.01
q28	0.08	0.08	**0.72**	-0.08
q29	0.01	0.04	**0.68**	0.03
q39	0.05	0.01	-0.13	**0.65**
q40	0.02	-0.04	0.03	**0.87**
q41	-0.03	0.09	0.09	**0.71**
q42	0.02	0.07	-0.02	**0.77**

注：因子负荷大于0.50的，加粗字体显示。

3.3 验证性因素分析

采用Mplus 7.4进行验证性因素分析。假设模型为EFA获得的四因素模型（M_0）。同时，依据各因子之间的相关情况，建构以下竞争模型：（1）单因素模型（M_1），即20个项目归属于一个因子；（2）双因素模型1（M_2），即平静倾向和淡定倾向归属于一个因子，理性倾向与温和倾向归属于一个因子；（3）双因素模型2（M_3），平静倾向和温和倾向归属于一个因子，理性倾向与淡定倾向归属于一个因子；（4）双因素模型3（M_4），平静倾向和理性倾向归属于一个因子，淡定倾向与温和倾向归属于一个因子；（5）三因素模型1（M_5），平静倾向归属于一个因子，温和倾向和淡定倾向归属于一个因子，理性倾向归属于一个因子；（6）三因素模型2（M_6），平静倾向和理性倾向归属于一个因子，淡定倾向归属于一个因子，温和倾向归属于一个因子；（7）三因素模型3（M_7），平静倾向和温和倾向归属于一个因子，理性倾向归属于一个因子，淡定倾向归属于一个因子；（8）三因素模型4（M_8），平静倾向和淡定倾向归属于一个因子，理性倾向归属于一个因子，温和倾向归属于一个因子；（9）三因素模型5

(M_9)，平静倾向归属于一个因子，温和倾向和理性倾向归属于一个因子，淡定倾向归属于一个因子。

首先，对20个项目进行正态分布检验。结果发现，除了项目15的*Kurtosis*值（1.55）小于2外，其他项目的*Skewness*和*Kurtosis*值均小于1（见表2-11），因此，这些项目符合正态分布假设，可采用MLR法进行估计。为获得更稳健的参数估计结果，本研究仍采用MLR法进行估计。

表2-11 大学生平和倾向正式问卷各项目分析

项目	*M*±*SD*	*Skewness*	*Kurtosis*	项目	*M*±*SD*	*Skewness*	*Kurtosis*
1	4.14±1.34	0.56	0.57	11	4.45±1.00	0.53	0.39
2	3.90±1.35	0.39	0.60	12	4.72±1.01	0.86	0.87
3	4.02±1.31	0.43	0.53	13	4.67±1.11	0.94	0.91
4	3.95±1.31	0.37	0.59	14	4.71±1.13	0.98	0.92
5	3.96±1.23	0.30	0.52	15	4.86±0.95	0.98	1.55
6	4.39±1.07	0.62	0.26	16	4.74±1.02	0.90	0.88
7	4.20±1.08	0.43	0.01	17	3.73±1.19	0.02	0.44
8	4.30±1.07	0.47	0.20	18	4.06±1.12	0.27	0.18
9	4.46±1.03	0.66	0.66	19	4.13±1.12	0.33	0.17
10	4.38±0.99	0.45	0.34	20	3.90±1.14	0.18	0.31

在本研究中，模型拟合评价与比较考虑以下拟合指数：χ^2/df、*RMSEA*、*CFI*、*TLI*和*SRMR*（Hu & Bentler，1998；Jackson，Gillaspy，& Purc-Stephenson，2009；Marsh，Hau，& Grayson，2005）。一般而言，χ^2/df小于5，*RMSEA*小于0.08，*CFI*和*TLI*大于0.90，*SRMR*小于0.08，表示模型拟合良好（Hu & Bentler，1998，1999；Marsh et al.，2005）。同时，模型评价要考虑各参数估计值是否合理。一般而言，验证性因素分析因子负荷值应在0.70以上，不宜低于0.50（Brown & Moore，2012；Kline，2015）。假设模型与竞争模型拟合情况见表2-12。假设模型M_0的χ^2/df值为5.71，略大于

5；*RMSEA*为0.05（90%*CI*为［0.05，0.05］），*SRMR*为0.03，均小于0.08；*CFI*为0.95，大于0.90；*TLI*为0.94，大于0.90。各项拟合指数基本达到良好拟合的要求。与其他9个竞争模型相比，假设模型M_0的各项拟合指数均表现更优，因此，本研究接受假设模型M_0。

表2-12　验证性因素分析各模型拟合指数

模型	X^2	*df*	χ^2/df	*RMSEA*(90%*CI*)	*CFI*	*TLI*	*SRMR*
一阶模型:四因素模型(M_0)	**936.04***	**164**	**5.71**	**0.05[0.05,0.05]**	**0.95**	**0.94**	**0.03**
二阶模型:二阶单因素($M_{0'}$)	**935.55***	**166**	**5.64**	**0.05[0.05,0.05]**	**0.95**	**0.94**	**0.03**
一阶模型:单因素模型(M_1)	5036.75*	170	29.63	0.12[0.12,0.12]	0.69	0.65	0.09
一阶模型:双因素模型1(M_2)	4271.13*	169	25.27	0.11[0.11,0.12]	0.74	0.70	0.08
一阶模型:双因素模型2(M_3)	4068.55*	169	24.07	0.11[0.11,0.11]	0.75	0.72	0.08
一阶模型:双因素模型3(M_4)	4218.87*	169	24.96	0.11[0.11,0.11]	0.74	0.71	0.08
一阶模型:三因素模型1(M_5)	2583.74*	167	15.47	0.09[0.08,0.09]	0.85	0.82	0.06
一阶模型:三因素模型2(M_6)	2600.95*	167	15.57	0.09[0.08,0.09]	0.84	0.82	0.06
一阶模型:三因素模型3(M_7)	2990.10*	167	17.90	0.09[0.09,0.10]	0.82	0.79	0.07
一阶模型:三因素模型4(M_8)	2512.51*	167	15.04	0.09[0.08,0.09]	0.85	0.83	0.06
一阶模型:三因素模型5(M_9)	2726.98*	167	16.33	0.09[0.09,0.09]	0.83	0.81	0.07

注：加黑字体显示的两个模型为最终选择的接受模型。

假设模型因子负荷标准化解见图2-2。q2和q17的因素负荷值小于

0.70。综上，本研究结果支持假设模型M_0，验证性因素分析结果再次验证了大学生平和倾向的四因素结构。4个因子之间的相关系数均较高（见表2-13）。由于一阶因素间相关系数较高，故构建二阶因子模型。在一阶因子模型的基础上，进一步构建出二阶单因子，命名为平和倾向（Dispositional Pinghe，DPH）。所有一阶因素在二阶因素的负荷值范围均在0.69～0.86，模型拟合良好（见图2-2）。

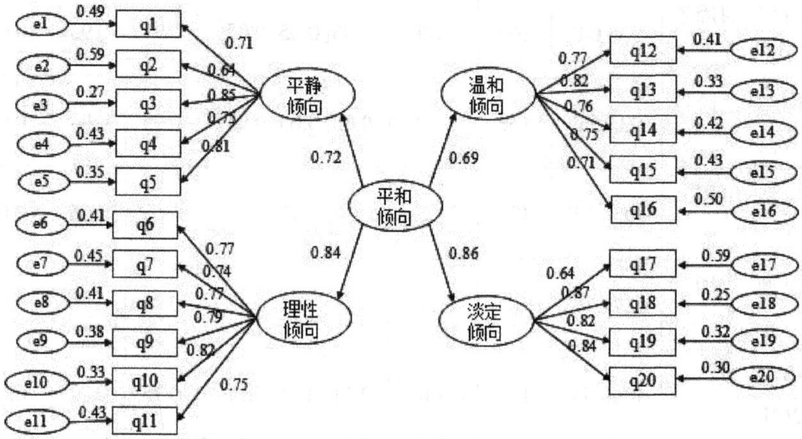

图2-2　大学生平和倾向问卷假设二阶模型验证性因素分析的标准化解

表2-13　问卷评分的描述统计与各维度Pearson相关（n=1948）

	1	2	3	4	5
1.平和倾向总分	—				
2.平静倾向	0.80**	—			
3.理性倾向	0.85**	0.54**	—		
4.温和倾向	0.75**	0.45**	0.51**	—	
5.淡定倾向	0.81**	0.53**	0.64**	0.51**	—
M	4.28	3.99	4.36	4.74	3.95
SD	0.74	1.05	0.85	0.85	0.97

两个模型的模型拟合度见表2-12。对模型拟合度恶化程度进行检验发现，两个模型的$\Delta\chi^2$=0.49，Δdf=2，两个模型χ^2的差异小于df=2的时候，χ^2的临界值为9.21（α=0.01），表明模型拟合的差异不显著，即二阶因素并未显著恶化模型拟合，因此本研究保留二阶单因子模型（$M_{0'}$）。

3.4 信度检验

采用合成信度（Composite Reliability）、Cronbach's α系数和重测信度作为指标，分析大学生平和倾向问卷的信度。由表2-14可知，大学生平和倾向总量表的Cronbach's α系数为0.93，合成信度为0.96，4个因素的Cronbach's α系数和合成信度均在0.87～0.90，即大学生平和倾向总量表的信度不低于0.93，4个因素的信度也应不低于0.87；大学生平和倾向问卷总体重测信度（间隔4周）为0.85，各维度重测信度在0.75～0.82，具有较好的测量稳定性。20个项目的平均方差提取值（Average Variance Extracted，AVE）为0.60，大于0.5的可接受标准。

表2-14　大学生平和倾向量表的信度分析结果

维度	合成信度	95%置信区间	Cronbach's α 系数	重测信度(间隔4周)
平静倾向	0.87	[0.86,0.88]	0.87	0.80
理性倾向	0.90	[0.89,0.91]	0.90	0.82
温和倾向	0.88	[0.86,0.89]	0.87	0.79
淡定倾向	0.87	[0.86,0.88]	0.87	0.75
平和倾向总问卷	0.96	[0.96,0.97]	0.93	0.85

3.5 效标效度检验

以安适幸福感、平静心境和大五人格神经质维度的焦虑、敌意因子等国内外相对成熟的测量工具为效标，检验大学生平和倾向问卷的效标效度。由表2-15可知，平和倾向总问卷及4个维度均与安适幸福感、平静心境等变量呈显著正相关；与大五人格神经质维度的焦虑、敌意因子呈显著负相关，说明大学生平和倾向问卷效标效度较好。

表2-15　大学生平和倾向问卷与效标效度的相关性（n=1948）

维度	安适幸福感	平静心境	焦虑	敌意
平静倾向	0.68**	0.63**	−0.56**	−0.52**
理性倾向	0.37**	0.42**	−0.35**	−0.39**
温和倾向	0.35**	0.38**	−0.26**	−0.46**
淡定倾向	0.44**	0.49**	−0.48**	−0.46**
平和倾向总问卷	0.58**	0.60**	−0.52**	−0.57**

3.6 测量等值性检验

3.6.1 不同性别的跨组等值性检验

依据Schmitt和Kuljanmin（2008）及Vandenberg和Lance（2016）推荐的测量等值性检验程序（Schmitt & Kuljanin，2008；Vandenberg & Lance，2016），本研究采用“四步检验法”：（1）形态等值（Configural Invariance），（2）单位等值（Metric Invariance），（3）尺度等值（Scalar Invariance），（4）误差方差等值（Error Variance Invariance）。在CFA框架下，误差方差等值也是整个量表的信度不变的前提（Vandenberg & Lance，2016）。

采用MLR法对模型进行估计，男生、女生及二者构成的多组形态等值模型拟合情况见表2-16。在MLR估计中，χ^2值均采用Satorra-Bentler校正统计量，进行差异比较时，也均进行了校正计算（Albert Satorra & Bentler，2010）。

首先，不对任何参数进行约束，仅检验男生、女生平和倾向四因素模型是否具有相同的形态，即形态相同检验。由表2-16可知，男生、女生形态相同模型，拟合指数均提示该模型拟合良好，说明男生、女生平和倾向在测量模型上具有相同的形态（即四因素模型），可以进行下一步的等值性检验。

其次，约束男生、女生在因子负荷上等值，对单位等值模型进行检验。结果表明，该模型拟合良好；与形态相同模型相比，该模型*TLI*值得到改善（0.95>0.94），并且在增加了自由度的情况下（Δdf=16），χ^2值增加并不明显（$\Delta\chi^2/\Delta df$=1.49<5），*CFI*没有发生变化（ΔCFI=0.00）。因此，男生、女生平和倾向四因素模型在单位等值上获得支持。

再次，约束男生、女生平和倾向四因素模型在20个观测指标的截距上等值，进行尺度等值性检验。结果表明，与形态相同模型相比，尺度等值模型的拟合情况没有明显变化，χ^2值增加并不明显（$\Delta\chi^2/\Delta df$=2.26<5），*CFI*没有发生变化（ΔCFI=0.00），该模型*TLI*值得到改善（0.95>0.94）。因此，男、女生平和倾向四因素模型具有尺度等值性。

最后，约束男生、女生平和倾向四因素模型的误差方差等值，进行误差等值性检验。结果表明，误差等值模型的拟合情况没有明显变化，χ^2值增加并不明显（$\Delta\chi^2/\Delta df$=1.54<5），*CFI*没有发生变化（ΔCFI=0.00），该模型*TLI*值得到改善（0.95>0.94）。因此，男生、女生平和倾向四因素模型具有误差等值性。综上可知，男生、女生平和倾向四因素模型的测量等值性获得支持。

表2-16 大学生平和倾向问卷在男生、女生中的等值性检验

模型	χ^2	*df*	χ^2/df	*RMSE*(90%*CI*)	*CFI*	*TLI*	*SRMR*	$\Delta\chi^2(\Delta df)$	ΔCFI
男生的四因素模型	402.66	164	2.46	0.04[0.04,0.05]	0.96	0.95	0.04	—	—
女生的四因素模型	743.65	164	4.53	0.05[0.05,0.06]	0.94	0.94	0.04	—	—
形态相同	914.85	328	2.79	0.04[0.04,0.05]	0.95	0.94	0.04	—	—
单位等值	938.66	344	2.73	0.06[0.06,0.06]	0.95	0.95	0.04	-23.81(-16)	0.00

续 表

模型	χ^2	df	χ^2/df	$RMSE$(90%CI)	CFI	TLI	$SRMR$	$\Delta\chi^2(\Delta df)$	ΔCFI
尺度等值	987.15	360	2.74	0.04[0.04,0.05]	0.95	0.95	0.04	-72.30(-32)	0.00
误差等值	994.89	380	2.62	0.04[0.04,0.04]	0.95	0.95	0.04	-80.04(-52)	0.00

3.6.2 不同年级的跨组等值性检验

首先，不对任何参数进行约束，仅检验大一、大二、大三和大四学生平和倾向四因素模型是否具有相同的形态，即形态相同检验。由表2-17可知，四个年级学生平和倾向四因素形态相同模型拟合指数均提示该模型拟合良好，说明不同年级学生平和倾向在测量模型上具有相同的形态（即四因素模型），可以进行下一步的等值性检验。

其次，约束不同年级学生四因素模型在因子负荷上等值，对单位等值模型进行检验。结果表明，该模型拟合良好；与形态相同模型相比，在增加了自由度的情况下（Δdf=16），χ^2值增加并不明显（$\Delta\chi^2/\Delta df$=0.93<5），*CFI*、*TLI*没有发生变化（ΔCFI=0.00，ΔTLI=0.00）。因此，不同年级学生平和倾向四因素模型在单位等值上获得支持。

再次，约束不同年级学生平和倾向四因素模型在20个观测指标的截距上等值，进行尺度等值性检验。结果表明，与形态相同模型相比，尺度等值模型的拟合情况没有明显变化，χ^2值增加并不明显（$\Delta\chi^2/\Delta df$=0.92<5），*CFI*、*TLI*没有发生变化（ΔCFI=0.00，ΔTLI=0.00）。因此，不同年级学生平和倾向四因素模型具有尺度等值性。

最后，约束不同年级学生平和倾向四因素模型的误差方差等值，进行误差等值性检验。结果表明，该模型*TLI*值得到改善（0.96>0.95），误差等值模型的其他拟合情况没有明显变化，χ^2值增加并不明显（$\Delta\chi^2/\Delta df$=0.58<5），*CFI*没有发生变化（ΔCFI=0.00）。因此，不同年级学生平和倾向四因

素模型具有误差等值性。综上可知，大一、大二、大三和大四学生平和倾向四因素模型的测量等值性获得支持。

表2-17　大学生平和倾向问卷在不同年级学生中的等值性检验

模型	χ^2	df	χ^2/df	$RMSEA$(90%CI)	CFI	TLI	$SRMR$	$\Delta\chi^2(\Delta df)$	ΔCFI
大一学生的四因素模型	444.22	164	2.71	0.04[0.04,0.05]	0.95	0.95	0.04	—	—
大二学生的四因素模型	401.62	164	2.45	0.05[0.04,0.06]	0.95	0.94	0.04	—	—
大三学生的四因素模型	363.96	164	2.22	0.05[0.05,0.06]	0.94	0.93	0.05	—	—
大四学生的四因素模型	296.27	164	1.81	0.06[0.05,0.07]	0.94	0.93	0.05	—	—
形态相同	1264.92	720	1.76	0.04[0.04,0.04]	0.95	0.95	0.04	—	—
单位等值	1279.81	736	1.74	0.04[0.04,0.04]	0.95	0.95	0.05	−14.89(−16)	0.00
尺度等值	1294.43	752	1.72	0.04[0.04,0.04]	0.95	0.95	0.05	−29.51(−32)	0.00
误差等值	1318.24	812	1.63	0.04[0.03,0.04]	0.95	0.96	0.05	−53.32(−92)	0.00

3.6.3 不同专业的跨组等值性检验

首先，不对任何参数进行约束，仅检验文科生、理科生、工科生、医学生、艺术生、农林生和经管生平和倾向四因素模型是否具有相同的形态，即形态相同检验。由表2-18可知，不同专业大学生平和倾向四因素形态相同模型拟合指数均提示该模型拟合良好，说明不同专业大学生平和倾向在测量模型上具有相同的形态（即四因素模型），可以进行下一步的等值性检验。

其次，约束不同专业学生四因素模型在因子负荷上等值，对单位等值模型进行检验。结果表明，该模型拟合良好；与形态相同模型相比，在增加了自由度的情况下（Δdf=16），χ^2值增加并不明显（$\Delta\chi^2/\Delta df$=0.85<5），*CFI*有改善（ΔCFI=0.01），*TLI*没有发生变化（ΔTLI=0.00）。因此，不同专业大学生平和倾向四因素模型在单位等值性上获得支持。

再次，约束不同专业大学生平和倾向四因素模型在20个观测指标的截距上等值，进行尺度等值性检验。结果表明，与形态相同模型相比，尺度等值模型的拟合情况没有明显变化，χ^2值增加并不明显（$\Delta\chi^2/\Delta df$=1.02<5），*CFI*没有发生变化（ΔCFI=0.00），*TLI*有所改善（ΔTLI=0.01）。因此，不同专业大学生平和倾向四因素模型具有尺度等值性。

最后，约束不同专业大学生平和倾向四因素模型的误差方差等值，进行误差等值性检验。结果表明，误差等值模型的拟合情况没有明显变化，χ^2值增加并不明显（$\Delta\chi^2/\Delta df$=1.00<5），*CFI*没有发生变化（ΔCFI=0.00），*TLI*有所改善（ΔTLI=0.01）。因此，不同专业大学生平和倾向四因素模型测量严格等值性（Strict Invariance）获得支持。

表2-18　大学生平和倾向问卷在不同专业学生中的等值性检验

模型	χ^2	*df*	χ^2/df	*RMSEA*(90%*CI*)	*CFI*	*TLI*	*SRMR*	$\Delta\chi^2(\Delta df)$	ΔCFI
文科生的四因素模型	326.85	164	1.99	0.06[0.05,0.07]	0.94	0.93	0.05	—	—
理科生的四因素模型	270.13	164	1.65	0.06[0.04,0.07]	0.93	0.92	0.05	—	—
工科生的四因素模型	307.28	164	1.87	0.05[0.04,0.05]	0.96	0.95	0.04	—	—
医学生的四因素模型	351.76	164	2.14	0.06[0.06,0.07]	0.92	0.91	0.05	—	—
艺术生的四因素模型	281.57	164	1.72	0.05[0.04,0.06]	0.96	0.94	0.04	—	—

续　表

模型	χ^2	df	χ^2/df	$RMSEA$(90%CI)	CFI	TLI	$SRMR$	$\Delta\chi^2(\Delta df)$	ΔCFI
农林生的四因素模型	313.32	164	1.91	0.07[0.06,0.08]	0.92	0.91	0.06	—	—
经管生的四因素模型	319.78	164	1.95	0.06[0.05,0.08]	0.92	0.91	0.06	—	—
形态相同	1873.46	1308	1.43	0.04[0.04,0.04]	0.94	0.94	0.06	—	—
单位等值	1887.14	1324	1.43	0.04[0.04,0.04]	0.95	0.94	0.06	-13.67(-16)	0.01
尺度等值	1905.88	1340	1.32	0.04[0.04,0.04]	0.94	0.95	0.06	-32.42(-32)	0.00
误差等值	2026.17	1460	1.39	0.04[0.03,0.04]	0.94	0.95	0.06	-152.71(-152)	0.00

4 讨论

4.1 大学生平和倾向的结构分析

基于前面对中国传统文化中的平和思想和平和的涵义的分析发现，平和倾向在知、情、意、行等维度上具有不同特征和表现，构成了一个相对完整的人格倾向概念（见图2-1）。结合文化分析与文献综述，笔者初步从理论上构建了平和倾向四维结构：从认知维度看，中国人的平和倾向表现为理性思考和整体化解决问题；从情绪维度看，平和倾向表现为情绪相对平静，对自我情绪的调节能力强；从意志维度看，平和倾向表现为动机的强度适中，综合考虑个人利益和全体利益，强调淡泊名利；从行为维度看，平和倾向表现为做事不急不躁。本研究采用“自上而下”与“自下而上”相结合的思路，尝试从知、情、意、行四个方面，通过描述个体在四个维度上的特征，来确定大学生平和倾向的结构。

在认知维度上，大学生平和倾向在理性分析问题和运用整体思维上表现明显。中国人整体思维方式具有联系性、变化性和矛盾性（侯玉波，彭凯平，朱滢，2016）。阴阳五行学说蕴含的辩证统一为中国人如何运用整体思维解决复杂问题提供了原则（陈浩彬，汪凤炎，2013；刘超，汪凤炎，2015；汪凤炎，2018；徐晓波，汪凤炎，2010）。在开放式调查中，大学生提到较多的平和倾向认知维度是理性、辩证、整体思考与综合分析。对“天人合一”的理解是中国人理性平和的基础。传统文化中的“天”既包括浩瀚、神秘的自然存在，也包括人生安立的宇宙秩序和不可变更的自然规律（冯友兰，2011；钱穆，2012；韦政通，2003），以“自然（天）”为称谓既易于理解又兼具文化特点；“人”不是单独的个体存在，而是相互联系的关系存在，是关系的“人”（黄光国，2009，2015）。在“天人合一”的思想下，“天”与“人”是相互联系的有机整体（冯友兰，2011）。儒家强调“天人感应”，道家强调“道法自然”，佛家强调“因缘和合”，中医强调“天人相应”，这些都是对“天人”关系的整体化理性认知。

在情绪维度上，大学生平和倾向表现为安宁平静的倾向明显。安适幸福感（李怡真等，2008）的内涵是身心安适的平静以及随遇而安的恬淡；平静心境（王诗茗等，2016）的内涵是低度唤醒的正向情绪；东方的状态性平和是一种平和情绪，提炼出了与平和直接相关的情绪范畴，即中国人强调的安适和平静。中国文化强调个体的心平气和，推崇调控情绪（情绪本身就是一阶调控）。Mauss 等（2010）观察亚裔美国女性（AA）和欧裔美国女性（EA）对实验室愤怒刺激的体验性、表达性或自主生理反应是否不同，并评估了价值观在情绪控制方面的中介作用。结果表明，AA 参与者的报告和行为比 EA 参与者表现出更少的愤怒，而在生理反应上没有群体差异。情绪反应的差异部分是情绪控制价值观在起中介作用，这体现了文化背景对愤怒反应的影响机制。另外一项研究表明，欧裔美国人的情绪表达行为与血压呈负相关，而亚裔美国人则相反，他们表现出正向相关的趋势。这些结果表明，情感表达和生理反应之间的联系可能取决于文化背景，文化背景塑造了个体在社会交往中对情感表达的意义（Butler，Lee，& Gross，2009）。

在意志维度上，大学生平和倾向意味着淡泊名利，动机的强度适中。二阶调节是对动机的调节，帮助人们在个人利益和全体利益的权衡中找到适合的度。中国人首先承认欲望的合理性，然后又认为应该将它限制在适宜的范围之内，做到“发乎情，止乎礼”（刘成纪，2001）。中国人追求幸福感并不是以个人情感为首要重点，而是以人际关系和社会和谐为重点，将幸福感与道德感、审美感相连，与西方人有很大的不同，也更加强调追求理性之幸福（曾红，郭斯萍，2012）。在名利面前，中国人推崇自谦与亲社会动机，控制自大与亲个人动机。自谦可以理解为是通过低调的自我呈现，以柔克刚、以弱胜强的和谐控制过程。大学生非常强调自谦的防御功能、自我完善功能和提升形象功能（胡金生，2007；胡金生，黄希庭，2009）。不同的身份动机在身份的建构、维持、防御与改变等过程中协同发挥作用，而且动机的满足可以增强幸福感和心理适应（包寒吴霜，蔡华俭，罗宇，2019）。研究表明，亲社会自主动机显著正向预测青少年的幸福感和亲社会行为（杨莹，寇彧，2015，2017）。

在行为维度上，大学生平和倾向意味着做事不急不躁。中国人行动上的平和，有着很强的适应功能以及促进身心健康的作用。儒家以德行之忧作为德行修养的内在心理动力，德行之乐是在德行彰明过程中本心情感的自然涌现，可以统摄和超越感性忧乐，实现忧乐圆融（高志强，2018）。有学者用现代精神性和认知神经科学的相关研究成果论证了儒家伦理，特别是温和待人有利于人的身心健康（郭斯萍，2018；郭斯萍，柳林，2018）。在开放式调查中，大学生提到较多的行为是：与人沟通语气温和、守礼与有序。

结合半开放式调查，笔者明确了大学生平和倾向的操作性定义为：个体平静、理性、温和与淡定的倾向。平静倾向是安宁平静的倾向；理性倾向是理性分析问题和运用整体思维的倾向；温和倾向是待人和气的倾向；淡定倾向是镇定稳重的倾向。大学生所理解的平和与理论构想的平和倾向基本一致，其中平静倾向、理性倾向与温和倾向完全符合。在淡定倾向上，由于年轻，大学生对淡泊名利提及的较少，还做不到无论面对失败还是成功都保持一种豁达淡然的心态，这既是正常的又是符合其年龄发展特征的。现代大学生所理解的淡定是一种稳重的行事风格，碰到意外不惊慌失措。笔者认为这是基础性的淡定，尚没有全面涵盖理论构想所描述的意志维度，恰恰说明了平和倾向的发展性，大学生还需要提升其平和的意志品质。

4.2 大学生平和倾向问卷信效度的分析

本研究初步编制了20个项目的大学生平和倾向初始问卷，对项目内容进行了评估，选取936名大学生进行了初测，对项目进行了鉴别力分析，采用探索性因素分析方法探索了问卷结构。研究结果表明，大学生平和倾向问卷的各项目具有良好的鉴别力，能够较好地测出大学生平和倾向的实际水平。

探索性因素分析方法的优势在于可以比较不同参数的估计方法，并对提取出来的模型进行数据拟合性评估，为探索性因素分析提供更多的评价标准（范津砚，叶斌，章震宇，刘宝霞，2003；高石，杨莉萍，白福宝，2015）。在探索性因素分析中，笔者还同时考虑了平行分析等多个评价指标。经过多次探索性因素分析后，本研究获得了一个相对清晰的平和倾向四因素结构，这四个因素分别是平静倾向、理性倾向、温和倾向和淡定倾向。与其他可能的因子结构相比，四因素结构更好地拟合了数据。

验证性因素分析结果表明，大学生平和倾向四因素结构模型能够较好地拟合实测数据（χ^2/df=5.71，*RMSEA*=0.05，*CFI*=0.95，*TLI*=0.94，*SRMR*=0.03），且各项目在相应维度上的负荷均达到统计学要求。有效样本人数较大（达1948人）可能是χ^2/df大于5的原因。本研究并不局限于检验单一的假设模型，而是基于理论假设和数据分析，建构多个可能的竞争模型，采用模型比较的方法，进行模型检验和比较。与其他竞争模型相比，大学生平和倾向的一阶四因素结构模型数据拟合性更好。基于此，在一阶因子模型的基础上，进一步构建出一个二阶因子，命名为平和倾向。这些研究结果均表明，大学生平和倾向问卷具有较好的结构效度。

大学生平和倾向问卷可以从两个不同的角度开展研究：总分和因子分。首先，总分越高个体越平和，反映了个体在一般领域的平和倾向。其次，不同因子分反映出个体平和倾向组合的不同，指出了个体平和倾向高低的特殊领域。基于此，还可以去分析不同人群中平和倾向的一般和特殊领域的差异。

α系数是最常用的评估测验信度的指标（温忠麟，叶宝娟，2011），而合成信度则是越来越受到研究者重视的信度指标（Peterson & Kim，2013；Rae，2007）。研究表明，α系数是信度的下限（Sijtsma，2008；刘红云，2008），而合成信度则是内部一致性信度的最佳估计（Raykov & Grayson，2003）。笔者编制的大学生平和倾向问卷总的Cronbach's α系数为0.93，四个维度的Cronbach's α系数为0.87~0.90；问卷总的合成信度为0.96，四个维度的合成信度在0.87~0.90；大学生平和倾向问卷总体重测信度（间隔4周）为0.85，各维度重测信度在0.75~0.82，说明大学生平和倾向问卷具有良好的信度。

安适幸福感（李怡真等，2008）的内涵是身心安适的平静以及随遇而安的恬淡；平静心境（王诗茗等，2016）的内涵是既非愉悦又非不愉悦的情绪；焦虑是一种与心境平和相反的情绪状态（Russell & Carroll，1999），大五人格神经质（胡艳华，黄敏儿，2006）表征的恰恰是情绪不稳定、非理性、敌意等内涵。研究结果表明，大学生平和倾向与安适幸福感、平静心境均呈显著正相关，与大五人格神经质维度的焦虑、敌意因子呈显著负相关。安适幸福感、平静心境和大五人格神经质维度的焦虑、敌意因子均是已经研究明确了的、与平和倾向存在显著相关的心理变量，且它们的测量工具均是成熟的、广泛使用的问卷，以这些变量为效标，表明大学生平和倾向问卷具有良好的效标关联效度。

本研究采用MCFA法对大学生平和倾向问卷在不同亚群体中的测量等值性进行检验。研究结果表明，大学生平和倾向问卷在不同性别大学生群体、四个年级大学生群体和不同专业大学生群体中具有严格等值性，说明大学生平和倾向问卷在这些不同亚群体中测量尺度和功能完全一致。严格等值性是在强等值性的基础上进行的，它反映的是问卷观测分数变异的跨组差异是否完全反映了潜变量变异的跨组差异（Schmitt & Kuljanin，2008；Vandenberg & Lance，2016）。综上，5个研究假设获得了验证。

本研究存在一些不足，也为今后的研究指出研究方向：（1）本研究仅在安徽省、江西省和福建省选取被试，缺少北京、上海、广州以及西部等地区的样本，未来应提高样本的代表性，并适时在港澳台施测，建立问卷的常模。（2）由于本研究取样来自大学生群体，因此未来需要探讨其在普通国民中的适用性，也需要探讨其在特殊群体，比如中老年人群体或教师、警察、官员等群体中的适用性。

5 结论

（1）本研究确定了大学生平和倾向的操作性定义和维度：个体平静、理性、温和与淡定的倾向。平静倾向是安宁平静的倾向；理性倾向是理性分析问题和运用整体思维的倾向；温和倾向是待人和气的倾向；淡定倾向是镇定稳重的倾向。

（2）本研究编制的大学生平和倾向问卷具有良好的信效度，构建的一阶四因素和二阶单因子模型拟合较好，包括20个项目，分为4个维度，符合研究的理论设想，可用于大学生平和倾向的测量及相关研究。

第三章　大学生平和倾向的特点与影响因素

在新时代背景下探讨大学生的平和倾向，具有时代的紧迫感和任务的艰巨性。在第二章回答了大学生平和倾向是什么之后，本章旨在回答大学生平和倾向怎么样以及为什么如此的问题，以期探讨我国大学生平和倾向的特点、影响因素。

第一节　大学生平和倾向的特点

1 引言

本研究采用自编的大学生平和倾向问卷进行施测，以期探讨大学生平和倾向的现状与特点。研究采用整群取样方法，对大学生平和倾向的总体情况和差异情况进行分析。

国内外由于缺乏相应的测量工具，目前尚没有对大学生平和倾向的调查研究。现有的研究集中在大学生平静心境上，其概念与本研究中的维度—平静倾向相似。我国台湾学者李怡真运用其编制的6条目安适幸福感量表（5点计分），测得我国台湾地区大学生总均分为3.23，美国大学生总均分为2.86；王诗茗等使用自编的平静心境量表（4点计分），测得大学生在7个条目上的总均分为2~3分。

本研究假设：（1）大学生平和倾向整体处于中等偏上水平；（2）男生和女生平和倾向水平存在显著差异；（3）不同年级大学生平和倾向存在显著差异；（4）不同专业大学生平和倾向存在显著差异。

2 方法

2.1 研究对象

采用整群取样法，从安徽、福建和江西等省的省属本科高校（其中，综合类2所、师范类2所、农林类2所、理工类2所和医学类2所）中抽取4800名大学生。调查采用以集体施测为主的方法，由两名心理学专业博士生担任主试，利用学生会议或上课时间在教室统一通过问卷星网络调查平台施测。部分被试（主要是福建、安徽两省的农林、理工类专业学生）采用个体施测的方式，由辅导员或任课教师通知学生，学生自愿参与，通过问卷星网络调查平台在规定时间内作答；学生完成后由辅导员或任课教师及研究者通过网络后台检查被试的作答情况。收回问卷4330份，问卷回收率90.2%。数据回收后，对数据进行整理，剔除较多未作答、规律性作答以及测谎题没有通过的无效问卷，获得有效问卷3610份，问卷有效率83.4%。在有效被试中，男生1080人（29.9%），女生2530人（70.1%）；大一学生986人（27.3%），大二学生872（24.2%），大三学生892（24.7%），大四学生860（23.8%）；文科生627人（17.4%），理科生435人（12.0%），工科生380人（10.5%），医学生610人（16.9%），艺术生432人（12.0%），农林生494人（13.7%），经管生632人（17.5%）。所有被试的平均年龄为20.2周岁（*SD*=1.5，年龄范围为18~28周岁）。完成问卷后，所有参与调查的被试均获得价值1元的小纪念品一份。

2.2 研究工具

采用自编的大学生平和倾向问卷（DPHS-CU），主要用于测量大学生的平和倾向。DPHS-CU共包括20个项目，分为4个维度，分别是平静倾向、理性倾向、温和倾向和淡定倾向。DPHS-CU采用Likert 6点计分法，从1（非常不符合）至6（非常符合），得分越高，说明大学生的平和倾向性越明显。DPHS-CU的整体Cronbach's α系数为0.93，合成信度为0.96，4个因素的Cronbach's α系数和合成信度均在0.87~0.90；问卷总的重测信度（间隔4周）为0.85，各维度重测信度为0.75~0.82，表明DPHS-CU具有良好的信度。DPHS-CU的四因素结构在不同性别、年级与专业等亚群体中具有强等值性，结构效度良好；DPHS-CU与安适幸福感、平静心境均呈显著正相关，与大五人格神经质维度的焦虑、敌意因子呈显著负相关，效标关联效度良好。在本研究中，DPHS-CU的Cronbach's α系数为0.92。

2.3 数据处理

采用SPSS 19.0进行数据处理。使用平均数（*M*）和标准差（*SD*）描述大学生平和的基本状况，比较不同性别、年级和专业大学生平和倾向得分的差异。

3 结果

3.1 大学生平和倾向的整体情况

大学生平和倾向总分及各维度得分情况见表3-1。从均分来看，大学生平和倾向总均分为4.31，位于4（“有点符合”）~5（“大部分符合”）之间，说明大学生平和倾向处于中等偏上水平。理性倾向和温和倾向两个维度的均分也位于该得分区间（“有点符合”至“大部分符合”之间），说明大学生理性和温和倾向也处于中等偏上水平。平静倾向和淡定倾向略微高于4分（“有点符合”），说明大学生平静倾向和淡定倾向相对略低。

表3-1　大学生平和倾向的整体情况（n=3610）

维度	项目数	原始分					均分					*Skewness*	*Kurtosis*
		Min	*Max*	*R*	*M*	*SD*	*Min*	*Max*	*R*	*M*	*SD*		
平静倾向	5	5.00	30.00	25.00	20.38	4.93	1.00	6.00	5.00	4.08	0.99	0.38	0.06
理性倾向	6	6.00	36.00	30.00	26.38	4.91	1.00	6.00	5.00	4.40	0.82	0.31	0.28
温和倾向	5	5.00	30.00	25.00	23.50	4.08	1.00	6.00	5.00	4.70	0.82	0.60	0.60
淡定倾向	4	4.00	24.00	20.00	16.04	3.81	1.00	6.00	5.00	4.01	0.95	0.10	0.03
平和倾向总分	20	20.00	120.00	100.00	86.29	14.08	1.00	6.00	5.00	4.31	0.70	0.23	0.29

采用多元重复测量方差分析法（Repeated Measure GLM）考察平和倾向各维度的差异情况，结果表明，4个因素之间差异显著（F=906.42，df=3，p<0.001）；进一步事后多重比较检验发现，4个因素两两之间差异均显著（p_s<0.001）。由高分到低分，4个维度排序依次为：温和倾向、理性倾向、平静倾向和淡定倾向。

3.2 大学生平和倾向的性别差异

由表3-2可知，男生平和倾向总分显著高于女生。在理性倾向、温和倾向以及淡定倾向等3个维度上男生显著高于女生，在平静倾向上未达到显著性差异。其中，在淡定倾向上，男生、女生差异较明显，效应量为0.32。

表3-2　男、女大学生平和倾向得分及差异比较

维度	男生(n=1080)（M±SD）	女生(n=2530)（M±SD）	t	d
平静倾向	4.08±1.05	4.08±0.95	0.26	0.01
理性倾向	4.49±0.85	4.36±0.80	4.26***	0.16
温和倾向	4.77±0.85	4.67±0.80	3.24***	0.12
淡定倾向	4.22±0.95	3.92±0.94	8.59***	0.32
平和倾向总分	4.40±0.74	4.28±0.68	4.75***	0.17

注：*p<0. 05，**p<0. 01，***p<0. 001，下同。

3.3 大学生平和倾向的年级差异

由表3-3可知，在平和倾向总分上，不同年级大学生差异显著；在具体维度上，不同年级大学生的理性倾向和淡定倾向得分差异也显著。进一步事后检验（LSD）结果表明，大三学生平和倾向总均分最高，显著高于大一、大二和大四学生（p_s<0.05）；大三学生在理性倾向上得分显著高于大一、大二、大四学生（p_s<0.05）；大三学生在淡定倾向上得分显著高于大一、大二学生（p_s<0.05）；大四学生在淡定倾向上得分显著高于大一学生（p_s<0.05）。大学生在平静倾向和温和倾向上没有显著差异（p_s>0.05）。

表3-3　不同年级大学生平和倾向得分及差异比较

维度	大一（n=986）Ⅰ（M±SD）	大二（n=872）Ⅱ（M±SD）	大三（n=892）Ⅲ（M±SD）	大四（n=860）Ⅳ（M±SD）	F	η^2	事后检验(LSD)
平静倾向	4.10±0.93	4.01±0.99	4.02±1.01	4.06±1.02	2.12	0.02	
理性倾向	4.35±0.77	4.37±0.82	4.48±0.81	4.40±0.87	4.21**	0.03	Ⅲ>Ⅰ、Ⅱ、Ⅳ
温和倾向	4.69±0.80	4.70±0.81	4.73±0.80	4.67±0.86	0.96	0.02	
淡定倾向	3.95±0.89	3.95±0.95	4.11±1.01	4.03±0.95	6.28***	0.05	Ⅲ>Ⅰ、Ⅱ；Ⅳ>Ⅰ

续 表

维度	大一（n=986）Ⅰ（$M\pm SD$）	大二（n=872）Ⅱ（$M\pm SD$）	大三（n=892）Ⅲ（$M\pm SD$）	大四（n=860）Ⅳ（$M\pm SD$）	F	η^2	事后检验(LSD)
平和倾向总分	4.29±0.65	4.28±0.71	4.38±0.71	4.31±0.75	3.59**	0.03	Ⅲ>Ⅰ、Ⅱ、Ⅳ

3.4 大学生平和倾向的专业差异

不同专业大学生平和倾向得分情况见表3-4。单因素方差分析结果表明，不同专业大学生平和倾向总分及平静倾向和淡定倾向2个维度得分差异显著。进一步事后检验（LSD）结果表明，理科生平和倾向总均分最高，其次为医学生、艺术生、文科生、农林生和经管生，均显著高于工科生（p_s<0.01）。在平静倾向维度，医学生得分最高，其次为理科生、经管生、农林生、文科生、艺术生，均显著高于工科生（p_s<0.01）；医学生得分显著高于文科生和艺术生（p_s<0.01）。在淡定倾向维度，理科生得分最高，其次为艺术生、经管生、农林生、文科生，均显著高于工科生（p_s<0.01）；理科生得分显著高于文科生和医学生（p_s<0.01）。

表3-4　不同专业大学生平和倾向的得分及差异比较

维度	文科（n=627）Ⅰ（$M\pm SD$）	理科（n=435）Ⅱ（$M\pm SD$）	工科（n=380）Ⅲ（$M\pm SD$）	医学（n=610）Ⅳ（$M\pm SD$）	艺术（n=432）Ⅴ（$M\pm SD$）	农林（n=494）Ⅵ（$M\pm SD$）	经管（n=632）Ⅶ（$M\pm SD$）	F	η^2	事后检验（LSD）
平静倾向	4.03±1.01	4.11±0.95	3.92±0.99	4.20±0.95	4.03±0.96	4.08±1.00	4.10±1.01	3.69**	0.06	Ⅳ>Ⅰ、Ⅴ；Ⅱ、Ⅳ、Ⅵ、Ⅶ>Ⅲ
理性倾向	4.42±0.84	4.42±0.79	4.27±0.85	4.41±0.76	4.43±0.84	4.39±0.80	4.42±0.84	1.83	0.03	
温和倾向	4.75±0.79	4.74±0.80	4.62±0.85	4.69±0.81	4.74±0.81	4.68±0.80	4.66±0.85	1.74	0.03	

续　表

维度	文科（n=627）Ⅰ（M±SD）	理科（n=435）Ⅱ（M±SD）	工科（n=380）Ⅲ（M±SD）	医学（n=610）Ⅳ（M±SD）	艺术（n=432）Ⅴ（M±SD）	农林（n=494）Ⅵ（M±SD）	经管（n=632）Ⅶ（M±SD）	F	η^2	事后检验（LSD）
淡定倾向	4.00±1.00	4.14±0.98	3.88±0.98	3.94±0.90	4.03±0.92	4.03±0.93	4.03±0.95	3.30**	0.05	Ⅱ>Ⅰ、Ⅳ；Ⅰ、Ⅱ、Ⅴ、Ⅵ、Ⅶ>Ⅲ
平和倾向总分	4.32±0.72	4.37±0.67	4.12±0.73	4.33±0.68	4.33±0.69	4.31±0.69	4.32±0.74	2.42*	0.04	Ⅰ、Ⅱ、Ⅳ、Ⅴ、Ⅵ、Ⅶ>Ⅲ

4 讨论

本研究采用自编的大学生平和倾向问卷对3610名大学生进行了调查与分析，以期探讨我国大学生平和倾向的现状与特点。

研究结果表明，大学生平和倾向得分总体处于中等偏上水平（M=4.31）。从研究结果来看，大学生平和倾向总均分以及理性倾向、温和倾向、平静倾向和淡定倾向等4个因素平均分均处于中等偏上水平（见表3-1）。研究假设（1）（即大学生平和倾向整体处于中等偏上水平）获得验证，这与Lee等（2012）和王诗茗等（2016）的研究结果基本一致。从高分到低分，4个维度排序依次为：温和倾向、理性倾向、平静倾向和淡定倾向。从社会赞许性角度看，被试可能会增加自己在平和倾向上的得分。另外，统计上的趋中效应也可能是研究结果的一个影响因素。

本研究还比较了不同性别、年级和专业大学生平和倾向之间的差异。研究结果表明，不同性别大学生平和倾向水平存在显著差异，男生在总分和三个维度上显著高于女生（d=0.17）。这一结果与安适幸福感和大学生平静心境问卷的调查结果不一致（林道武，2014）。可能的原因有三个：一是从情绪的稳定性角度看，与男生相比，女生更能够感受到自己情绪上的波动，遇到意外或者紧急的事情，不容易淡然面对；二是从社会接纳的角度看，女生比较容易接纳自己的不平和倾向，女生若遇到情绪不平静，会主动地寻求支持和帮助，而男生认为社会不接纳自己的低水平平和倾向，可能会有意提高回答的得分；三是从社会赞许性角度看，女生的社会赞许性总体水平显著高于男生（徐晟，2014；徐晟，李强，李凌，尹艺璇，梁栋，2014），考虑到这一点，女大学生平和倾向的得分可能更低。

本研究结果表明，不同年级大学生在平和倾向总分和不同维度上存在显著差异，大三学生平和倾向水平最高，其他三个年级得分接近。这可能源于大三学生在发展上处于相对稳定的状态，大一和大二学生面临着适应环境和专业认同等任务，人格倾向尚不稳定；大四学生面临考研与就业的压力，对未来的迷茫会降低平和的倾向性。相对而言，大三学生已经完成适应和专业认同，考研和就业的压力还没有达到高位，因此其自我报告的平和倾向最高。

本研究也发现，不同专业大学生在平和倾向总分和不同维度上存在显著差异，理科生平和倾向总分明显高于其他专业学生；医学生、艺术生、文科生、农林生和经管生得分接近；医学生在平静倾向上得分最高。理科生平和倾向总分显著高于其他专业学生（4.37 vs 4.33、4.32、4.31、4.12），这可能是样本量大（n=3610）带来的统计效应。医学生在平静倾向上得分高的原因是，医学生围绕治病救人开展学习，各门课程所隐含的“平静自己的情绪，才能够做出正确判断”的知识，可能已经内化于其心。

综上可知，大学生平和倾向处于中等偏上水平（理论上最高为6分）。本研究存在以下不足：一是尽管本研究采用大样本取样，获取的样本数量较大，但样本来源主要为安徽、福建和江西等三省，无法代表全国大学生的整体情况；二是数据收集方法仅仅采用自我报告法，研究结果可能在一定程度上会受到社会赞许性效应的干扰，未来研究应该采取社会赞许性问卷等手段控制该因素的影响，也可进一步采用他评法或间接测验等多种数据收集方法对本研究的结果进行验证。

5 结论

（1）大学生平和倾向整体处于中等偏上水平；

（2）大学生平和倾向的人口学差异特点表现在：男生平和倾向水平显著高于女生；不同年级大学生平和倾向存在显著差异；大三学生平和倾向水平最高；不同专业大学生平和倾向存在显著差异。

第二节　大学生平和倾向的影响因素

1 引言

哪些因素是影响大学生平和倾向的重要因素？基于我国文化背景，参照国内外已有研究，本研究从认知因素和人格因素两个方面对大学生平和倾向的影响因素进行研究，重点考察哪些认知和人格因素有助于大学生平和倾向的形成和培养。

作为中国文化推崇的自我修养手段，也作为认知的重要因素，正念是否依然对现代大学生平和倾向产生影响？人格特质是影响平和倾向的重要因素，则是否存在与正念共同发挥作用的人格因素，这些人格特质如何影响大学生平和倾向？日常正念与严谨性（Conscientiousness）、宜人性（Agreeableness）呈正相关，与神经质呈负相关，与外向性、开放性不相关（Thompson & Jennifer，2007）。研究表明，神经质与正念呈负相关（Brown & Ryan，2003）。神经质是大五人格中最常被研究的变量（Giluk，2009），与正念有中等到大程度的负相关性（Brown et al.，2007）。在第二章问卷编制的效标测量中，本研究已经发现平和倾向与神经质中的焦虑和敌意因子呈显著负相关。由于变量间关系已经比较清晰，基于低正念-高神经质-低平和倾向的显著相关以及正念与外向性、开放性之间的不相关，本研究不选取神经质、外向性、开放性作为研究对象，而将视线投向了严谨性和宜人性的中介作用。

和平的人有明显更高的宜人性和严谨性（Mayton，2009）。一个元分析研究发现：严谨性与神经质呈负相关（Piers et al.，2008），这提示我们，严谨性和宜人性可能有助于大学生平和倾向的形成和培养，但该研究结果来自国外研究数据，关于我国大学生平和倾向的研究结果是否也具有这样的一致性，还有待验证。Mccrae 和 Costa（2014）认为，虽然30岁以后人格趋于稳定，但心理治疗可能会导致人格的改变。定期的正念练习可能会改变现有的人格（Thompson & Jennifer，2007）。因此，本研究选择严谨性和宜人性两个人格特质，探讨人格因素对大学生平和倾向的影响。本研究尝试建构并检验一个中介效应模型，探讨“认知-人格”因素对大学生平和倾向的综合影响机制。

1.1 正念对大学生平和倾向的影响

正念是影响平和的重要因素。正念起源于几千年前东方的冥想修行，40多年来，正念被西方心理学家去宗教化后，成为心理干预和自我训练的方法，对个体、群体认知和情绪调节有积极作用。正念为“有意识、此时此刻和不加批判的注意而产生对当下的觉知”（Kabat-Zinn，2003）。基于正念的练习旨在意识到当下，并帮助培养更健康的人，而不是习惯化的反应。集中注意、不带偏见地接受当下任何事物和经验是正念的核心（Bishop，2002）。有研究者认为，去中心化是正念的核心，对平和心境的发展至关重要（Kuyken et al.，2010）。在功能性磁共振成像中可以发现，经过8周的正念冥想训练后，新手冥想者在对情绪唤起刺激的反应中杏仁核的激活呈现纵向下降（Edesbordes et al.，2012）。研究表明，接受过正念冥想练习的受试者表现出更高的平静，一旦刺激变得无关紧要，他们就会更快地脱离刺激。冥想组和控制组在默认模式网络中的功能连接上存在显著差异（Hwan et al.，2011；Kilpatrick et al.，2011）。总的来说，这些发现与以下假设是一致的：培养特定的正念冥想状态是相对短期的，却可以导致人格特质的持久变化（Slagter et al.，2011）。基于此，笔者提出如下研究假设：正念与大学生平和倾向呈显著正相关（假设1）。

1.2 严谨性与宜人性对大学生平和倾向的影响

本研究选取严谨性和宜人性两个人格因素，探讨人格特质对大学生平和倾向的影响。目前，直接探讨人格与平和倾向关系的研究很少，散见于人格与积极情绪的相关研究中。

严谨性是指个体按照一定的社会规范，控制自己的冲动，以任务目标为行为导向上的特质，反映个体在先思后行、延迟满足以及遵守社会规范等方面上的个体差异（Soto，2008）。在NEO-PI-R中，严谨性维度包含6个相互区分的成分。严谨性与自我同情、快乐和积极影响呈正相关，与神经质和消极影响呈负相关（Neff，Rude，& Kirkpatrick，2007）。由这些已有的研究结果，我们可以提出研究假设：严谨性与大学生平和倾向呈显著正相关，严谨性越高，大学生平和倾向水平越高（假设2）。

迄今，尚未有实证研究探讨宜人性对平和倾向的影响。宜人性很好地体现了人际交往中的特质性平和，其6个因子为：信任、直率、利他、顺从、谦虚与温柔。Jensen-Campbell 和 Graziano（2010）在回顾了许多关于宜人性的研究后得出结论，宜人性的特征描述了个体在与他人相处时表现出的可爱、愉快和和谐的差异。和平的人有明显更高的宜人性和严谨性（Mayton，2009）。基于此，提出以下研究假设：宜人性与大学生平和倾向呈显著正相关，宜人性越高，大学生平和倾向水平越高（假设3）。

1.3 一个中介作用模型

首先，建构严谨性和宜人性在正念与平和倾向之间的中介作用模型。严谨性、宜人性和正念属于不同类别的变量。严谨性和宜人性属于人格特质；正念是认知变量，主要表征个体的觉察刺激以及对其是否接纳。因此，可以进行一个初步的关系梳理，即严谨性和宜人性属于人格变量，二者可能是正念影响大学生平和倾向的中间变量。

其次，正念对严谨性和宜人性具有显著影响。目前，很少有研究探讨严谨性与正念之间的关系。正念和严谨性都涉及个体的自我调节、情绪管理。正念可以减少习惯化的行为反应（Whitmarsh，Uddén，Barendregt，& Petersson，2013），可以提高严谨性和宜人性，两者呈正相关的可能性很大。基于上述分析，本研究假设：严谨性和宜人性在正念与平和倾向之间起中介作用（假设4）。

在4个假设的基础上，本研究建构了下面的中介效应模型（图3-1），拟对其进行检验。

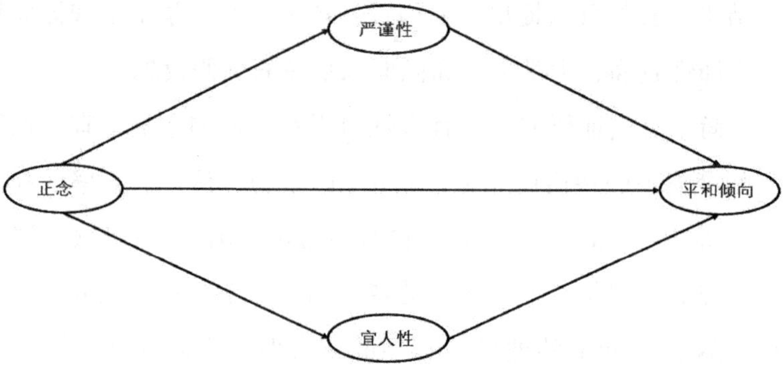

图3-1 中介效应模型

2 方法

2.1 研究对象

采用整群取样法，从安徽、福建和江西等省的省属本科高校（其中，综合类2所、师范类2所、农林类2所、理工类2所和医学类2所）中抽取4800名大学生。调查采用以集体施测为主的方法，由两名心理学专业博士生担任主试，利用学生会议或上课时间在教室统一通过问卷星网络调查平台施测。部分被试（主要是福建、安徽两省的农林、理工类专业学生）采用个体施测的方式，由辅导员或任课教师通知学生，学生自愿参与，通过问卷星网络调查平台在规定时间内作答；学生完成后由辅导员或任课教师及研究者通过网络后台检查被试的作答情况。收回问卷4330份，问卷回收率90.2%。数据回收后，对数据进行整理，剔除较多未作答、规律性作答以及测谎题没有通过的无效问卷，获得有效问卷3610份，问卷有效率83.4%。在有效被试中，男生1080人（29.9%），女生2530人（70.1%）；大一学生986人（27.3%），大二学生872（24.2%），大三学生892（24.7%），大四学生860（23.8%）；文科生627人（17.4%），理科生435人（12.0%），工科生380人（10.5%），医学生610人（16.9%），艺术生432人（12.0%），农林生494人（13.7%），经管生632人（17.5%）。所有被试的平均年龄为20.2周岁（*SD*=1.5，年龄范围为18~28周岁）。完成问卷后，所有参与调查的被试均获得价值1元的小纪念品一份。

2.2 研究工具

2.2.1 平和倾向

采用自编的大学生平和倾向问卷（DPHS-CU），主要用于测量大学生的平和倾向。DPHS-CU共包括20个项目，分为4个维度，分别是平静倾向、理性倾向、温和倾向和淡定倾向。DPHS-CU采用Likert 6点计分法，从1（非常不符合）至6（非常符合），得分越高，说明大学生平和的倾向性越明显。DPHS-CU的整体Cronbach's α系数为0.93，合成信度为0.96，4个因素的Cronbach's α系数和合成信度均在0.87~0.90；问卷总的重测信度（间隔4周）为0.85，各维度重测信度在0.75~0.82，表明DPHS-CU具有良好的信度。DPHS-CU的四因素结构在不同性别、年级与专业等亚群体中具有强等值性，结构效度良好；DPHS-CU与安适幸福感、平静心境均呈显著正相关，与大五人格神经质维度的焦虑、敌意因子呈显著负相关，效标关联效度良好。在本研究中，DPHS-CU的Cronbach's α 系数为0.92。

2.2.2 严谨性

采用王孟成等（2014）编制的中国大五人格问卷简式版（Chinese Big Five Personality Inventory Brief Version，CBF-PI-B），选取其严谨性分量表，共8个项目。问卷采用6点计分法，从1（非常不符合）到6（非常符合），得分越高，说明严谨性越高。严谨性分问卷的Cronbach's α系数不小于0.81，重测信度（间隔10周）为0.73；因素分析结果表明，8个项目的因子负荷不小于0.51，解释了方差的9.10%。在本研究中，严谨性的Cronbach's α系数为0.86。

2.2.3 宜人性

采用王孟成等（2014）编制的CBF-PI-B，选取其宜人性分量表，共8个项目。问卷采用6点计分法，从1（非常不符合）到6（非常符合），得分越高，说明宜人性越高。宜人性分问卷的Cronbach's α系数不小于0.76，重测信度（间隔10周）为0.67；因素分析结果表明，8个项目的因子负荷不小于0.45，解释了方差的8.16%。在本研究中，宜人性的Cronbach's α系数为0.75。

2.2.4 正念

儿童青少年正念量表（Child and Adolescent Mindfulness Measure，CAMM）是针对儿童青少年的正念的测量工具（Greco，Baer，& Smith，

2011)。该量表由Greco和Baer编制，采用0~4级评分（0=从不，4=总是），所有题目反向计分，总分越高，表明其正念水平越高。该量表在中国青少年群体中为二维结构（刘晓凤，迟新丽，张洁婷，段文杰，温宗堃，2019)，其中维度一为“觉察与不评判”，题目包括第1、2、3、6、7、8题；维度二为“接纳”，题目包括第4、5、9、10题。合成信度为0.89，Cronbach's α 系数为 0.81，觉察与不评判和接纳的Cronbach's α 系数分别为0.74和0.77。重测信度为0.82，其中觉察与不评判为0.73，接纳为0.81。由于大学生与接受该量表施测的中学生有一定的年龄差距，在验证性因素分析中发现，三维因素模型比两维因素模型更加适合本研究对象：维度一为“觉察”，题目包括第1、6、7、8题；维度二为“接纳”，题目包括第4、5、9、10题；维度三为“面对”，题目包括第2题、3题。在本研究中，验证性因素分析表明，除了χ^2/df值（7.79）由于样本量大的原因导致大于5外，问卷的结构效度良好（*RMSEA*=0.05，*CFI*=0.90，*TLI*=0.90，*SRMR*=0.07)。该量表的Cronbach's α 系数为0.86，三个维度的Cronbach's α 系数分别为0.85、0.83、0.81。

2.3 数据处理

采用SPSS 19.0和Mplus 7.4软件进行数据处理，对有效数据进行独立样本*t*检验、相关分析、回归分析，以及基于结构方程模型的中介效应检验。

2.4 共同方法偏差检验

由于本研究采用自我报告法收集数据，可能导致共同方法偏差问题。首先，本研究在程序设置上通过匿名调查、部分题目使用反向计分，以及通过设置部分测谎题的方法进行了一定的控制（Podsakoff，MacKenzie，Lee，& Podsakoff，2003；周浩，龙立荣，2004)。其次，采用Harman单因子检验法进行共同方法偏差检验，结果显示，特征根大于1的因素共11

个，其中第一个因素解释的累计变异量为24.5%，远远小于40%的临界值，表明本研究不存在严重的共同方法偏差问题（Podsakoff et al.，2003；周浩，龙立荣，2004）。

3 结果

3.1 研究变量之间的相关分析

平和倾向与严谨性、宜人性、正念等呈显著正相关，严谨性、宜人性与正念之间两两呈显著正相关（见表3-5）。

表3-5 研究变量的描述统计与Pearson相关（n=3610）

	1	2	3	4
1.平和倾向	—			
2.严谨性	0.60**	—		
3.宜人性	0.35**	0.36**	—	
4.正念	0.35**	0.27**	0.15**	—
M	4.31	4.26	4.44	2.27
SD	0.70	0.77	0.68	0.48

3.2 各变量的直接效应检验

采用结构方程模型探讨严谨性、宜人性和正念对大学生平和倾向的影响。模型构建时，各变量的测量指标设置如下：严谨性与宜人性是单维度结构且包含多个项目，因此采用项目平衡法（Bandalos，2002；Bandalos，2008）对这两个变量的所有题项分别打成3包，作为测量指标。平和倾向与正念为多维度概念结构，则分别以它们的维度作为测量指标。验证性因素分析结果显示，除了χ^2/df值（9.53）由于样本量大的原因导致大于5外，其余拟合指数均达到良好拟合的要求（*RMSEA*=0.05，*CFI*=0.92，*TLI*=0.93，*SRMR*=0.06），说明4个研究变量构成的测量模型拟合可以接受，所有测量指标均可以较好地反映这些研究变量的实际情况。

在控制性别、年龄、年级和专业等人口学变量的条件下，以严谨性、宜人性和正念为自变量，以平和倾向为因变量，构建平和倾向的影响因素模型（见图3-2）。模型拟合情况显示，除了χ^2/df值（8.34）由于样本量大的原因大于5外，其余拟合指数均达到良好拟合的要求（*RMSEA*=0.05，*CFI*=0.94，*TLI*=0.92，*SRMR*=0.05），因此，平和倾向的影响因素模型可以接受。在这个模型中，正念对平和倾向具有显著的正向预测作用（β=0.17，*SE*=0.04，p<0.001），正念越明显，平和倾向水平越高；严谨性、宜人性对平和倾向具有显著的正向预测作用（β=0.50、0.15，*SE*=0.03、0.04，p_s<0.001），这两种人格特质越高，平和倾向水平越高。

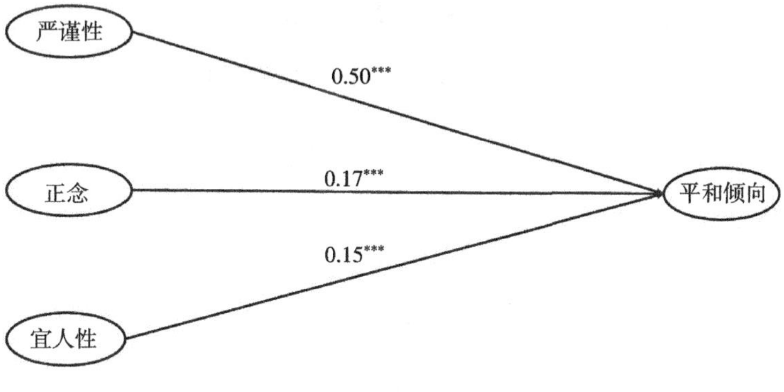

图3-2　平和倾向的影响因素模型

3.3 中介效应模型检验

在控制性别、年龄、年级和专业等人口学变量的条件下，以正念为自变量，以严谨性、宜人性为中介变量，平和倾向为因变量建构中介效应模型（见图3-3）。采用偏态校正的Bootstrap算法（迭代次数为1000次）对间接效应的置信区间进行估计（Cheung & Lau，2008；Preacher，2015）。模型拟合结果显示，可能是由于样本量大的原因，χ^2/df值为12.56（大于5），但是，考虑到其他拟合指数均达到良好拟合的标准（*RMSEA*=0.08，*CFI*=0.93，*TLI*=0.90，*SRMR*=0.08），从数据拟合的角度来看，该中介效应模型可以接受。

由图3-3可知，正念对平和倾向具有显著的正向预测作用（β=0.22，*SE*=0.03，p<0.001）；严谨性、宜人性对平和倾向具有显著的正向预测作用（β=0.59，*SE*=0.01，p<0.001；β=0.14，*SE*=0.02，p<0.001），且正念对严谨性和宜人性具有显著的正向预测作用（β=0.48，*SE*=0.02，p<0.001；β=0.24，*SE*=0.03，p<0.001），因此，严谨性、宜人性在正念与平和倾向之间的中介效应显著，标准化效应估计值=0.31，其中，严谨性路径为0.28，宜人性路径为0.03，*SE*=0.01，95%*CI*=［0.29，0.35］。正念对平和倾向预测作用的总效应为0.53（0.31+0.22），其中，直接效应为0.22（占41.5%），严谨性、宜人性的中介效应为0.31（占58.5%）。正念和严谨性、宜人性等影响因素共计解释了平和倾向方差变异的57.6%。

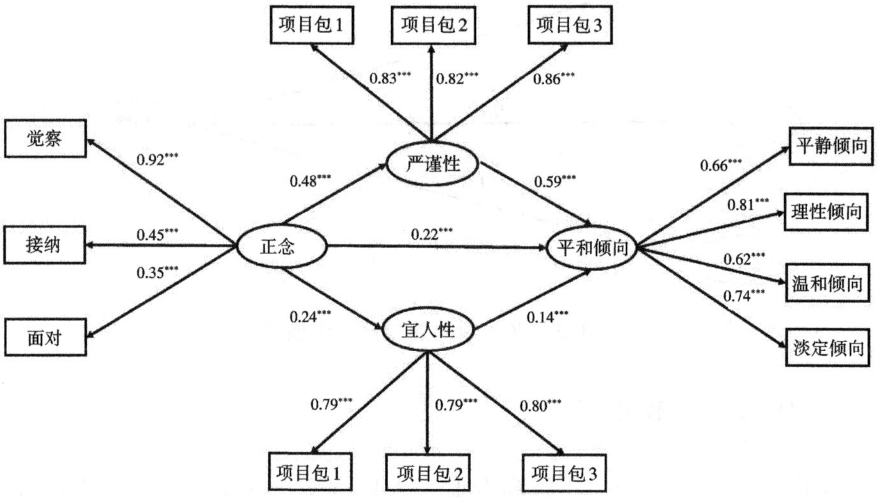

图3-3　严谨性、宜人性在正念与平和倾向之间的中介效应

在已经明确了严谨性、宜人性在正念与平和倾向之间的中介效应显著的基础上，使用结构方程模型方法检验发现：严谨性中介路径的标准化效应量显著大于宜人性中介路径（Discrepancy Effect=0.35，*SE*=0.03，p<

0.001，95% CI=［0.31，0.41］）。

4 讨论

本研究基于我国文化背景，探讨影响大学生平和倾向的因素及其机制。研究结果表明，正念作为传统文化强调的认知因素，仍对大学生平和倾向具有显著的正向预测作用（见图3-3），研究假设1获得验证。严谨性、宜人性作为两种重要的人格特质，对大学生平和倾向也均有显著的正向预测作用（见图3-3），研究假设2、3获得验证。关于平和倾向影响因素的中介机制研究结果表明，正念通过严谨性、宜人性的部分中介作用影响大学生平和倾向水平（见图3-3），研究假设4获得验证。严谨性、宜人性是中国社会强调的人格特质，不仅直接影响大学生平和倾向水平，还是认知因素正念发挥作用的机制所在。

4.1 正念是影响平和倾向的重要因素

本研究提示我们，正念作为我国传统文化推崇的认知因素，有助于大学生平和倾向的形成和培养。正念是为生活带来更大安宁而采取的一种自我认知，是一种应对未满足的需求和负面情绪的巧妙方法。平和的心态更多的是通过理解、接受和处理我们经历的困难情绪来实现的（Ekman et al.，2010；Liu et al.，2015；Savel & Munro，2017；Xu，Rodriguez，Zhang，& Liu，2015；Zimmermann，2015）。实验发现，正念冥想使人变得平和：与控制组相比，对外部施加的正、负性情绪刺激而言，正念冥想练习的调制作用使得正念冥想组的情绪反应趋于平和（Navarro-Haro et al.，2017；任俊等，2012）。有研究发现，即使30岁以后个体的人格趋于稳定，心理治疗等干预也可能会导致人格的改变（Mccrae，1991），那么，大学生年龄在18到24岁之间，更有可能通过正念训练来提升平和倾向。

4.2 严谨性影响平和倾向的作用机制

本研究结果表明，正念不仅直接正向预测大学生平和倾向水平，还通过严谨性的中介作用间接正向预测大学生平和倾向水平。严谨性涉及对目标的管理和驱动，正念有助于培养和提升严谨性。Baer和Sauer（2011）发现，严谨性与五因素正念问卷得分呈显著正相关。正念是练习时间与人格特质的中介变量。描述和有觉知地行动是正念练习与严谨性的中介变量（Hurk et al.，2011）。严谨性作为一种人格特质可以起到中介作用，反映了从正念到严谨性，再到平和倾向的“认知-人格”通路之一。

本研究表明，人格特质是影响大学生平和倾向的重要因素，对大学生平和倾向的培养应上升到人格层面，需要重点考虑容易被忽视的严谨性因素（Giluk，2009）。在本研究中，严谨性占了90.3%的中介效应。严谨性高的人可能是可靠的、负责任的、遵守规则的和有成就的（Barrick，Mount，& Judge，2001）。严谨性的一个标志是自律（Mccrae & Costa，1997）。同样，正念研究者推论，正念对严谨性的有益影响可以用正念个体有更强的自我调节能力来解释（Masicampo & Baumeister，2007；Shapiro，Carlson，Astin，& Freedman，2006）。正念和严谨性也具有审慎和有效应对的特征，而不是冲动或习惯性地做出反应（Kabat-Zinn，2003）。

严谨性、平和倾向涉及个体的自我调节、情绪管理，都与冲突情境有关。尽管关于自上而下的情绪控制和决策行为之间联系的实证研究很少，但已有一些先行者（Mascha et al.，2010）探索了自我调节（思想、动力、信念、行为和目标的调节），经典的双过程解释（Hofmann et al.，2009；Strack & Deutsch，2004）已经被提出。例如，一些模型强调，当确定了与中心目标之间的冲突时，就会启动有意识的自我控制反对联想诱惑（Fujita & Carnevale，2012；Myrseth & Fishbach，2010）。在这些情况下，有意识的自我控制被激活，以解决冲突，符合目标的追求。平静涉及在面对挑衅刺激时保持冷静和心理平衡的熟练过程（Carmody et al.，2009）。根据定义，高严谨性的个体按照一定的社会规范，控制自己的冲动，以任务目标为行为导向，在先思后行、延迟满足以及遵守社会规范等方面上强于低严谨性者，更能发挥正念中的觉知因素（Baer，Hopkins，Krietemeyer，& Toney，2006），自然在平静自己的情绪方面更有成效。

4.3 宜人性影响平和倾向的作用机制

本研究表明，正念不仅直接正向预测大学生平和倾向水平，还通过宜人性的中介作用间接正向预测大学生平和倾向水平。这反映了影响平和倾向的第二条“认知-人格”通路。

Jensen-Campbell 和 Graziano（2010）在回顾了众多关于宜人性的研究后得出结论：宜人性描述了个体在与他人相处时表现出的可爱、愉快与和谐的差异。平和倾向中的温和倾向维度描述的是待人和气的倾向，因此，宜人性的人格品质可以直接影响大学生的平和倾向。在我国文化背景下，宜人性更强调其作为温和的外显特征，因此，高宜人性的大学生平和倾向水平也高。

宜人性的含义与怜悯、人道主义、利他有关，培养正念与宜人性的增加有关（Thompson & Jennifer，2007）。高宜人性的人通常性情温和、倾向于合作、关心他人（Barrick et al.，2001）。正念的特征还包括对他人和自己的关系表现出同情（Crane et al.，2017；Kabat-Zinn，Lipworth，& Burney，1985）。此外，高宜人性的人通常会信任他人，认为他人诚实善良（Mccrae & Costa，1997）。这种信念似乎与“初学者的心态”的正念取向相一致（Kabat-Zinn，2003；Shapiro，Oman，Thoresen，Plante，& Flinders，2008），在这种心态中，人们对待人和事就像第一次经历它们一样。正念的个体倾向于继续接近一个他们过去有过负面互动的人，带着对其的信任感重新开始。因此，从正念到宜人性再到平和倾向是一条明确而清晰的路径。

综上，正念作为中国传统文化强调觉察的认知因素（刘兴华，徐钧，张琴，吴燕霞，2016；刘兴华等，2013；王玉正，齐臻臻，刘兴华，2017），严谨性和宜人性作为强调自我管理和人际和谐的人格因素，初步形成了影响大学生平和的“认知-人格”模型。正念作为认知因素，增强了个体的此刻觉察，或者说是保持了对当下的如实注意（Adair & Fredrickson，2015；李红玉，彭彦琴，2014；刘兴华等，2016；彭彦琴，居敏珠，2013），去自我中心化（Vago & Silbersweig，2012）和去自动化（顾瑛琦，2018；王岩等，2012）有助于自我冲动的调节，促进人际和谐，最终获得相对稳定的平和倾向。因此，从传统文化中发掘资源，获得可操作的训练方法，发挥严谨性和宜人性的中介作用，是培养和提升大学生平和倾向的关键途径。

5 结论

（1）作为中国传统文化强调觉察的认知因素，正念与平和倾向呈显著正相关；

（2）正念通过严谨性和宜人性的中介作用正向预测平和倾向，严谨性中介路径显著大于宜人性中介路径。

第四章 大学生平和倾向与合作的关系

本章重点探讨大学生平和倾向与合作的关系，在认知情感人格系统理论的框架（Kammrath & Scholer，2013；Mischel & Shoda，1995；Mischel & Shoda，1999；Mischel，Shoda，& Ayduk，2007）和双过程加工理论（Dual-Process Theory，DPT）的基础上，展开两者关系及其机制的研究。

根据认知情感人格系统理论，CAPS所定义的人格是指个体在处理某些情境时，中介单元之间具有共同的关系组织（Shoda，Mischel，& Wright，1994），平和倾向和合作倾向可能是“认知-情感”单元的可通达性和独特性组合。它们可能都与中庸思维方式呈正相关。双过程加工理论认为，人类具有基于认知的和基于情绪的两种信息加工系统（Strack & Deutsch，2004），前者主要以语言为媒介，进行有意识但相对费时费力的规则推理和认知加工，后者则是发生于潜意识，进行非语言的、快速的内隐心理活动（Bargh，Chen，& Burrows，1996；Klaczynski，2001；Sloman，1996）。平和倾向、合作都与冲突及其调节有关。反思-冲动模型（Reflective-Impulsive Model）有助于理解与冲突相关的基本现象（Strack & Deutsch，2004）。这提示我们要从双过程角度审视平和倾向、合作及两者的关系。应用于个人决策的情绪调节策略能改变我们的选择（Martin & Delgado，2011；Staudinger，Susanne，& Henrik，2011），那么，平和倾向能改变情境中的合作决策吗？本研究通过公共物品博弈实验来考察平和倾向对外显合作的影响，通过内隐联想测验来考察平和倾向对内隐合作的影响。

个体相对稳定的平和倾向，是否也会影响其合作倾向？将平和倾向与合作倾向的关系聚焦到人格倾向性层面，不仅可以揭示平和倾向影响合作倾向的长时程效应，更能验证平和倾向是否有内在的、深层的亲社会属性。

本章主要采用调查法和实验法，首先通过问卷调查探讨平和倾向通过什么中介因素影响合作倾向。接着通过公共物品博弈实验和内隐联想测验来考察高低平和倾向大学生与外显和内隐合作的关系。

第一节　大学生平和倾向与合作倾向的关系：问卷调查

1 引言

第二章界定的平和倾向是个体内心平静、待人温和、处事理性的人格倾向。笔者提出大学生平和倾向的操作性定义和维度：个体平静、理性、温和与淡定的倾向。具体而言，平静倾向是安宁平静的倾向；理性倾向是理性分析问题和运用整体思维的倾向；温和倾向是待人和气的倾向；淡定倾向是镇定稳重的倾向。Ito 和 Doebeli（2019）发现，竞争促进了种群内部的平均合作水平，合作与竞争的共同演化与只有合作或只有竞争的演化具有本质上不同的结果。合作/竞争策略的倾向性受多种变量影响。谢晓非等（2000）运用投射法发现，合作型个体比倾向于竞争的个体更容易服从。谢晓非等编制了合作与竞争人格倾向量表（the Scale of Cooperation and Competition Personality，CCPS），合作倾向的定义是：在追求共同目标的过程中，个体愿意与他人进行协作的倾向性；竞争倾向的定义是：在追求自我成长的过程中，个体力图比他人表现得更加优秀、超越他人的倾向性。本研究采用谢晓非等提出的合作倾向定义，结合前人的研究，笔者认为，大学生平和倾向可能与合作倾向相关。

大学生平和倾向、合作倾向可能都与中庸思维方式呈正相关。中庸思维方式是指从多个角度来思考同一件事情，从整体的角度来看待冲突，尽力达成和谐平衡的一种思维方式（吴佳辉，林以正，2005）。杨中芳（2014）认为，中庸能帮助个体对具体的认知过程做调整，并由此做出决定，以达成目标。具有较高中庸思维水平的人，更倾向于顾全大局，采取对团体成员而言都合情合理的方式，不容易立即、冲动地采取行动。中庸思维方式对合作态度的形成有重要影响。戴健林和冯燕（2008）发现，不同组织文化中的员工的中庸思维方式存在显著差异，中庸思维方式对其面对不公平事件时采取的策略有显著影响。大学生中庸自我与合作行为呈显著正相关，中庸自我对合作行为的正向预测作用显著（胡舒乐，2014）。

本研究拟采用问卷法，通过自编的大学生平和倾向问卷，区分不同平和倾向水平的大学生，探讨平和倾向对合作倾向的影响。在前期研究的基础上，本研究继续检验中庸思维方式在平和倾向与合作倾向之间的中介作用。本研究假设：平和倾向与合作倾向呈正相关，高平和倾向个体合作倾向更高（假设1）；平和倾向对合作倾向的影响受中庸思维方式的中介作用（假设2）；平和倾向与竞争倾向不相关（假设3）；平和倾向对竞争倾向的影响不受中庸思维方式的中介作用（假设4）。

2 方法

2.1 研究对象

采用整群方便取样法，在安徽省本科高校（综合类1所、理工类1所）中抽取800名大学生参与调查。整群方便取样时考虑了年级、性别和专业的均衡。采用集体施测方法，统一通过问卷星网络调查平台施测，收回问卷732份，回收率91.5%。依据以下标准剔除无效问卷：（1）超过一半的题项未作答或存在明显规律性作答；（2）测谎题作答错误。共计获得有效问卷631份，有效率86.2%。在有效被试中，男生143人（22.7%），女生488人（77.3%）；大一学生223人（35.3%），大二学生133（21.1%），大三学生203（32.2%），大四学生72（11.4%）；文科生334人（52.9%），理科生297

人（49.1%）。所有被试平均年龄为20.9周岁（*SD*=1.6，年龄范围为17~25周岁）。完成问卷后，参与调查的被试均获得价值1元的纪念品一份。

2.2 研究工具

2.2.1 大学生平和倾向问卷

采用自编的大学生平和倾向问卷（DPHS-CU），主要用于测量大学生的平和倾向。DPHS-CU共包括20个项目，分4个维度，分别是平静倾向、理性倾向、温和倾向和淡定倾向。DPHS-CU采用Likert 6点计分法，从1（非常不符合）至6（非常符合），得分越高，说明大学生平和的倾向性越明显。DPHS-CU的整体Cronbach's α系数为0.93，合成信度为0.96，4个因素的Cronbach's α系数和合成信度均在0.87~0.90；问卷总的重测信度（间隔4周）为0.85，各维度重测信度在0.75~0.82，表明DPHS-CU具有良好的信度。DPHS-CU的四因素结构在不同性别、年级与专业等亚群体中具有强等值性，结构效度良好；DPHS-CU与安适幸福感、平静心境均呈显著正相关，与大五人格神经质维度的焦虑、敌意因子呈显著负相关，效标关联效度良好。在本研究中，DPHS-CU的Cronbach's α系数为0.91。

2.2.2 合作与竞争人格倾向量表

由谢晓非等于2006年编制的合作与竞争人格倾向量表，包括两个分量表，共23个项目。其中，合作人格倾向分量表共13个项目，信度为0.85；竞争人格倾向分量表共10个项目，信度为0.71。量表采用6点计分法，从“非常不同意”至“非常同意”依次计为1~6分。分量表总分越高，表明合作或竞争人格倾向越强（谢晓非，余媛媛，陈曦，陈晓萍，2006）。在本研究中，合作和竞争人格倾向量表的Cronbach's α系数分别为0.83、0.79。

2.2.3 中庸思维方式问卷

采用吴佳辉和林以正（2005）编制的中庸思维量表（Zhong-yong Thinking Style Scale，ZYTSC），该量表共13个项目，分为3个维度，分别是从多个角度来思考同一件事情（包括4个项目）、从整体角度来看待冲突（包括5个项目）以及尽力达成和谐（包括4个项目）。该量表采用7点计分法，从1（非常不符合）到7（非常符合），总分的计算采用“先计算3个维度的项目平均分，再将它们相加求总”的方法，得分越高，说明中庸思维方式越明显。该量表的Cronbach's α系数为0.87，3个维度的Cronbach's α系数分别为0.69、0.73和0.71，具有较好的信效度（吴佳辉，林以正，2005）。在本研究中，该量表的Cronbach's α系数为0.93。

2.3 数据处理

使用SPSS 19.0进行数据录入与管理，并进行描述统计和相关分析，采用Mplus 7.4软件进行中介效应模型建构和检验，采用Bootstrap算法对间接效应的置信区间进行估计。

2.4 共同方法偏差检验

首先，本研究通过匿名调查、部分题目反向计分，以及设置部分测谎题的方法进行了一定的控制（Podsakoff，MacKenzie，Lee，& Podsakoff，2003；周浩，龙立荣，2004）。其次，采用Harman单因子检验法进行共同方法偏差检验。结果显示，特征根大于1的因素共14个，其中第一个因素解释的累计变异量仅为23.5%，小于40%的临界值，表明本研究不存在严重的共同方法偏差问题（Podsakoff et al.，2003；周浩，龙立荣，2004）。

3 结果

3.1 描述性统计

结果表明，平和倾向与合作倾向呈显著正相关、与竞争倾向不相关；平和倾向与中庸思维方式呈显著正相关；而中庸思维方式与合作倾向呈显著正相关、与竞争倾向不相关（见表4-1）。

表4-1　研究变量的描述统计

	1	2	3	4	5	6	7	8
1.平和倾向	—							
2.平静倾向	0.76**	—						
3.理性倾向	0.85**	0.52**	—					
4.温和倾向	0.72**	0.36**	0.47**	—				
5.淡定倾向	0.73**	0.36**	0.53**	0.42**	—			
6.合作倾向	0.54**	0.36**	0.47**	0.47**	0.39**	—		
7.竞争倾向	0.07	−0.03	0.12**	−0.02	0.15**	0.12**	—	
8.包容性	0.58**	0.33**	0.52**	0.50**	0.43**	0.80**	0.02	—
9.互惠性	0.26**	0.18**	0.21**	0.20**	0.22**	0.68**	0.26**	0.27**
10.合群性	0.40**	0.25**	0.34**	0.37**	0.25**	0.81**	−0.01	0.53**
11.过度竞争	−0.12**	−0.13**	0.07	−0.13**	−0.05	−0.09*	0.81**	−0.17**
12.自我成长	0.26**	0.14**	0.28**	−0.12**	0.28**	0.36**	0.60**	0.27**
13.超越他人	0.06	−0.06	0.10*	0.01	0.13**	0.27	0.80**	−0.02
14.中庸思维	0.50**	0.32**	0.49**	0.39**	0.32**	0.60**	0.07	0.60**
15.多方思考	0.49**	0.29**	0.49**	0.34**	0.39**	0.56**	0.09*	0.56**
16.整合性	0.43**	0.31**	0.42**	0.34**	0.24**	0.54**	0.05	0.53**
17.和谐性	0.40**	0.24**	0.39**	0.35**	0.23**	0.50**	0.06	0.49**
M	4.32	4.15	4.32	4.77	3.99	4.45	3.47	4.56
SD	0.70	1.02	0.85	0.84	0.93	0.57	0.74	0.58

注：$^{*}p<0.05$，$^{**}p<0.01$，$^{***}p<0.001$，下同。

与Pearson相关（n=631）

9	10	11	12	13	14	15	16	17
—								
0.33^{**}	—							
0.16^{**}	-0.17^{**}	—						
0.27^{**}	0.28^{**}	0.16^{**}	—					
0.16^{**}	−0.08	0.55^{**}	0.24^{**}	—				
0.24^{**}	0.54^{**}	-0.13^{**}	0.30^{**}	0.04	—			
0.21^{**}	0.45^{**}	-0.09^{*}	0.28^{**}	0.04	0.85^{**}	—		
0.21^{**}	0.51^{**}	-0.14^{**}	0.27^{**}	0.02	0.91^{**}	0.67^{**}	—	
0.19^{**}	0.46^{**}	-0.10^{*}	0.24^{**}	0.04	0.88^{**}	0.60^{**}	0.73^{**}	—
4.02	4.76	3.20	3.94	3.37	5.31	5.14	5.40	5.36
0.78	0.81	0.96	1.02	1.04	0.79	0.92	0.83	0.94

3.2 中介效应检验

3.2.1 中庸思维方式在平和倾向与合作倾向之间的中介作用检验

采用结构方程模型检验中庸思维方式在平和倾向与合作倾向之间的中介作用。由于平和倾向、中庸思维方式与合作倾向是多维度的概念结构，因此，分别以它们的维度作为测量指标。首先对测量模型进行检验。验证性因素分析结果显示，χ^2/df=3.74，*RMSEA*=0.07，*CFI*=0.95，*TLI*=0.93，*SRMR*=0.04，说明3个研究变量构成的测量模型拟合良好，所有测量指标均可以较好地反映这些研究变量的实际情况。

在控制性别、年级和专业等人口学变量的条件下，以平和倾向为自变量，合作倾向为因变量，中庸思维方式为中介变量建构中介效应模型（见图4-1）。采用偏态校正的Bootstrap算法（迭代次数为1000次）对间接效应的置信区间进行估计（Cheung & Lau，2008；Preacher，2015）。模型拟合结果显示，χ^2/df=4.91，*RMSEA*=0.08，*CFI*=0.95，*TLI*=0.93，*SRMR*=0.04，说明该中介效应模型拟合良好。

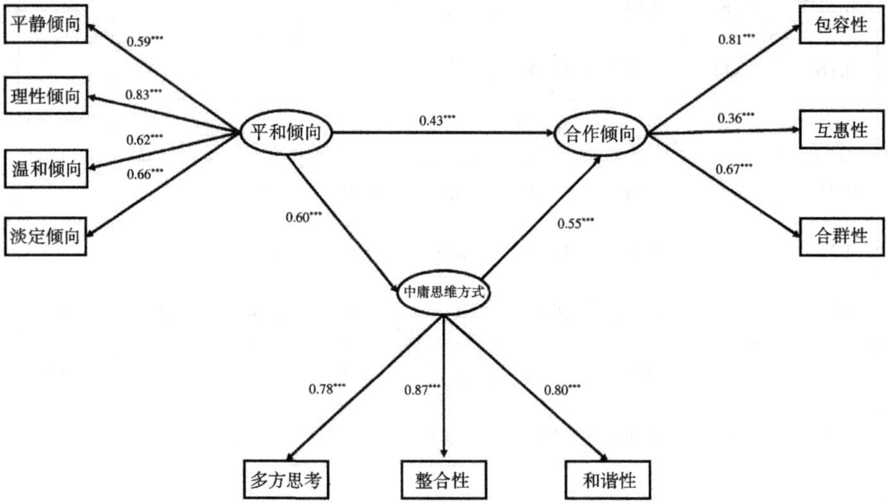

图4-1　中庸思维方式在平和倾向与合作倾向之间的中介作用

由图4-1可知，平和倾向对合作倾向直接正向预测作用显著（β=0.43，*SE*=0.05，*p*<0.001）；平和倾向和对中庸思维方式具有显著的正向预测作用（β=0.60，*SE*=0.07，*p*<0.001），且中庸思维方式能够显著地正向预测合作倾向（β=0.55，*SE*=0.07，*p*<0.001），因此，中庸思维方式在平和倾向与合作倾向之间的中介效应显著（效应值=0.30，*SE*=0.05，95%*CI*=［0.22，0.41］），中庸思维方式的中介效应占总效应的42.9%（见表4-2）。并且，偏态校正的Bootstrap估计结果显示，平和倾向通过中庸思维方式影响合作倾向的间接效应置信区间不包括0（见表4-2），说明中庸思维方式中介效应显著。平和倾向的直接效应和中庸思维方式的间接效应共同解释了合作倾向变异量的77.0%。

表4-2 中庸思维方式在平和倾向与合作倾向之间中介作用的偏态校正Bootstrap标准化估计

路径	效应值	*SE*	95%置信区间		占总效应的比例
			下限	上限	
平和倾向→中庸思维方式→合作倾向	0.30	0.05	0.22	0.41	42.9%
平和倾向→合作倾向	0.40	0.07	0.31	0.51	57.1%
总效应(标准化)	0.70	—	—	—	—

3.2.2 中庸思维方式在平和倾向与竞争倾向之间的中介作用检验

采用结构方程模型检验中庸思维方式在平和倾向与竞争倾向之间的中介作用。由于平和倾向、中庸思维方式和竞争倾向是多维度的概念结构，因此，分别以它们的维度作为测量指标。首先对测量模型进行检验。验证性因素分析结果显示，除了χ^2/df值（7.10）由于样本量大的原因大于5外，其余拟合指数均达到良好拟合的要求（*RMSEA*=0.10，*CFI*=0.91，*TLI*=0.87，*SRMR*=0.09），说明3个研究变量构成的测量模型拟合可以接受，所有测量指标均可以较好地反映这些研究变量的实际情况。

在控制性别、年级和专业等人口学变量的条件下，以平和倾向为自变量，以竞争倾向为因变量，以中庸思维方式为中介变量建构中介效应模型

（见图4-2）。采用偏态校正的Bootstrap算法（迭代次数为1000次）对间接效应的置信区间进行估计（Cheung & Lau，2008；Preacher，2015）。模型拟合结果显示，由于样本量大的原因，χ^2/df（5.62）大于5，其他拟合指数*SRMR*和*RMSEA*略高于0.08，*TLI*略低于0.90（*RMSEA*=0.09，*CFI*=0.91，*TLI*=0.87，*SRMR*=0.09），说明该中介效应模型基本可以接受。由图4-2可知，平和倾向对竞争倾向的直接正向预测作用不显著（β=0.11，*SE*=0.07，$p>0.05$）；平和倾向对中庸思维方式具有显著的正向预测作用（β=0.59，*SE*=0.05，$p<0.001$），且中庸思维方式负向预测竞争倾向不显著（β=-0.03，*SE*=0.07，$p>0.05$），因此，中庸思维方式在平和倾向与竞争倾向之间的中介效应不显著（效应值=-0.01，*SE*=0.03，95%*CI*=［-0.12，0.04］）。

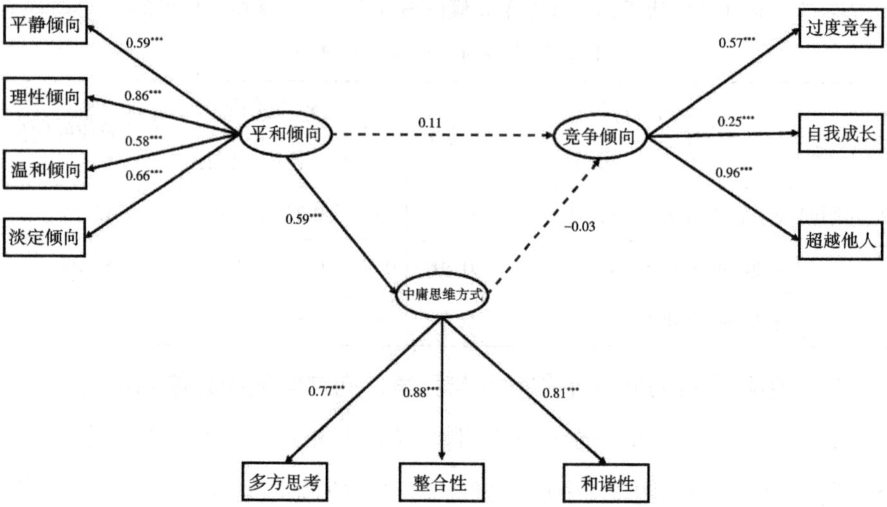

图4-2 中庸思维方式在平和倾向与竞争倾向之间的中介作用

4 讨论

4.1 平和倾向与合作倾向呈显著正相关

平和倾向与合作倾向呈显著正相关（*r*=0.54）、与竞争倾向不相关（*r*=

0.07），验证了假设1和假设3。

本研究对平和倾向的界定是个体内心平静、待人温和、处事理性的人格倾向。合作倾向指的是在追求共同目标的过程中，个体愿意与他人进行协作的倾向性（谢晓非，余媛媛，陈曦，陈晓萍，2006）。平和倾向与合作倾向都表征了理性、包容、和谐与互惠的涵义，因此，二者有较高的相关性。

竞争倾向的定义是在追求自我成长的过程中，个体力图比他人表现得更加优秀、超越他人的倾向性（谢晓非等，2006）。过度竞争性和良性竞争性代表了与竞争相关的两种不同的心理特征（陈国鹏，李鹃，陆芳，2003）。大学生认为，竞争的主要作用是动力、压力和机遇或挑战（吴键，石凤妍，臧传丽，Fulop，白学军，2007）。可见竞争中有很复杂的亚维度，平和倾向可能与竞争倾向所包含的过度竞争性呈负相关，而与良性竞争性呈正相关。在本研究中，平和倾向与过度竞争亚维度呈显著的负相关（r=−0.12），与自我成长亚维度呈显著的正相关（r=0.26）。自我成长描述的是个体努力让自己做到最好的倾向。自我成长在图4−2中的负荷较低也是它与竞争倾向、过度竞争和超越他人低相关的证明。综上，可能的解释是正负相互抵消后，平和倾向与竞争倾向不相关。

4.2 中庸思维方式在平和倾向与合作倾向之间起中介作用

中庸思维方式在平和倾向与合作倾向之间起中介作用（标准化效应值=0.30，SE=0.07，95% CI=［0.22，0.41］），在平和倾向与竞争倾向之间无中介作用（标准化效应值=−0.01，SE=0.03，95%CI=［−0.12，0.04］），验证了假设2和假设4。平和倾向会提高中庸思维方式，从而产生更为明显的合作倾向。

首先，平和倾向与中庸思维方式有较高的相关性。中庸作为一种认识活动中主客体之间的生存性关系，是“对话式”的中国哲学中极为重要的一个维度（袁晓晶，2017）。“中庸”并不仅仅被理解为一种道德判断，它更被理解为一种理性实践的思维结构，它作为一种思维体系成为国人在生活哲学层面及价值选择层面的一个内在依据（杨中芳，林升栋，2012）。中庸思维方式是指从多个角度来思考同一件事情，从整体的角度来看待冲突，尽力达成和谐平衡的一种思维方式（吴佳辉，林以正，2005）。根据平和倾向的定义：个体内心平静、待人温和、处事理性的人格倾向，问卷得分高的大学生已经形成了理性地看待问题与冲突、善于调节自己的情绪和温和地对待他人的处世风格，与多方思考、整合性与和谐性的认知必然有高的相关性。

其次，中庸思维方式与合作倾向有较高的相关性。杨中芳（2014）认为，中庸能帮助个体对具体的认知过程做调整，并由此做决定，以达成目标。具有较高中庸思维水平的人，更倾向于顾全大局，采取对团体成员而言都合情合理的方式，不容易立即、冲动地采取行动。这一思维特性对合作的达成有重要影响。陈建勋等的研究表明，高层领导者的中庸思维对组织绩效具有显著的正向作用。戴健林和冯燕（2008）发现，不同组织文化中的员工的中庸思维特质存在显著差异，中庸思维特质对其面对不公平事件时采取的策略有显著影响。大学生中庸自我与合作行为呈显著正相关，中庸自我对合作行为的正向预测作用显著（胡舒乐，2014）。

总之，本研究首次明确，平和倾向通过中庸思维方式正向影响合作倾向的路径，提示我们可以从提高大学生平和倾向和中庸思维方式两个方面来提高其合作倾向。本研究结果将为理解平和倾向对合作倾向的影响提供一定的帮助，即平和倾向会提高大学生的中庸思维方式，从而促进大学生产生更为明显的合作倾向。本研究存在一定的局限：一是由于合作的影响因素具有复杂性，仅从中庸思维方式角度理解还不够全面，未来研究可以进一步从其他认知因素、情感因素以及个体以外的因素角度来研究平和倾向与合作倾向的关系；二是由于横断研究无法直接推断因果联系，本研究有待未来行为实验或追踪研究的进一步检验。

5 结论

（1）平和倾向对大学生合作倾向具有显著影响：高平和倾向大学生的合作倾向显著高于低平和倾向大学生；大学生平和倾向与其竞争倾向不相关；

（2）平和倾向不仅直接影响大学生的合作倾向，还可以通过中庸思维方式的中介作用影响大学生的合作倾向。

第二节　大学生平和倾向与外显合作的关系：PGG实验

1 引言

合作行为是通过抑制自我利益最大化的冲动从而满足群体利益最大化的决策表现（Vugt，Cremer，& Janssen，2007）。社会困境中的合作是个体做出有利于集体的选择，而竞争是指个体做出有利于个体利益的选择。如何促进社会困境中的合作行为已成为心理学、经济学和社会学等众多领域研究者所关注的热点话题（Declerck，Boone，& Emonds，2013）。外显合作是指在社会交往中，个体自觉表现出来为了集体或团队利益而做出可能的自我损失决策。本研究将公共物品博弈中投入的金额作为外显合作的操作性定义。公共物品博弈又叫公共物品两难任务，它能够产生个体利益和群体利益冲突的情境，其过程可以表述为：群体的成员选择将虚拟或者真实财物中的一部分贡献出来作为公共财物，然后按一定的规则增值后平均分配给所有成员（王娜，2012）。

平和倾向是个体内心平静、待人温和、处事理性的人格倾向。本研究提出大学生平和倾向的操作性定义和维度：个体平静、理性、温和与淡定的倾向。具体而言，平静倾向是安宁平静的倾向；理性倾向是理性分析问题和运用整体思维的倾向；温和倾向是待人和气的倾向；淡定倾向是镇定稳重的倾向。本研究在前面的调查中，已经发现平和倾向与合作倾向呈正相关，那么高平和倾向的大学生是否有更多的外显合作行为呢？

杨中芳（2014）认为，中庸能帮助个体对具体的认知过程做调整，并由此做决定，以达成目标。具有较高中庸思维水平的人，更倾向于顾全大局，采取对团体成员而言都合情合理的方式，不容易立即、冲动地采取行动。这一思维特性对合作竞争态度的形成有重要影响。李艳（2011）通过研究发现，中庸思维方式得分与合作竞争态度有显著的正相关关系，对合作态度有显著的正向预测作用。本章第一节的调查研究已经发现，中庸思维方式在平和倾向与合作倾向之间起中介作用，那么在平和倾向与外显合作行为之间是否依然存在中介效应呢？

本研究拟采用行为实验法，通过自编的大学生平和倾向问卷，区分不同平和倾向水平大学生，探讨平和倾向对外显合作行为的影响。在前期研究基础之上，本研究继续检验中庸思维方式在平和倾向与外显合作行为之间的中介作用。本研究假设：（1）平和倾向对外显合作行为具有显著影响，高平和倾向个体倾向于做出更多的外显合作行为（假设1）；（2）平和倾向对外显合作行为的影响受中庸思维方式的中介作用（假设2）。

2 方法

2.1 实验设计

采用单变量（平和倾向水平：高、低）被试间实验设计，因变量为被试完成PGG实验所选择投入的金额。

2.2 研究对象

使用G*Power 3.1计算研究所需要的样本量。以高、低平和倾向组外显合作行为之间的差异比较为取样依据（选取平和倾向总分的前27%为高分组，后27%为低分组）。根据Cohen和Jacob（1992）提出的标准，以独立样本t检验为统计方式，设参数：独立样本t检验，效应量f=0.50，α=0.05，1−β=0.90，组间样本比率=1，计算得出高分组和低分组样本量分别为70人，两组样本量为140人，预估需施测样本量为260（140/0.54）。

实际取样时，采用公开招募方式，从安徽师范大学招募300名在校大学生作为被试，采用自编的大学生平和倾向问卷进行调查，将被试按照总分由高到低进行排序，选取得分在前27%的被试为高平和倾向组，得分在后27%的被试为低平和倾向组，最终获得高平和倾向和低平和倾向个体各81名，通知被试进行PGG实验。所有被试视力或矫正视力正常，熟悉实验设备的基本操作，且近期没有参加过类似实验。实验事先征得了被试同意，并签署了知情同意书。被试完成实验后，获得一定的报酬。

前来做实验的大学生被试共有140人，高平和倾向组男生29人（41.4%），女生41人（58.6%）；低平和倾向组男生33人（47.1%），女生37人（52.9%）。140名被试的平均年龄为19.9岁（SD=0.9）。高平和倾向组总均分为99.63（SD=5.87），低平和倾向组总均分为65.27（SD=7.64），独立样本t检验结果显示，高平和倾向组与低平和倾向组在平和倾向得分上存在显著差异（t=29.83，p<0.001，d=5.04）。

2.3 实验材料

2.3.1 问卷材料

采用自编的大学生平和问卷（DPHS-CU），主要用于测量大学生的平和倾向性。DPHS-CU共包括20个项目，分为4个维度，分别是平静倾向、理性倾向、温和倾向和淡定倾向。DPHS-CU采用Likert 6点计分法，从1

（非常不符合）至6（非常符合），得分越高，说明大学生平和的倾向性越明显。DPHS-CU的整体Cronbach's α系数为0.93，合成信度为0.96，4个因素的Cronbach's α系数和合成信度均在0.87~0.90；问卷总的重测信度（间隔4周）为0.85，各维度重测信度在0.75~0.82，表明DPHS-CU具有良好的信度。DPHS-CU的四因素结构在不同性别、年级与专业等亚群体中具有强等值性，结构效度良好；DPHS-CU与安适幸福感、平静心境均呈显著正相关，与大五人格神经质维度的焦虑、敌意因子呈显著负相关，效标关联效度良好。在本研究中，DPHS-CU的Cronbach's α系数为0.90。

中庸思维方式问卷。采用吴佳辉和林以正（2005）编制的中庸思维量表，该量表共13个项目，分为3个维度，分别是从多个角度来思考同一件事情（包括4个项目）、从整体的角度来看待冲突（包括5个项目）以及尽力达成和谐（包括4个项目）。采用7点计分法，从1（非常不符合）到7（非常符合），总分的计算采用“先计算3个维度的项目平均分数，再将它们相加求总”的方法，得分越高，说明中庸思维方式越明显。该量表的Cronbach's α系数为0.87，3个维度的Cronbach's α系数分别为0.69、0.73和0.71，具有较好的信效度。在本研究中，该量表的Cronbach's α系数为0.86。

2.3.2 外显合作行为材料

参照相关研究范式，采用虚拟情境法进行外显合作行为实验。通过指导语，以文字、表格和图片形式描述规则和任务，因变量为被试完成任务所选择投入的金额。被试在一种完全匿名的环境中，要和实验中其他三名被试（实际上不存在）共同组成一个临时团队。该团队的每位成员拥有系统配发的一定金额的钱币（如100元），团队成员拥有一个公共账户，每位成员可以将自己手中的钱币投入公共账户中，全体成员投放完毕后，大家所投金额会翻倍然后平均分配给大家。（如果大家都选择投入10元，那么最后每人会得到20元；如果团队中有一名成员选择不投的话，该成员仍能同其他成员一样获得平均分配金额。）

本研究4个外显合作的指标分别为个人优先任务、团队优先任务、个人-团队冲突任务以及这三者的平均值（命名为外显合作）。考虑到无论是哪一种任务，被试都要在个人利益和团队利益之间进行平衡，其选择的金额都可以代表外显合作，故三者的平均值作为一个综合指标，可以更加稳定地考察被试在不同情境下的合作。

个人优先任务的指导语为："你的任务与其他3人一样，通过选择投入还是不投入，以及投入多少，尽量让自己个人账户的金额比其他人账户的金额多，以得到唯一的奖励。"

团队优先任务的指导语为："你的任务是与本团队其他3人一起，打败另外的4人队伍，以得到奖励。"

个人-团队冲突任务的指导语为："你有两个同等重要的任务，任务A为与本团队其他3人一起，打败另外的4人队伍。任务B为你也要与本团队其他3人竞争，让自己个人账户的金额比本团队其他人的个人账户的金额多。"

看完3个任务指导语之后，进入选择金额界面，由被试在0至100元之间进行选择。计算机自动记录被试在每个任务中所选的金额。

2.4 实验程序

实验开始前告诉被试他们将参与一个情境想象实验。实验整体分为两个阶段（见图4-3）。第一阶段，首先由被试完成中庸思维方式问卷测试。第二阶段，进行PGG实验。采用E-prime 2.0编制公共物品博弈程序。为控制不同信息来源的顺序的影响，3个任务情境随机呈现。被试完成后获得一定的报酬。

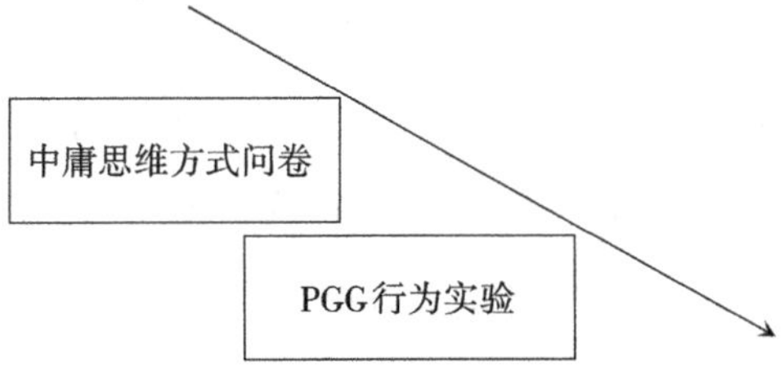

图4-3 平和倾向影响外显合作行为实验流程图

2.5 统计与数据处理

采用EXCEL 2010进行数据整理，运用SPSS 19.0和Mplus 7.4对数据进行统计分析。

3 结果

3.1 描述统计

在设定限额100元的条件下，大学生的平均投入金额为56.03元，标准差为21.76，表明大学生的投入金额差别较大（见表4-3）。

表4-3　各变量的描述统计（n=140）

	M	*SD*	*Skewness*	*Kurtosis*
1.平和倾向	82.45	18.53	−0.12	−1.27
2.个人优先任务	32.29	30.61	−0.86	−0.17
3.团队优先任务	79.71	30.60	−1.42	0.92
4.个人-团队冲突任务	56.09	32.32	−0.25	−0.80
5.外显合作(任务均值)	56.03	21.76	0.24	−0.70
6.中庸思维方式	71.99	11.06	0.21	0.41

3.2 平和倾向对外显合作行为的影响

不同平和倾向水平被试外显合作的差异见表4-4。独立样本t检验结果显示，高平和倾向组个人优先任务、团队优先任务、个人-团队冲突任务以及外显合作（任务均值）显著大于低平和倾向组，$t_{(138)}=5.53$，$p=0.000$，$d=0.94$；$t_{(138)}=5.03$，$p=0.000$，$d=0.85$；$t_{(138)}=11.15$，$p=0.000$，$d=1.88$；$t_{(138)}=12.38$，$p=0.000$，$d=2.09$。独立样本t检验结果显示，高平和倾向组中庸思维方式得分显著大于低平和倾向组，$t_{(138)}=11.71$，$p=0.000$，$d=1.98$。

表4-4　高、低平和倾向组外显合作的差异比较

	高平和倾向组（n=70）		低平和倾向组（n=70）	
	M	SD	M	SD
1.个人优先任务	45.29	30.06	19.29	25.33
2.团队优先任务	91.71	16.24	67.71	36.45
3.个人-团队冲突任务	78.26	21.64	33.91	25.28
4.外显合作（任务均值）	71.75	16.88	40.31	12.91
5.中庸思维方式	79.77	6.78	64.21	8.81

3.3 中庸思维方式的中介作用检验

由上述结果可知，平和倾向对外显合作具有显著正相关。进一步相关分析结果表明，中庸思维方式、平和倾向以及外显合作间两两显著正相关（见表4-5），因此，本研究拟检验中庸思维方式在平和倾向与外显合作（任务均值）之间的中介作用。

表4-5　中庸思维方式与外显合作的相关性（n=140）

	1	2	3
1.平和倾向	—		
2.中庸思维方式	0.56**	—	
3.外显合作	0.51**	0.58**	—

采用结构方程模型分别检验中庸思维方式在平和倾向与外显合作之间的中介作用。由于自变量“平和倾向水平”为类别变量，本研究采用虚拟变量方法进行虚拟化处理：高平和倾向组编码为“2”、低平和倾向组编码为“-1”。采用“化潜为显”的方法（Anderson & Gerbing，1988；Kline，2011），直接将各研究变量视为显变量进行模型建构，模型为饱和模型，

重点检验各路径的负荷及显著性情况（见图4-4）。

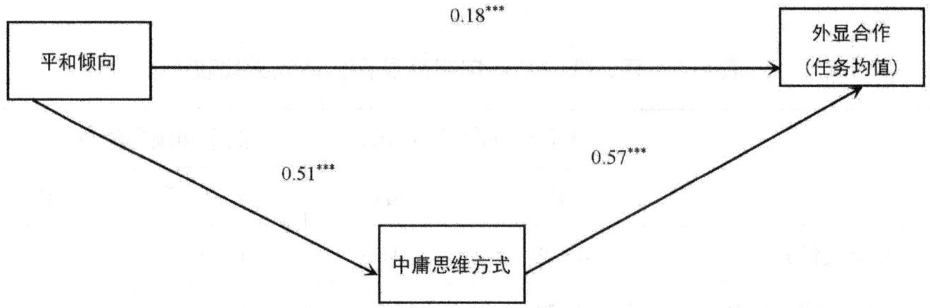

图4-4　中庸思维方式在平和倾向与外显合作间的中介效应模型

由表4-6可见，平和倾向对中庸思维方式具有显著的正向预测作用（β=0.51，t=20.55，p<0.001），且中庸思维方式对外显合作也具有显著的正向预测作用（β=0.57，t=22.03，p<0.001），因此，中庸思维方式在平和倾向与外显合作之间的中介效应显著。另外，由图4-4可知，在考虑了中庸思维方式的情况下，平和倾向对外显合作的直接作用路径显著（β=0.18，t=4.10，p<0.001）。因此，平和倾向部分通过中庸思维方式影响外显合作，解释比例为62.3%。

表4-6　中庸思维方式间接效应的偏态校正Bootstrap标准化估计

路径	估计值	*SE*	95%置信区间		占总效应的比例
			下限	上限	
平和倾向→中庸思维方式→外显合作	0.29	0.03	0.11	0.57	61.7%
平和倾向→外显合作	0.18	0.04	0.09	0.28	38.3%
总效应(标准化)	0.47	–	–	–	–

4 讨论

本研究旨在检验平和倾向与外显合作之间的关系以及中庸思维方式的中介作用。研究表明，高平和倾向大学生的外显合作显著高于低平和倾向大学生，研究假设1获得验证。本研究同时也发现，中庸思维方式在平和倾向与外显合作之间起中介作用，研究假设2也获得验证。

首先，高平和倾向大学生的外显合作显著高于低平和倾向大学生。研究结果表明，高平和倾向组个人优先任务、团队优先任务、个人-团队冲突任务以及外显合作（任务均值）显著大于低平和倾向组，$t_{(138)}=5.53$，$p=0.000$，$d=0.94$；$t_{(138)}=5.03$，$p=0.000$，$d=0.85$；$t_{(138)}=11.15$，$p=0.000$，$d=1.88$；$t_{(138)}=12.38$，$p=0.000$，$d=2.09$。

本研究结果与前面的调查结果相似，即平和倾向与合作倾向呈正相关。这可以用认知情感人格理论来解释：平和倾向作为一种人格倾向，有助于个体在各种情境中增加合作。具体而言，平和倾向易使个体理性分析问题并发挥整体思维，更关注他人的需求，更易平静自己的情绪，更能够消除自我中心观念，从而主动与他人合作。高平和倾向大学生在三种任务情境下的外显合作都显著高于低平和倾向者，说明平和倾向具有一定的稳定性。

其次，平和倾向通过中庸思维方式的中介作用影响外显合作。研究结果表明，中庸思维方式在平和倾向与外显合作之间的中介效应为0.29，占总效应的61.7%（见表4-6）。加上中庸思维方式所具备的多方思考、整合性与和谐性，平和倾向中的平静倾向、理性倾向与温和倾向更能发挥对外显合作的正向影响。中庸思维方式的中介机制提示我们，平和倾向不仅直接影响外显合作，还通过影响中庸思维方式来影响大学生的外显合作。

本研究有以下一些不足：实验的外部效度较差；当涉及社会性的实验情境时，被试往往会表现出社会赞许性效应，这会让实验结果的效度下降。未来应考虑真实情境下的实验，从得到与损失（凌晓丽，孙鹏，2019）两个视角来考虑框架效应对合作的影响，选择信任等其他调节变量，以全面研究平和倾向对外显合作的影响。

5 结论

（1）平和倾向对大学生的外显合作具有显著影响：高平和倾向大学生的外显合作显著高于低平和倾向大学生；

（2）平和倾向不仅直接影响大学生的外显合作，还通过中庸思维方式的中介作用影响大学生的外显合作。

第三节　大学生平和倾向与内隐合作的关系：IAT 实验

1 引言

人类的合作行为是一个复杂的加工系统。双过程加工理论尝试从信息加工视角解释人类心理加工的复杂性：人类拥有基于认知的和基于情绪的两种信息加工系统（Strack & Deutsch，2004），前者主要以语言为媒介，进行有意识但相对费时费力的规则推理和认知加工，后者则是发生于潜意识中，进行非语言的、快速的内隐心理活动（Gyurak，Gross，& Etkin，2011）。因此，人类的认知、情绪和行为均可以分为两种不同的过程，即外显的和内隐的认知、情绪与行为（Bargh et al.，1996；Klaczynski，2001；Sloman，1996），前者是有意识的、需要大量认知资源参与的外显心理过程，而后者则是潜意识的或是前意识的快速自动化加工过程。

合作包括外显合作和内隐合作。人格倾向因素中的自恋、共情对内隐利他具有显著影响（何宁，朱云莉，2016），尚未有研究探讨平和倾向与内隐合作之间的关系。内隐合作是指个体非自觉的合作行为，是个体内化的、自己不一定能够意识到的为了集体或团队利益而做出可能的自我损失决策。内隐合作的测量主要采用间接测验法，如内隐联想测验（IAT）。IAT由Greenwald、McGhee和Schwartz（1998）提出，它以反应时为指标，通过标定概念词与属性词之间自动化联系的紧密程度，来反映个体内隐社会认知和态度（Yamaguchi et al.，2010）。IAT广泛应用于内隐社会认知领域（杨紫嫣，刘云芝，余震坤，蔡华俭，2015），如用于测量内隐自尊（蔡华俭，2003a，2003b）、内隐态度（Andrews，Hampson，Greenwald，Gordon，& Widdop，2010；Greenwald et al.，2002；Sachs，Veysey，& Rivera，2017）、内隐焦虑（Wong，Morrison，Heimberg，Goldin，& Gross，2014）和内隐情绪管理（Gyurak et al.，2011；Swanson，Swanson，& Greenwald，2001）等。采用IAT测量内隐合作行为，最早可见于王秀丽、彭杜宏和吴铁钧（2008）的相关研究。该研究以大学生为被试，用问卷法和IAT分别测量了大学生的外显与内隐合作态度，其结果为用两种方法测得的合作态度都是比较积极的，并且二者之间没有出现分离，认为大学生可能不存在内隐合作态度。学者已经证明内隐的竞争心理是存在的（岑延远，2006）。那么，内隐合作是否存在？目前，已有初步研究（邓永光，毕新，杨智钦，路立，吴铁钧，2017）发现，采用IAT可以有效分离外显和内隐行为（郭晶莹，冯志远，杨新国，陈露露，黄霞妮，2018；吴睿，郭庆科，李芳，2018），IAT是研究内隐合作的有效方法之一。

综上所述，内隐合作具有区别于外显合作的特征和心理机制，是合作行为的另一种重要存在形式。本研究主要采用IAT，探讨平和倾向对内隐合作的影响，以期将平和倾向与合作行为之间的关系从外显意识层面拓展至内隐潜意识层面。基于上述分析及第一、二节关于平和倾向与合作倾向、外显合作行为关系的探讨，本研究假设：（1）平和倾向与内隐合作行为呈显著正相关，平和倾向水平越高，内隐合作行为倾向越明显（假设1）；（2）在平和倾向与内隐合作行为关系中，中庸思维方式起中介作用（假设2）。

2 方法

2.1 研究对象

使用G*Power 3.1计算研究所需要的样本量。以高、低平和倾向组内隐合作行为之间的差异比较为取样依据（选取平和倾向总分前27%为高平和倾向组，后27%为低平和倾向组）。根据Cohen和Jacob（1992）提出的标准，以独立样本t检验为统计方式，设参数：独立样本t检验，效应量f=0.50，α=0.05，1-β=0.90，组间样本比率=1，计算出高分组和低分组样本量分别为70人，两组样本量为140人，预估需施测样本量为260（140/0.54）。

实际取样时，采用公开招募方式，从安徽师范大学招募300名在校大学生作为被试，参与问卷调查和内隐联想测验。所有被试视力或矫正视力正常，均为右利手者，熟悉电脑设备的基本操作，且近期没有参加过类似实验。剔除内隐联想测验结果不符合要求的被试（如正确率低于80%），本实验最终获得有效被试275人（大于预估样本量260人；女生167人，占60.7%），有效被试的平均年龄为19.9周岁，年龄范围为18~22周岁。被试在实验前签署了知情同意书。实验结束后，被试获得一定的报酬。

2.2 实验材料

2.2.1 大学生平和倾向问卷

采用自编的大学生平和倾向问卷（DPHS-CU），主要用于测量大学生的平和倾向性。DPHS-CU共包括20个项目，分为4个维度，分别是平静倾向、理性倾向、温和倾向和淡定倾向。DPHS-CU采用Likert 6点计分法，从1（非常不符合）至6（非常符合），得分越高，说明大学生平和的倾向性越明显。DPHS-CU的整体Cronbach's α系数为0.93，合成信度为0.96，4

个因素的Cronbach's α系数和合成信度均在0.87~0.90；问卷总的重测信度（间隔4周）为0.85，各维度重测信度在0.75~0.82，表明DPHS-CU具有良好的信度。DPHS-CU的四因素结构在不同性别、年级与专业等亚群体中具有强等值性，结构效度良好；DPHS-CU与安适幸福感、平静心境均呈显著正相关，与大五人格神经质维度的焦虑、敌意因子呈显著负相关，效标关联效度良好。在本研究中，DPHS-CU的Cronbach's α系数为0.91。

2.2.2 中庸思维方式问卷

采用吴佳辉和林以正（2005）编制的中庸思维量表，该量表共13个项目，分为3个维度，分别是从多个角度来思考同一件事情（包括4个项目）、从整体的角度来看待冲突（包括5个项目）以及尽力达成和谐（包括4个项目）。该量表采用7点计分法，从1（非常不符合）到7（非常符合），总分的计算采用“先计算3个维度的项目平均分数，再将它们相加求总”的方法，得分越高，说明中庸思维方式越明显。该量表的Cronbach's α系数为0.87，3个维度的Cronbach's α系数分别为0.69、0.73和0.71，具有较好的信效度。在本研究中，该量表的Cronbach's α系数为0.85。

2.2.3 内隐合作IAT实验

IAT实验范式下的内隐合作，指的是个体把自我与合作概念联系在一起的自动化的强度。两者之间的联系越强，即个体的内隐合作行为倾向性越强。

采用IAT进行内隐合作的实验研究。该实验所使用的材料包括10个目标词和10个属性词，共计20个词。目标词分为“合作”词和“竞争”词，其中，“合作”词包括“合作、团结、整体、配合、团队”；“竞争”词包括“竞争、决赛、选拔、竞赛、角逐”。属性词包括5个描述“自我”的词和5个描述“他人”的词，其中，描述“自我”的词包括“自己、自我、我们、我的、咱们”；描述“他人”的词包括“他们、别人、外人、他人、她们”。

2.3 内隐合作IAT实验材料目标词的评估

由于国内尚无有关内隐合作的联想实验材料，目标词的确定需要开展预实验研究。预实验的目的在于收集、整理内隐合作IAT实验材料中的“目标词”，并对其有效性进行评估（详见附录7）。

按照《现代汉语常用词表》（商务印书馆2008年版）的词频标准，结合意义度、熟悉度对词语进行初步筛选，选出词频比较高的合作词和竞争词各5个进行词频匹配的检验，然后进行笔画数、意义度和熟悉度匹配的检验（沐守宽，2007；任娜，佐斌，侯飞翔，汪国驹，2012）。对合作词和竞争词的词频排序做统计学检验，发现合作词（均值范围为2397.60±2550.77）和竞争词（均值范围为3644.20±2355.94）的词频在0.05水平上没有显著性差异（$t=-0.803$，$p=0.445$）。对合作词的笔画数（均值范围为15.40±4.83）和竞争词的笔画数（均值为18.80±3.27）做统计学检验，发现它们在0.05水平上没有显著性差异（$t=-1.304$，$p=0.229$）。对合作词和竞争词的意义度做统计学检验，发现合作词（均值范围为5.81±0.48）和竞争词（均值范围为5.67±0.68）的意义度在0.05水平上没有显著性差异（$t=0.763$，$p=0.717$）。对合作词（均值范围为6.08±0.15）和竞争词（均值范围为5.73±0.43）的熟悉度做统计学检验，发现它们在0.05水平上没有显著性差异（$t=1.745$，$p=0.119$）。（见表4–7）

表4–7 目标词词频排序、笔画数及大学生对其意义度、熟悉度的评估

内隐词	目标词	词频排序	笔画数	意义度	熟悉度
合作	合作	724	13	6.49±0.72	6.25±0.73
	团结	1206	15	5.80±1.24	6.16±0.92
	整体	1548	23	5.36±1.43	5.96±1.09
	配合	1592	16	5.38±1.13	5.89±0.96
	团队	6918	10	6.04±1.09	6.13±0.12

续　表

内隐词	目标词	词频排序	笔画数	意义度	熟悉度
竞争	竞争	1097	16	6.62±0.59	6.25±0.87
	决赛	3097	20	4.89±1.42	5.62±1.23
	选拔	3178	17	5.20±1.06	5.91±0.97
	竞赛	3320	24	5.62±1.01	5.76±0.92
	角逐	7529	17	6.04±0.84	5.09±1.44

2.4 实验程序

实验先要求被试填写平和倾向问卷和中庸思维方式问卷，然后在计算机上进行IAT实验。实验流程如图4–5。

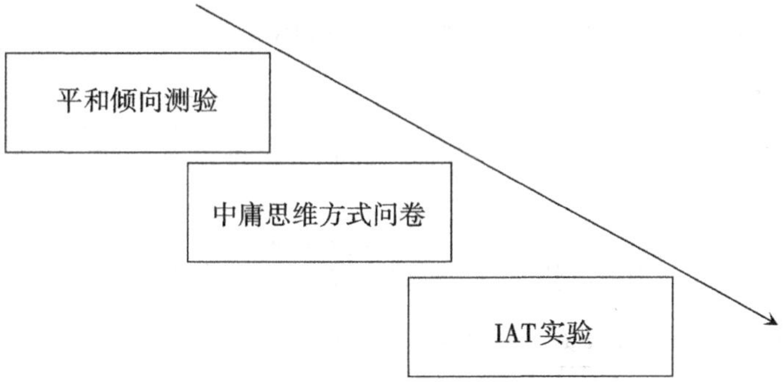

图4–5　内隐合作IAT行为实验流程

采用E–prime 2.0软件编写内隐合作行为测验的实验程序。采用IAT实验的七步范式进行实验（见表4–8）。测试过程中，屏幕左上角和右上角分别呈现属性词，即“自我”与“他人”，屏幕中央呈现目标词，即“合作”与“竞争”，若被试将目标词归为左上角类别，则按“F”键；若被试将目标词归为右上角类别，则按“J”键。

表4-8　内隐合作测验的步骤及呈现材料

步骤	任务描述	(左上角)标签(右上角)	呈现材料
1	初始目标概念辨别	合作—竞争	合作词或竞争词
2	联想目标概念辨别	自我—他人	自我词或他人词
3	初始联想任务(练习)	自我—合作,他人—竞争	所有词
4	初始联想任务(正式)	自我—合作,他人—竞争	所有词
5	相反目标概念辨别	合作—竞争	合作词或竞争词
6	相反联结任务(练习)	他人—合作,自我—竞争	所有词
7	相反联结任务(正式)	他人—合作,自我—竞争	所有词

2.5 统计与数据处理

采用EXCEL 2010进行数据整理，运用SPSS 19.0和Mplus 7.4对数据进行统计分析。

问卷调查收集的数据录入SPSS 19.0后，进行统一整理和进一步的统计分析。实验收集的数据导入EXCEL 2010，按以下程序进行整理：

首先，进行数据剔除。（1）删除没有完成全部实验试次和平均正确率低于80%的被试的数据；（2）将反应时有10%以上试次长于10000ms的被试剔除；（3）将反应时有10%以上试次低于300ms的被试剔除。经过以上处理，获得高、低平和倾向组各71人的有效数据。其次，对数据进行如下处理得到IAT效应值：（1）分别计算“目标-属性”相容任务和不相容任务的平均正确反应时和标准差，将错误反应的反应时替换为平均正确反应时再加上2倍正确反应的标准差；（2）计算校正后的“目标-属性”相容任务和不相容任务的平均反应时之差（Greenwald，Nosek，& Banaji，2003；Lane，Banaji，Nosek，& Greenwald，2007）。

对问卷调查和实验收集的变量数据进行描述统计（*M*，*SD*）、相关分析和中介效应分析。

3 结果

3.1 大学生内隐合作行为测验IAT效应值

大学生内隐合作行为实验IAT效应值结果见表4-9。配对t检验结果表明，被试完成不相容任务的反应时显著大于相容任务，$t_{(274)}=13.47$，$p<0.001$，$d=1.04$，说明被试对不相容任务的反应要显著慢于对相容任务的反应，验证了合作行为IAT效应的存在。在本研究中，内隐合作行为IAT效应值为308.94（$SD=201.50$）。

表4-9 大学生内隐合作行为IAT测验反应时（*ms*）和效应值

项目	相容任务		不相容任务		IAT效应值	
	M	*SD*	*M*	*SD*	*M*	*SD*
反应时	862.85	220.65	1139.25	306.32	308.94	201.50

3.2 不同平和倾向水平大学生内隐合作行为IAT效应的差异比较

被试的平和倾向平均分为83.60（$SD=19.93$，得分范围为25~118）。将被试的平和倾向总分按照由高到低的顺序，取得分在前27%的被试为高平和倾向组，得分在后27%的被试为低平和倾向组，最终获得满足IAT数据要求的高平和倾向组和低平和倾向组各71名。其中，高平和倾向组平和倾向平均分为101.72（$SD=6.80$），低平和倾向组平和倾向平均分为65.49（$SD=9.41$），两组被试平和倾向均分存在显著差异，$t_{(140)}=26.30$，$p<0.001$，$d=4.41$（见表4-10）。

表4-10　高、低平和倾向组被试合作行为IAT效应的差异比较

项目	高平和倾向组（n=71）		低平和倾向组（n=71）		t	d
	M	SD	M	SD		
平和倾向	101.72	6.80	65.49	9.41	26.30***	4.41
相容任务反应时	847.73	221.01	877.97	220.81	0.82	0.12
不相容任务反应时	1053.06	292.82	1225.45	296.96	3.48***	0.58
IAT效应值	363.82	211.31	254.06	176.12	3.36***	0.56
中庸思维方式	75.31	7.78	65.99	7.60	7.22***	1.21

独立样本t检验结果显示，高平和倾向组IAT效应值显著大于低平和倾向组，$t_{(140)}=3.36$，$p=0.001$，$d=0.56$，说明相较于低平和倾向组，高平和倾向组的内隐合作行为更明显。

同时，比较不同平和倾向水平被试在中庸思维方式上的差异。结果表明，高平和倾向组中庸思维方式得分显著高于低平和倾向组，$t_{(140)}=7.22$，$p<0.001$，$d=1.21$，说明相较于低平和倾向组，高平和倾向组的中庸思维方式更明显。

3.3 中介效应分析

由上述结果可知，平和倾向对内隐合作IAT效应具有显著影响。同时，中庸思维方式与内隐合作IAT效应呈显著正相关。

表4-11　中庸思维方式与IAT效应的相关性（n=142）

	1	2	3
1.平和倾向	—		
2.中庸思维方式	0.61**	—	
3.内隐合作 IAT效应	0.47**	0.38**	—

采用结构方程模型检验中庸思维方式在平和倾向与内隐合作行为IAT效应之间的中介作用。由于自变量“平和倾向水平”为类别变量，本研究

采用虚拟变量的方法进行虚拟化处理：高平和倾向组编码为“2”、低平和倾向组编码为“-1”，采用“化潜为显”的方法（Anderson & Gerbing，1988；Kline，2011），直接将各研究变量视为显变量进行模型建构，检验各路径的负荷及显著性情况。

表4-12　中庸思维方式间接效应的偏态校正Bootstrap标准化估计

路径	估计值	*SE*	95%置信区间		占总效应的比例
			下限	上限	
平和倾向→中庸思维方式→内隐合作行为	0.14	0.06	0.05	0.23	35.0%
平和倾向→内隐合作行为	0.26	0.09	0.12	0.41	65.0%
总效应(标准化)	0.40	—	—	—	—

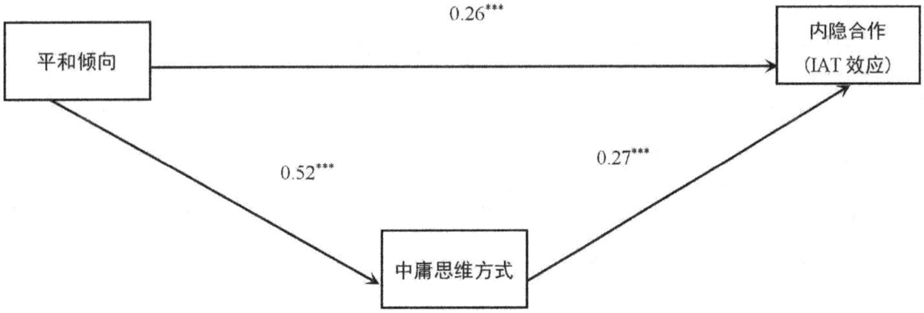

图4-6　中庸思维方式在平和倾向与内隐合作间的中介效应模型

由表4-12和图4-6可知，平和倾向对中庸思维方式具有显著的正向预测作用（β=0.52，t=8.14，p=0.004），且中庸思维方式对内隐合作IAT效应也具有显著的正向预测作用（β=0.27，t=18.05，p<0.001），因此，中庸思维方式在平和倾向与内隐合作IAT效应之间的中介效应显著。平和倾向对内隐合作的直接作用路径显著（β=0.26，t=2.88，p<0.001）。因此，平和倾向部分通过中庸思维方式影响内隐合作，解释比例为42.3%。

4 讨论

笔者旨在探讨平和倾向对内隐合作行为的影响。内隐合作在存在形式和心理机制上与外显合作具有区别，是合作的特殊存在形式。本研究采用IAT范式测量内隐合作。研究结果发现，大学生合作的IAT效应显著（IAT效应值=308.94），再次验证了大学生内隐合作的存在（邓永光等，2017），与对高中教师的研究结果一致（杨亚杰，2011）。凌晓丽和孙鹏（2019）发现个体的亲社会合作行为均具有直觉自动性的特点。本研究再次发现大学生内隐合作效应的存在，表明大学生在潜意识或前意识层面具有合作属性，能够快速和自动化地加工与合作行为相关的信息，表现出比竞争更加积极的内隐合作倾向。

本研究采用分组差异比较，探讨不同平和倾向水平大学生内隐合作的IAT效应的差异。研究结果首次发现，相较于低平和倾向组，高平和倾向组大学生IAT效应显著更大（363.82 vs 254.06），说明高平和倾向大学生内隐合作倾向更明显，研究假设1得到验证。本研究结果表明，平和倾向不仅在外显意识层面影响合作，也在内隐潜意识层面影响合作。本研究首次探讨平和倾向对内隐合作的影响，为平和倾向与合作关系提供了更为充分的证据。

与亲缘具有相似性，平和倾向正向影响内隐合作。这与邓永光等（2017）的研究有一致性，虽然大学生存在显著的内隐亲缘合作偏好，但是非亲缘间的合作经历影响内隐亲缘合作偏好。平和倾向作为一种人格倾向，对合作行为的影响是系统性的、多层面的，不仅对大学生外显的合作行为倾向具有积极的促进作用，也能够明显提升个体的内隐合作倾向，在合作态度上验证了内隐-外显态度的高相关性（朱琳琳，2012）。

本研究进一步检验了中庸思维方式在平和倾向与内隐合作之间的中介作用。结果表明，在平和倾向与内隐合作之间，中庸思维方式的中介效应显著，研究假设2得到验证。本研究不仅再次支持了中庸思维方式在平和倾向和外显合作之间的中介机制，还拓展了该机制的适用范围，即中庸思维方式中介机制不仅适用于外显的合作行为，也适用于内隐的合作倾向。

本研究的理论意义在于，将平和倾向与合作行为的关系拓展至潜意识层面，揭示了平和倾向对自动化的内隐合作行为倾向的积极作用。本研究存在以下不足：一是由于本研究采用了相关法，尽管通过统计分组进行差异比较，揭示不同平和倾向水平对内隐合作的影响，但并不能直接表明二者之间的因果联系，未来研究可采用更为严格的实验设计，直接筛查和匹配高、低平和倾向组，进而比较不同平和倾向水平大学生内隐合作之间的差异，也可以采用情境诱发法，直接诱发平和情绪，探讨平和情绪对内隐合作的影响；二是本研究仅揭示了平和倾向对内隐潜变量层面的合作行为的影响，由于平和倾向、中庸思维方式的操纵和测量采用的自我报告法，仍停留在外显的意识层面，所以本研究并没有探究平和倾向对合作行为影响的内隐潜意识机制，未来研究可以创新测量方式，采用间接测验方式对平和倾向及中间变量进行测验。

5 结论

（1）平和倾向对内隐合作具有显著影响：高平和倾向大学生的内隐合作显著大于低平和倾向大学生；

（2）平和倾向不仅直接影响大学生的内隐合作，还通过中庸思维方式的中介作用正向影响内隐合作。

第五章 大学生诱发平和情绪对合作的影响

本章重点探讨平和情绪对合作的影响。第四章的研究已经证明大学生平和倾向可以促进合作，那么，在具体情境下的平和情绪是否依然可以促进合作？本研究在积极情绪的拓展-建构理论（The Broaden-and-build Theory of Positive Emotions，BBTPE）视角（Fredrickson，2001；Mayne & Bonanno，2001）和双过程加工理论框架之下（Strack & Deutsch，2004），展开对两者关系的研究。

积极情绪与合作之间存在显著的正相关关系（Kniffin，Yan，Wansink，& Schulze，2017）。积极情绪的拓展-构建理论认为，积极情绪的经历会拓展人们瞬间的思想-行动储备，即拓宽了人们头脑中出现的认知和行动的范围，进而有助于构建他们的身体资源、心理资源和社会资源，这些资源可以储备起来用来提高成功应对风险的概率（Fredrickson，2001；Mayne & Bonanno，2001），扩大可能行为反应的范围（Betzel，Satterthwaite，Gold，& Bassett，2017）。在第一章文献综述中，笔者已经发现平和情绪的存在，并且便于操控。那么，平和情绪能够对合作有意识层面的影响吗？

本研究通过公共物品博弈实验来考察平和情绪对外显合作的影响。双过程加工理论认为，人类拥有基于认知的和基于情绪的两种信息加工系统（Strack & Deutsch，2004），前者主要以语言为媒介进行有意识但相对费时费力的规则推理和认知加工，后者则是发生于意识层面之下，非语言的、快速的内隐心理活动（Bargh，Chen，& Burrows，1996；Klaczynski，2001；Sloman，1996）。平和情绪、合作都与冲突及其调节有关。反思-冲动模型

(Reflective-Impulsive Model, RIM) 有助于理解与冲突相关的基本现象 (Strack & Deutsch, 2004)。这提示我们需要从双过程加工理论的角度来审视平和情绪、合作以及两者的关系。如果说应用于个人决策的情绪调节策略能够改变我们的选择 (Martin & Delgado, 2011; Staudinger, Susanne, & Henrik, 2011), 那么, 平和情绪能够对合作有潜意识和自动化的影响吗? 本研究通过内隐联想测验来考察平和情绪对内隐合作的影响。

第四章的研究告诉我们, 大学生相对稳定的平和倾向, 会正向影响其合作行为。为了深入理解平和倾向, 进一步提出问题: 不稳定的平和情绪会影响合作行为吗? 本章采用实验法开展研究, 首先, 通过预实验获得视频材料诱发平和情绪, 接着通过公共物品博弈实验和内隐联想测验来考察中性情绪、快乐和愤怒在外显和内隐合作上的差异。其次, 在明确了视频诱发平和情绪对合作的效果后, 通过预实验获得正念诱发以及音频诱发平和情绪的材料, 然后在外显合作上与不做任何操作的空白对照组进行比较, 为提升大学生的平和情绪、促进合作行为提供训练方案和基础性科学证据。

第一节 视频诱发大学生平和情绪对外显合作的影响: PGG 实验

1 引言

合作行为是通过抑制自我利益最大化的冲动从而满足群体利益最大化的决策表现 (Vugt, Cremer, & Janssen, 2007)。社会困境中的合作是个体做出有利于集体利益的选择, 而竞争是指个体做出有利于个体利益的选择。如何减少社会合作中的"搭便车"现象, 如何促进社会困境中的合作行为，已成为心理学、经济学和社会学等众多领域研究者所关注的热点话题（Declerck，Boone，& Emonds，2013）。外显合作是指在社会交往中，个体自觉表现出来的为了集体或团队利益而做出可能的自我损失决策。

本研究外显合作行为范式同第四章。参照相关研究范式，采用虚拟情境法进行外显合作行为实验。公共物品两难任务又叫公共物品博弈，被试在一种完全匿名的环境中，要和实验中其他三名被试（实际上不存在）共同组成一个临时团队，该团队的每位成员拥有系统配发的一定金额的钱币（如100元），现在团队成员拥有一个公共账户，每位成员可以将自己手中的人民币投入公共账户中，全体成员投放完毕后，大家所投金额会翻倍然后平均分配给大家。（如果大家都选择投入10元，那么最后每人会得到20元；如果团队中有一名成员选择不投入的话，该成员仍能同其他成员一样获得平均分配金额。）本研究定义外显合作为公共物品博弈中投入的金额。

平和情绪，是平和倾向在某一情境中的情绪状态性反映。操作性定义为个体的平静情绪。情绪可能会造成合作决策存在较大的差异（王霄，吴伟炯，2012），在积极情绪中，快乐可以增加合作行为（窦凯等，2018；罗旖颀，苏方国，余子逸，2017），在消极情绪中，愤怒可以减少合作行为（Kleef，Dijk，Steinel，Harinck，& Beest，2007；Maarten et al.，2009；Doorn，Heerdink，& Kleef，2012）。

本研究采用行为实验法，通过自编的大学生平和情绪视频材料（详见附录4）进行诱发，探讨不同情绪对外显合作行为的影响。本研究假设：相较于中性情绪、快乐情绪和愤怒情绪，平和情绪下外显合作行为倾向更高。

2 方法

2.1 实验设计

采用单因素被试间实验设计，运用“情绪诱发+任务操作”范式，自变量为不同的诱发情绪（4个水平：平和情绪、中性情绪、快乐情绪和愤怒情绪），因变量为外显合作，即被试完成PGG实验所选择投入的金额。

2.2 研究对象

使用G*Power 3.1计算研究所需要的样本量。根据Cohen和Jacob（1992）提出的标准，以重复测量方差分析为统计方式，设定参数：被试间重复测量方差分析（Statistical Test=ANOVA：Repeated measures，between factors），效应量f=0.25，α=0.05，1−β=0.90，组数=4，测量次数=2，重复测验数据之间的相关性=0.50，计算出总样本量为176人（每组样本量为44人）。

实际取样时，采用公开招募方式，从安徽师范大学招募了200名在校大学生参与实验（大于预估样本量176人）。实验前均征得被试同意，所有被试均签署了知情同意书，均为自愿参与本实验。所有被试视力或矫正视力正常，熟悉电脑基本操作，且近期没有参加过类似实验。剔除没有完成实验的被试，本实验最终获得有效被试180人（大于预估样本量176人，其中，女生96人，占53.3%），有效被试的平均年龄为20.1周岁，年龄范围为18~23周岁。实验结束后，被试会获得一定的报酬。

2.3 实验材料

2.3.1 情绪诱发材料

由于目前国内外尚没有成熟的平和情绪诱发材料，本研究首先在大学生平和倾向四因素结构的框架下，对我国文化背景下能够诱发平和情绪的视频材料进行采集和整理，对情绪诱发的有效性进行评估。预实验研究结果表明，整理的5个视频材料均能够有效地引发被试的平和情绪，具有较好的平静情绪唤醒度与纯度（详见附录4）。

采用预实验整理的视频《二十四节气》作为平和情绪的诱发材料，它选自中央电视台拍摄的纪录片《园林Ⅰ》片段，讲述了中国节气的主要代表。视频对中国大学生具有文化适宜性。视频时长90s。在预实验中，该视频诱发被试的平均平静情绪水平为5.56（SD=1.37），在7点量表评分中位于中等偏强和有点强烈之间，能够有效地诱发被试的平和情绪，可以在正式实验中使用。

中性情绪、快乐情绪和愤怒情绪的诱发材料来自中国情绪影像材料库（徐鹏飞等，2010）。其中，中性情绪诱发材料选用《修电脑：硬件冲突》片段，时长122s；快乐情绪诱发材料选用《心急吃不了热豆腐》片段，时长109s；愤怒情绪诱发材料选用《精武门2》片段，时长66s。中国情绪影像材料库的使用获得了制作者的许可。

2.3.2 外显合作行为

本研究外显合作行为范式同第四章。参照相关研究范式，采用虚拟情境法进行外显合作行为实验。通过指导语，以文字、表格和图片形式描述规则和任务，因变量为被试完成任务所选择投入的金额。本研究4个外显合作的指标分别是个人优先任务、团队优先任务、个人-团队冲突任务以及这三者的平均值（命名为外显合作）。考虑到无论哪一种任务，被试都要在个人利益和团队利益之间进行平衡，其选择的金额都可以代表外显合作，故三者的平均值作为一个综合指标，可以更加稳定地考察被试在不同情境下的合作。

个人优先任务的指导语："你的任务与其他3人一样，通过选择投入还是不投入，以及投入多少，尽量让自己个人账户的金额比其他人账户的金额多，以得到唯一的奖励。"

团队优先任务的指导语："你的任务与本团队其他3人一起，打败另外的4人队伍，以得到奖励。"

个人–团队冲突任务的指导语："你有两个同等重要的任务，任务A为与本团队其他3人一起，打败另外的4人队伍，同时，任务B为你要与本团队其他3人竞争，让自己个人账户的金额比本团队其他人个人账户的金额多。"

3个任务指导语之后，进入选择金额界面，由被试在"0~100元"进行选择。计算机自动记录被试在每个任务中所选的金额。

2.4 实验程序

实验流程见图5–1。首先，将200名大学生被试随机分成4组，每组50人，然后安排每组被试观看不同的视频材料，诱发不同的情绪。其中，实验组（平和组）观看视频《二十四节气》，控制组（中性组、快乐组、愤怒组）分别观看《修电脑：硬件冲突》《心急吃不了热豆腐》和《精武门2》片段。其次，被试看完视频后，对情绪进行评价。情绪评价的指导语为：当你看完视频后，你可能会有如下体验，也可能没有。请你对看视频后的体验进行评估，在相应数字上打钩。情绪包括平静、快乐、愤怒等3种，采用7点评分法，"1"表示"完全没有"，"7"表示"非常强烈"，得分越高，说明该情绪越强烈。

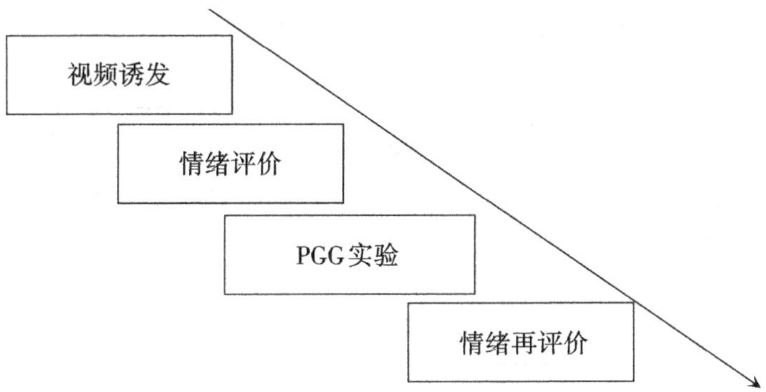

图5–1 视频诱发平和情绪对外显合作影响的实验流程

再次，被试在电脑上完成外显合作行为实验。采用E-prime 2.0编制公共物品博弈。为控制不同信息来源的顺序的影响，3个任务情境随机呈现。被试完成后获得一定的报酬。最后，为了评估被试在整个实验过程中的情绪保持情况，安排被试运用同样的程序再次对其情绪状态进行评估。

2.5 统计与数据处理

采用EXCEL 2010、SPSS 19.0和Mplus 7.4进行数据整理和分析。采用多元重复测量方差和单因素方差分析。

3 结果

3.1 情绪诱发有效性检验

不同组别在观看视频后的情绪评估情况见表5-1。采用单因素方差分析来检验情绪诱发的有效性。其中，组别为被试间变量，包括4个水平（平和组、中性组、快乐组、愤怒组）；情绪类型为被试内变量，包括3个水平（平静、快乐和愤怒）。结果表明：在平静情绪上，不同组别之间差异显著，$F（3，176）=135.20$，$p < 0.001$，$\eta_p^2=0.70$，平和组和中性组显著高于其他组（$p_s<0.001$），平和组显著高于中性组（$p < 0.001$）；在快乐情绪上，不同组别之间差异显著，$F（3，176）=108.75$，$p < 0.001$，$\eta_p^2=0.65$，快乐组显著高于其他组（$p_s<0.001$）；在愤怒情绪上，不同组别之间的差异显著，$F（3，176）=273.47$，$p < 0.001$，$\eta_p^2=0.83$，愤怒组也显著高于其他组（$p_s=0.001$）。

表5-1 不同组别被试对情绪的评估差异比较

	平和组(n=45)		中性组(n=45)		快乐组(n=45)		愤怒组(n=45)	
	M	*SD*	*M*	*SD*	*M*	*SD*	*M*	*SD*
平静	4.64	0.71	3.82	0.39	3.11	0.91	1.71	0.76
快乐	2.40	1.12	2.38	1.17	5.33	0.64	1.62	1.19
愤怒	1.22	1.04	1.44	0.99	1.00	0.08	5.58	0.99

此外，比较组内不同类型情绪的唤醒度，以检验目标情绪的唤醒程度。重复测量方差分析结果表明，在中性组中，不同情绪类型之间差异显著，平静情绪显著高于其他情绪，F（2，43）=107.58，p<0.001，η_p^2=0.71；在平和组中，不同情绪类型之间差异显著，平静情绪显著高于其他情绪，F（2，43）=235.42，p<0.001，η_p^2=0.92；在快乐组中，不同情绪类型之间差异显著，快乐情绪显著高于其他情绪，F（2，43）=1402.54，p<0.001，η_p^2=0.99；在愤怒组中，不同情绪类型之间差异显著，愤怒情绪显著高于其他情绪，F（2，43）=422.99，p<0.001，η_p^2=0.95。由此可知，不同视频材料可有效地诱发平静、快乐和愤怒等情绪，情绪的诱发效果良好。

为检验被试在整个实验过程中是否保持了诱发情绪，实验结束时要求被试对情绪进行再次评估。结果表明，经过PGG实验任务后，平和组在平静情绪上仍显著高于其他组，（4.22±0.67）vs（3.16±1.00）、（3.18±1.15）、（2.42±0.66），F（3，176）=30.74，p<0.001，η_p^2=0.34；快乐组在快乐情绪上仍显著高于其他组，（4.31±0.56）vs（2.64±1.45）、（2.49±1.16）、（1.96±1.40），F（3，176）=32.67，p<0.001，η_p^2=0.36；愤怒组在愤怒情绪上仍显著高于其他组，（4.27±0.45）vs（1.27±0.86）、（1.07±0.25）、（1.00±0.05），F（3，176）=446.34，p<0.001，η_p^2=0.88。本实验结果从组间差异的角度，说明了情绪状态的诱发效果可以持续到整个实验结束。

配对样本t检验结果显示，中性组平静情绪前测显著大于后测，$t_{(44)}$=

4.28，$p<0.001$，$d=0.88$；平和组平静情绪前测未显著大于后测，$t_{(44)}=0.93$，$p=0.359$，$d=0.16$。快乐组快乐情绪前测未显著大于后测，$t_{(44)}=1.04$，$p=0.302$，$d=0.19$；愤怒组愤怒情绪前测未显著大于后测，$t_{(44)}=0.86$，$p=0.393$，$d=0.17$。从本组跨时间的角度，说明情绪状态的诱发效果可以持续到整个实验结束（除了中性情绪）。

3.2 视频诱发平和情绪对外显合作行为的影响

在设定限额100元的条件下，大学生的平均投入金额为48.97元，标准差为14.03，表明大学生的投入金额差别较大。

不同情绪条件下被试外显合作的差异见表5-2。采用单因素方差分析，对4组被试的外显合作任务投入的金额进行比较。在个人优先任务上，不同组别之间差异显著，$F(3，176)=7.84$，$p<0.001$，$\eta_p^2=0.12$，平和组显著高于其他组（$p_s<0.001$）；在团队优先任务上，不同组别之间无差异，$F(3，176)=1.76$，$p=0.571$，$\eta_p^2=0.03$；在个人-团队冲突任务上，不同组别之间差异显著，$F(3，176)=12.49$，$p<0.001$，$\eta_p^2=0.18$，平和组显著高于其他组（$p_s<0.001$）；在外显合作（任务均值）上，不同组别之间差异显著，$F(3，176)=23.06$，$p<0.001$，$\eta_p^2=0.28$，平和组显著高于其他组（$p_s<0.001$）。

表5-2　不同情绪组别外显合作的差异

	平和组(*n*=45)		中性组(*n*=45)		快乐组(*n*=45)		愤怒组(*n*=45)	
	M	*SD*	*M*	*SD*	*M*	*SD*	*M*	*SD*
1.个人优先任务	30.27	10.98	13.33	30.90	8.04	17.77	12.00	28.77
2.团队优先任务	84.56	7.32	82.51	9.40	79.27	19.11	78.96	19.23
3.个人-团队冲突任务	66.89	19.68	55.22	27.53	40.49	20.91	36.11	28.63
4.外显合作(任务均值)	60.57	8.75	50.36	15.03	42.60	13.06	42.36	9.52

4 讨论

本研究采用情绪诱发的方式，探讨平和情绪对大学生外显合作行为的影响。为了能够充分、有效地诱发被试的平和情绪，本研究首先进行了预实验，搜集和整理视频材料，并对这些视频材料进行量化评估。研究结果表明，整理的5个视频诱发材料均能够有效地诱发大学生的平和情绪，可用于平和情绪诱发的相关实验研究。

正式实验时，本研究选择《二十四节气》这一视频作为平和情绪诱发材料，控制组（中性、快乐和愤怒）情绪诱发从徐鹏飞等（2010）建立的中国情绪影像材料库中抽取。被试情绪自评结果表明，各组被试均被有效地诱发了目标情绪，且在实验结束后，仍能够较好地保持目标情绪。因此，本实验对平静等情绪的诱发和保持有效。

研究结果表明，相较于中性组、快乐组和愤怒组，平和组的外显合作行为明显更多（见表5-2），部分验证了研究假设（在团队优先任务上没有验证）。这与前面平和倾向对外显合作影响的研究结果基本一致，不一致的地方在于：在团队优先任务上，诱发平和情绪并没有显著差异，这恰恰说明平和情绪的状态性并不能改变被试的全部反应。对于团体优先任务而言，愤怒带来的外显合作下降程度是有限的。团队优先任务描述的是被试要与其他3人完成合作，并且与另外一个团队竞争，目标是获得胜利，启动的是合作，并且通过两组竞争得到强化。因此，可能的解释是情绪作用被情境中的任务作用所掩盖。这一点可以从四组中愤怒组的投入金额最低得到佐证。但是，关乎个人利益或者个人利益与团队利益冲突时，愤怒带来的下降达到了显著变化。这与前人的研究一致：愤怒可以减少合作行为（Kleef et al.，2007；Maarten et al.，2009；Doorn et al.，2012）。

目前尚无研究探讨诱发平和情绪对合作行为的影响。积极情绪与合作之间有着显著的正相关关系（Kniffin et al.，2017），合作是通过抑制自我利益最大化的冲动从而满足群体利益最大化的决策表现（Vugt，Cremer，& Janssen，2007）。平和情绪是平和倾向在某一情境中的情绪状态性反映。平和情绪作为积极情绪的一种，为更大范围的思考、更长久的计划、综合考虑多方利益提供了情绪基础，说明平和情绪对合作行为具有积极作用。积极情绪的拓展-构建理论认为，拓展和构建两大功能是该模型的核心部分（高正亮，童辉杰，2010）。积极情绪的经历会拓展人们瞬间的“思想-行动”储备，即拓宽了人们头脑中出现的认知和行动的范围，进而有助于构建他们持久的个人资源，包括身体资源、心理资源以及社会资源，这些资源可以储备起来用来提高成功应对风险的概率（Fredrickson，2001；Mayne & Bonanno，2001）。Isen认为，积极情绪会促使个人产生更广泛的、灵活的认知，拓展脑海中出现的一系列想法和行动计划并进行整合（Isen，1990），扩大可能行为反应的范围（Betzel et al.，2017）。

平和情绪组的外显合作显著高于快乐组和中性组。选择性投资理论可以帮助解释平和情绪为何比快乐与中性情绪对合作行为有更多的正向作用。选择性投资理论认为，人类会有选择地投资那些其依赖的人，这导致了持久的社会关系的发展，而这种社会关系会激励个人超越自私的欲望，并提供大量的社会帮助。积极情绪引导我们的注意力和认知从短期的个人生存转向累积的长期利益。当我们处于一种相对安全与满足的状态时，积极情绪使得我们去追求长期的利益。处于积极情绪状态中的人会形成更具合作性的社会决策（Dovidio，Isen，Guerra，Gaertner，& Rust，1998；Shaffer & Williamson，2006）。不同的积极情绪带来的合作性也有差异：平和情绪下的个体可能比快乐与中性情绪下的个体会更加理性、全面地分析任务以及任务隐含的性质，也可以积极感知他人，对他人产生正向知觉，进而可以使个人从能获得短期收益的竞争转向能获得长期利益的合作，因此，表现出更多的合作行为。

本研究首次从双过程加工理论的视角，探讨诱发平和情绪对外显合作行为的影响。研究结果与平和倾向对外显合作行为影响的结果比较一致。

平和倾向性越明显或状态性平和情绪越强烈，大学生外显合作行为的倾向性越明显。

本研究采用行为实验法，探讨不同情绪下个体外显合作行为的差异，以期反映平和情绪对外显合作行为的影响。研究结果表明，诱发平和情绪个体的外显合作行为的倾向性更高，说明平和情绪对大学生的外显合作行为具有显著正向影响，平和情绪下的大学生更倾向于做出外显合作行为。研究假设部分获得了验证。

本研究具有一定的现实意义，即诱发大学生的平和情绪，可以有效地提高他们的外显合作行为。本研究存在一定的局限：第一，没有揭示平和情绪影响合作行为的机制；第二，为了让被试理解平和情绪，仅仅抽取平和情绪的主要内容，将其操作性定义定为平静情绪，未来可以使用更加全面的指标或者量表，如大学生平静心境量表等；第三，由于研究条件的限制，本研究对外显合作行为的测验采用的是模拟情境实验法，而不是真实的外显合作行为，未来研究可以采用更具真实性和沉浸感的虚拟仿真技术，在更具生态效度的条件下，对本研究结果做进一步验证。

5 结论

相较于中性组、快乐组和愤怒组，平和组大学生的外显合作行为的倾向性显著更高，诱发平和情绪对外显合作行为具有显著正向影响。

第二节 视频诱发大学生平和情绪对内隐合作的影响：IAT实验

1 引言

人类的合作行为是一个复杂的加工系统。双过程加工理论尝试从信息加工视角解释人类心理加工的复杂性，认为人类拥有基于认知的和基于情绪的两种信息加工系统（Strack & Deutsch，2004），前者主要以语言为媒介进行有意识但相对费时费力的规则推理和认知加工，后者则是发生于潜意识，进行非语言的、快速的内隐心理活动（Gyurak，Gross，& Etkin，2011）。因此，依据双过程加工理论，人类的认知、情绪和行为均可以区分为两种不同的过程，即外显的和内隐的认知、情绪和行为（Bargh et al.，1996；Klaczynski，2001；Sloman，1996），前者是有意识的、需要大量认知资源参与的外显心理过程，而后者则是潜意识的或是前意识的快速自动化加工过程。

合作包括外显合作和内隐合作。合作行为是指个体通过抑制自我利益最大化的冲动从而实现群体利益最大化的决策行为（Vugt et al.，2007）。外显合作是指在社会交往中，个体自觉表现出来为了集体或团队利益而做出可能的自我损失决策；内隐合作则是指个体非自觉的合作行为，是个体内化的、自己不一定能够意识到的、为了集体或团队利益而做出可能的自我损失决策。合作是亲社会行为的一种。内隐亲社会行为本质上源于经验性的内隐社会信息加工，是个体在无意识或前意识状态下的行为和判断（Lamy，Fischer-Lokou，& Guéguen，2012）。有研究者提出，区分内隐和外显亲社会行为的最直接方法是二者的测量方法不同：外显亲社会行为采用直接的自我报告法，而内隐亲社会行为则采用间接的内隐实验法（何宁，朱云莉，2016；吴睿，郭庆科，李芳，2018）。随着内隐认知加工理论的发展，内隐合作行为及其是否具有分离效应越来越受到研究者的重视。

内隐合作的测量主要采用间接测验法，其中最常用的方法为内隐联想测验（IAT）。IAT由Greenwald、McGhee和Schwartz（1998）提出，它以反应时为指标，通过标定概念词与属性词之间自动化联系的紧密程度，来反映个体的内隐社会认知和态度（Yamaguchi et al.，2010）。IAT方法广泛应用于内隐社会认知领域（杨紫嫣，刘云芝，余震坤，蔡华俭，2015），如用于测量内隐自尊（蔡华俭，2003a，2003b）、内隐态度（Andrews，Hampson，Greenwald，Gordon，& Widdop，2010；Greenwald et al.，2002；Sachs，Veysey，& Rivera，2017）、内隐焦虑（Wong，Morrison，Heimberg，Goldin，& Gross，2014）和内隐情绪管理（Gyurak et al.，2011；Swanson，Swanson，& Greenwald，2001）等。采用IAT方法测量内隐合作行为，最早可见于王秀丽等（2008）的相关研究。该研究以大学生为被试，用问卷法和内隐联想测验方法分别测量了大学生的外显与内隐合作态度，其结果为用两种方法测得的合作态度都是比较积极的，并且二者之间没有出现分离，认为大学生可能不存在内隐合作态度。有学者已经证明，内隐的竞争心理是存在的（岑延远，2006）。那么内隐合作是否存在？已有初步研究（邓永光等，2017）发现，采用IAT实验可以有效分离外显和内隐行为（郭晶莹等，2018；吴睿等，2018），IAT实验是研究内隐合作的有效方法之一。目前，尚未有研究探讨平和情绪与内隐合作行为之间的关系。

综上所述，内隐合作具有区别于外显合作的特征和心理机制，是合作的另一种重要存在形式。采用IAT实验法，探讨平和情绪对内隐合作的影响，以期将平和情绪与合作之间的关系从外显意识层面拓展至内隐潜意识层面。本研究拟采用行为实验法，通过自编的大学生平和情绪视频材料进行诱发，探讨不同情绪诱发条件对内隐合作行为的影响。本研究假设：相较于中性情绪、快乐情绪和愤怒情绪，平和情绪下大学生的内隐合作行为倾向性更高。

2 方法

2.1 实验设计

采用单因素被试间实验设计，运用“情绪诱发+任务操作”范式，自变量为不同的诱发情绪（4个水平：平和情绪、中性情绪、快乐情绪和愤怒情绪），因变量为内隐合作IAT效应值。

2.2 研究对象

使用G*Power 3.1计算研究所需要的样本量。根据Cohen和Jacob（1992）提出的标准，以重复测量方差分析为统计方式，设定参数：被试间重复测量方差分析，效应量f=0.25，α=0.05，1−β=0.90，组数=4，测量次数=2，重复实验数据之间的相关性=0.50，计算得出总样本量为176人（每组样本量为44人）。

实际取样时，采用公开招募方式，从安徽师范大学招募了200名在校大学生参与实验（大于预估样本量176人）。实验前所有被试均签署了知情同意书，所有被试视力或矫正视力正常，均为右利手者，熟悉电脑基本操作，且近一个月没有参加过类似实验。剔除没有完成实验的被试，本实验最终获得有效被试180人（大于预估样本量176人，其中，女生100人，占55.6%），有效被试的平均年龄为20.2周岁，年龄范围为18~23周岁。实验结束后，被试获得10元人民币报酬或者一份与10元人民币价值相当的礼物。

2.3 实验材料

2.3.1 情绪诱发材料

采用预实验确定的视频《二十四节气》作为平和情绪的诱发材料，它选自中央电视台拍摄的纪录片《园林Ⅰ》片段，讲述了中国节气的主要代表。视频对中国大学生具有文化适宜性，时长90s。在预实验中，该视频诱发被试的平均平静情绪水平为5.56（SD=1.37），在7点量表评分中位于中等偏强和有点强烈之间，说明能够有效地诱发被试的平和情绪。

中性情绪、快乐情绪和愤怒情绪的诱发材料来自中国情绪影像材料库（徐鹏飞，黄宇霞，罗跃嘉，2010）。其中，中性情绪诱发材料选用《修电脑：硬件冲突》片段，时长122s；快乐情绪诱发材料选用《心急吃不了热豆腐》片段，时长109s；愤怒情绪诱发材料选用《精武门2》片段，时长66s。中国情绪影像材料库的使用获得了制作者的许可。

2.3.2 内隐合作行为实验材料

IAT实验范式下的内隐合作，指的是个体把自我与合作概念联系在一起的自动化的强度。两者之间的联系越强，即个体的内隐合作行为倾向性越高。

采用IAT进行内隐合作的实验研究。该实验使用的材料包括10个目标词和10个属性词，共计20个词。目标词分为“合作”词和“竞争”词，其中，“合作”词包括“合作、团结、整体、配合、团队”；“竞争”词包括“竞争、决赛、选拔、竞赛、角逐”。属性词包括5个描述“自我”的词和5个描述“他人”的词，其中，描述“自我”的词包括“自己、自我、我们、我的、咱们”；描述“他人”的词包括“他们、别人、外人、他人、她们”。由于国内尚无有关内隐合作的联想实验材料，目标词的确定需要开展预实验研究。预实验的目的在于收集、整理内隐合作IAT实验材料中的“目标词”，并对其有效性进行评估（详见附录7）。

2.4 实验程序

实验流程见图5-2。首先，将200名被试随机分成4组，每组50人，然后安排每组被试观看不同的视频材料，诱发其不同的情绪。其中，实验组（平和组）观看视频《二十四节气》，控制组（中性组、快乐组、愤怒组）分别观看《修电脑：硬件冲突》《心急吃不了热豆腐》和《精武门2》片段。其次，被试看完视频后，对情绪进行评价。情绪评价的指导语：当你看完视频后，你可能会有如下体验，也可能没有。请你对看视频后的体验进行评估，在相应数字上打钩。情绪包括平静、快乐、愤怒等3种，采用7点评分法，"1"表示"完全没有"，"7"表示"非常强烈"，得分越高，说明该情绪越强烈。

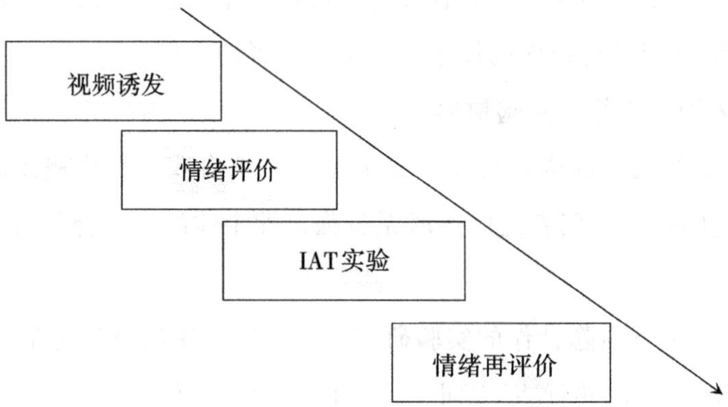

图5-2　视频诱发平和情绪与内隐合作实验流程

采用E-prime 2.0编写内隐合作行为测验的电脑实验程序。采用IAT测验的七步范式进行实验（见表5-3）。测试过程中，屏幕左上角和右上角分别呈现属性词，即"自我"与"他人"，屏幕中央呈现目标词，即"合作"与"竞争"，若被试将目标词归为左上角类别，则按"F"键，若被试将目标词归为右上角类别，则按"J"键。

表5-3　内隐合作实验的步骤及呈现材料

步骤	任务描述	(左上角)标签(右上角)	呈现
1	初始目标概念辨别	合作—竞争	合作词或竞争词
2	联想目标概念辨别	自我—他人	自我词或他人词
3	初始联想任务(练习)	自我—合作,他人—竞争	所有词
4	初始联想任务(正式)	自我—合作,他人—竞争	所有词
5	相反目标概念辨别	合作—竞争	合作词或竞争词
6	相反联结任务(练习)	他人—合作,自我—竞争	所有词
7	相反联结任务(正式)	他人—合作,自我—竞争	所有词

2.5 统计与数据处理

采用EXCEL 2010进行数据整理，运用SPSS 19.0和Mplus 7.4对数据进行统计分析。对变量进行描述统计（*M*，*SD*）。将实验收集的数据导出到EXCEL 2010，按以下程序进行整理：首先，进行数据剔除。（1）删除没有完成全部实验试次和平均正确率低于80%的被试；（2）剔除反应时有10%以上试次长于10000 ms的被试；（3）将反应时有10%以上试次低于300 ms的被试剔除。经过以上处理，获得高低平和倾向组各71人的有效数据。其次，对数据进行如下处理得到IAT效应值：（1）分别计算“目标-属性”相容任务和不相容任务的平均正确反应时和标准差，将错误反应的反应时替换为平均正确反应时再加上2倍正确反应的标准差；（2）计算校正后的“目标-属性”相容任务和不相容任务的平均反应时之差（Greenwald，Nosek，& Banaji，2003；Lane，Banaji，Nosek，& Greenwald，2007）。

3 结果

3.1 大学生内隐合作行为IAT效应值

大学生内隐合作行为实验IAT效应值结果见表5-4。配对t检验结果表明，被试完成不相容任务的反应时显著大于相容任务，$t_{(179)}=23.29$，$p<0.001$，$d=1.48$，验证了合作行为IAT效应的存在。

表5-4 大学生内隐合作行为IAT实验反应时（*ms*）和效应值

项目	相容任务		不相容任务		IAT效应值	
	M	*SD*	*M*	*SD*	*M*	*SD*
反应时	864.32	194.42	1211.22	269.13	346.91	199.86

3.2 情绪诱发有效性检验

不同组别在观看视频后的情绪评估情况见表5-5。采用单因素方差分析检验情绪诱发的有效性。其中，组别为被试间变量，包括4个水平（平和组、中性组、快乐组、愤怒组）；情绪类型为被试内变量，包括3个水平（平静、快乐和愤怒）。结果表明：在平静情绪上，不同组别之间差异显著，F（3，176）=140.40，$p<0.001$，$\eta_p^2=0.71$，平和组和中性组显著高于其他组（$p_s<0.001$），平和组显著高于中性组（$p<0.001$）；在快乐情绪上，不同组别之间的差异显著，F（3，176）=118.73，$p<0.001$，$\eta_p^2=0.67$，快乐组显著高于其他组（$p_s<0.001$）；在愤怒情绪上，不同组别之间的差异显著，F（3，176）=426.40，$p<0.001$，$\eta_p^2=0.88$，愤怒组也显著高于其他组（$p_s<0.001$）。

表5-5　不同组别被试对情绪的评估差异比较

	平和组(n=45)		中性组(n=45)		快乐组(n=45)		愤怒组(n=45)	
	M	*SD*	*M*	*SD*	*M*	*SD*	*M*	*SD*
平静	4.58	0.66	3.71	0.46	3.07	0.89	1.62	0.75
快乐	2.47	1.06	2.49	1.08	5.29	0.63	1.56	1.14
愤怒	1.13	0.63	1.49	0.79	1.04	0.21	5.44	0.92

此外，比较组内不同类型情绪的唤醒度，以检验目标情绪的唤醒程度。重复测量方差分析结果表明，在中性组中，不同情绪类型之间差异显著，平静情绪显著高于其他情绪，F（2，43）=97.10，p<0.001，η_p^2=0.69；在平和组中，不同情绪类型之间差异显著，平静情绪显著高于其他情绪，F（2，43）=378.51，p<0.001，η_p^2=0.95；在快乐组中，不同情绪类型之间差异也显著，快乐情绪显著高于其他情绪，F（2，43）=1194.77，p=0.001，η_p^2=0.98；在愤怒组中，不同情绪类型之间的差异也显著，愤怒情绪显著高于其他情绪，F（2，43）=503.82，p<0.001，η_p^2=0.96。由此可知，不同视频材料可有效地诱发平静、快乐和愤怒等情绪，情绪的诱发效果良好。

为检验被试在整个实验过程中是否保持了诱发情绪，实验结束时要求被试对情绪进行再评估。结果表明，经过IAT实验任务后，平和组在平静情绪上仍显著高于其他组，（4.47±0.66）vs（3.33±0.74）、（3.22±1.11）、（2.36±0.74），F（3，176）=49.03，p<0.001，η_p^2=0.46；快乐组在快乐情绪上仍显著高于其他组，（5.16±0.60）vs（2.71±0.39）、（2.56±1.10）、（1.89±1.42），F（3，176）=66.76，p<0.001，η_p^2=0.53；愤怒组在愤怒情绪上仍显著高于其他组，（5.31±0.60）vs（1.33±0.88）、（1.04±0.21）、（1.11±0.32），F（3，176）=610.55，p<0.001，η_p^2=0.91。本实验结果从组间差异的角度，说明了情绪状态的诱导效果可以持续到整个实验结束。

配对样本t检验结果显示，中性组平静情绪前测显著大于后测，$t_{(44)}$=

2.86，p=0.004，d=0.62；平和组平静情绪前测未显著大于后测，$t_{(44)}$ = 0.87，p=0.390，d=0.17；快乐组快乐情绪前测未显著大于后测，$t_{(44)}$ = 1.23，p=0.225，d=0.21；愤怒组愤怒情绪前测未显著大于后测，$t_{(44)}$ = 0.90，p=0.372，d=0.17。本结果从每一组自身跨时间的角度，说明了情绪状态的诱导效果可以持续到整个实验结束（除了中性情绪）。

3.3 不同平和情绪水平下大学生内隐合作行为IAT效应的差异

最终获得满足IAT数据要求的4组被试组（各45名），4组相容任务反应时、不相容任务反应时以及两者相减得出的IAT效应值见表5-6。

表5-6　不同组别被试内隐合作IAT实验反应时（*ms*）和效应值

组别	相容任务		不相容任务		IAT效应值	
	M	*SD*	*M*	*SD*	*M*	*SD*
平和组(n=45)	858.29	194.33	1279.22	322.75	420.93	234.36
中性组(n=45)	895.27	221.69	1254.27	269.94	359.00	185.02
快乐组(n=45)	841.24	207.06	1192.80	251.44	351.56	190.08
愤怒组(n=45)	862.47	149.76	1118.60	196.98	256.13	151.70

采用单因素方差分析检验IAT实验反应时和效应值的差异。其中，组别为被试间变量，包括4个水平（平和组、中性组、快乐组、愤怒组）；IAT实验反应时和效应值为被试内变量。结果表明：在相容任务上，不同组别之间差异不显著，F（3，176）=0.60，p=0.614，η_p^2=0.04；在不相容任务上，不同组别之间的差异显著，F（3，176）=3.31，p=0.021，η_p^2=0.05，平和组、中性组显著慢于愤怒组（p=0.004，p=0.016），与快乐组差异不显著（p=0.122，p=0.271）；在IAT效应值上，不同组别之间差异显著，F（3，176）=5.62，p=0.001，η_p^2=0.09，平和组、中性组和快乐组显著慢于愤怒组（p<0.001，p=0.012，p=0.020），说明相较于愤怒组，平和

组、中性组和快乐组的内隐合作更明显。平和组与中性组、快乐组的差异不显著（p=0.129，p=0.089）。

4 讨论

内隐合作在存在形式和心理机制上与外显合作具有显著区别，是合作的特殊存在形式。本研究旨在探讨平和情绪对内隐合作行为的影响。本研究采用IAT范式测量内隐合作行为，研究结果发现，大学生合作的IAT效应显著（IAT效应值=346.91），与第四章研究的IAT效应值（308.94）接近，说明大学生的内隐合作是相对稳定的，并且再次验证了大学生内隐合作的存在（邓永光等，2017），与对高中教师的研究结果一致（杨亚杰，2011）。大学生内隐合作效应的存在，表明大学生在潜意识或前意识层面具有合作属性，能够快速和自动化地加工与合作行为相关的信息，表现出比竞争更加积极的内隐合作行为倾向。

本研究采用分组差异比较，探讨不同情绪状态下大学生内隐合作的IAT效应差异。结果发现，相较于愤怒组，平和组、中性组和快乐组的内隐合作行为倾向更明显（420.93、359.00、351.56 vs 256.13）；平和组与中性组、快乐组的差异虽然存在，但并未达到统计上的显著性水平（420.93 vs 359.00、351.56），说明平和情绪对大学生内隐合作行为倾向的影响更明显，本研究的假设部分获得验证。

个体的合作行为水平受到所唤起情绪和应对策略的共同影响（崔丽莹，钱依文，2016）。不同效价的情绪对助人决策有着不同的影响（Barasch，Levine，Berman，& Small，2014；Levine Emma et al.，2018）。积极情绪对亲社会行为有显著的正向促进作用，消极情绪与亲社会行为呈显著负相关（Lamy，Fischer-Lokou，& Guéguen，2012；Sharma，2015）。杨昭宁、顾子贝、王杜娟、谭旭运和王晓明（2017）提出，愤怒的个体可能会认为愤怒的对象对事件结果应该负有责任，从而做出更少的助人决策。因此，作为消极情绪，愤怒情绪带来的内隐合作效应量最低，达到显著性差异；而同为积极情绪，中性和快乐情绪带来的内隐合作效应量低于平和情绪，但是未达到显著性差异。

本研究结果表明，平和情绪不仅在外显意识层面影响合作行为，也在内隐潜意识层面影响合作行为。本研究首次探讨了平和情绪对内隐合作行为的影响，为平和情绪与合作行为关系提供了更为深入的证据。个体是通过情感信号推断亲社会情感和动机的，这个过程是内隐的（Emma et al., 2018）。与共情等积极情感具有相似性（何宁，朱云莉，2016），平和情绪既影响外显合作行为，也对内隐合作行为有正向作用。

本研究的理论意义在于，将平和情绪与合作的关系拓展至潜意识层面，揭示了平和情绪对自动化的合作行为倾向的积极作用。本研究存在以下不足：仅揭示了平和情绪对内隐潜变量层面的合作的影响，由于平和情绪的测量采用的自我报告法仍停留在外显的意识层面，所以本研究并没有探究平和情绪对合作行为影响的内隐潜意识机制，未来研究可以创新测量方式，采用间接实验方式对平和情绪及其中间变量进行实验，从而将二者关系及机制全面深入到潜意识层面。

5 结论

（1）平和情绪对内隐合作具有显著正向影响，相较于愤怒组，平和组、中性组和快乐组的内隐合作行为倾向性更高；

（2）平和组与中性组、快乐组的内隐合作行为倾向性无显著差异。

第三节 正念诱发大学生平和情绪对外显合作的影响：PGG实验

1 引言

合作行为是指个体通过抑制自我利益最大化的冲动从而实现群体利益最大化的决策行为（Vugt et al.，2007）。社会困境中的合作是个体做出有利于集体的选择，而竞争是指个体做出有利于个体利益的选择。如何促进社会困境中的合作行为已成为心理学、经济学和社会学等众多领域研究者所关注的热点话题（Declerck et al.，2013）。

外显合作是指在社会交往中，个体自觉表现出来为了集体或团队利益而做出可能的自我损失决策。本研究定义外显合作为公共物品博弈中投入的金额。公共物品博弈能够产生个体利益和群体利益冲突的情境，其过程可以表述为：群体成员必须将自己财物中的一部分贡献出来作为公共财物，公共财物按一定的规则增值后平均分配给所有成员（王娜，2012）。

本章前面两个研究已经发现，视频材料可以诱发大学生的平和情绪，循着同样的思路，音频材料可能也有类似的效果，但是无论是视频材料还是音频材料，都有被试参与性不够高、容易厌烦等不利因素。已有的研究表明，正念可以使人平和（刘兴华等，2012；任俊等，2012；徐慰，2013）。正念起源于几千年前东方的冥想，来自宗教的修行。在心理学领域，正念为有意识、此时此刻和不加批判的注意而产生对当下的觉知（Kabat-Zinn，2003）。正念练习是以正念为基础的科学化、去宗教化和持久发展的心理训练方式，目前已经广泛应用于预防职业倦息、改善生活品质、提升积极情绪等方面。考虑到正念练习具有主动参与性高，可延展性强，被试不容易厌烦的特性，那么它很有潜力成为提升个体平和情绪的调节技术。基于此，研究者进一步提出：正念练习能否提升大学生的平和情绪，进而正向影响外显合作？

本研究采用行为实验法，通过预实验筛选出正念材料，自编大学生平和情绪音频材料，探讨不同通道诱发条件对外显合作的影响。本研究假设：（1）相较于空白控制组、音频对照组，正念练习诱发的平和情绪更高（假设1）；（2）相较于空白控制组、音频对照组，正念练习的被试外显合作更高（假设2）。

2 方法

2.1 实验设计

本研究采用单因素被试间实验设计，运用“平和情绪诱发+任务操作”范式，自变量为诱发平和情绪的不同方式（3个水平：正念、音频和空白），因变量为外显合作，即被试完成PGG实验所选择投入的金额。

2.2 研究对象

使用G*Power 3.1计算研究所需要的样本量。根据Cohen和Jacob（1992）提出的标准，以重复测量方差分析为统计方式，设定参数：被试间重复测量方差分析，效应量f=0.25，α=0.05，1-β=0.90，组数=3，测量次数=2，重复测验数据之间的相关性=0.50，计算得出总样本量为156人（每组样本量为52人）。

实际取样时，采用公开招募方式，从安徽师范大学招募了160名在校大学生参与实验（大于预估样本量156人）。实验前所有被试均签署了知情同意书。所有被试视力或矫正视力正常，熟悉电脑基本操作，且近期没有参加过类似实验。剔除没有完成实验的被试，本实验最终获得有效被试

156人（等于预估样本量156人，其中，女生86人，占55.1%），有效被试的平均年龄为20.2周岁，年龄范围为18~23周岁。实验结束后，被试获得10元人民币的报酬。

2.3 实验材料

2.3.1 平和情绪诱发材料

正念练习材料：采用预实验确定的“呼吸和身体的正念”材料，指导语时长255s。在预实验中，该正念练习诱发被试的平均平静情绪为5.44（*SD*=1.48），在7点量表评分中位于中等偏强与有点强烈之间，说明能够有效地诱发被试的平和情绪。

音频材料：采用预实验确定的“ξ-Piano”材料，时长155s。在预实验中，该音频诱发被试的平均平静情绪为5.18（*SD*=1.57），在7点量表评分中位于中等偏强与有点强烈之间，说明能够有效地诱发被试的平和情绪。

空白对照材料：不做任何诱发，被试直接进入PGG实验。

2.3.2 平静心境问卷

采用王诗茗等（2016）编制的平静心境量表（IPSS）的得分作为平和情绪的指标。该问卷由7个项目组成。采用Likert 5级自评（0=一点也不；1=一点儿；2=中等；3=相当地；4=非常地），其中条目2和5为反向记分。原问卷开发者要求填写者将最能代表其近1周（本研究将“近1周”修改为“此刻”）感觉程度的评分填写在每个条目前，量表的得分越高表示平静值越高。该量表具有符合测量学要求的信效度，内部一致性系数为0.89。在本研究中，IPSS的Cronbach's α系数为0.93。

2.3.3 外显合作行为

参照相关研究范式，采用虚拟情境法进行外显合作行为实验。通过指导语，以文字、表格和图片形式描述规则和任务，因变量为被试完成任务所选择投入的金额。本研究4个外显合作的指标分别为个人优先任务、团队优先任务、个人-团队冲突任务以及这三者的平均值（命名为外显合作)。考虑到无论哪一种任务，被试都要在个人利益和团队利益之间进行平衡，其选择的金额都可以代表外显合作，所以将三者的平均值作为一个综合指标，可以更加稳定地考察被试在不同情境下的合作。

个人优先任务的指导语："你的任务与其他3人一样，通过选择投入还是不投入，以及投入多少，尽量让自己个人账户中的金额比其他人账户中的金额多，以得到唯一的奖励。"

团队优先任务的指导语："你的任务是与本团队其他3人一起，打败另外的4人队伍，以得到奖励。"

个人–团队冲突任务的指导语："你有两个同等重要的任务，任务A为与本团队其他3人一起，打败另外的4人队伍，任务B为你要与本团队其他3人竞争，让自己个人账户中的金额比本团队其他人的个人账户中的金额多。"

3个任务指导语之后，进入选择金额界面，由被试在0元至100元之间进行选择。计算机自动记录被试在每个任务中所选的金额。

2.4 实验程序

实验流程见图5–3。首先，将150名被试随机分成3组，每组50人，每组被试使用不同的材料，诱发不同的情绪。其中，正念组听指导语"呼吸和身体的正念"，音频组听无歌词音乐"ξ–Piano"。

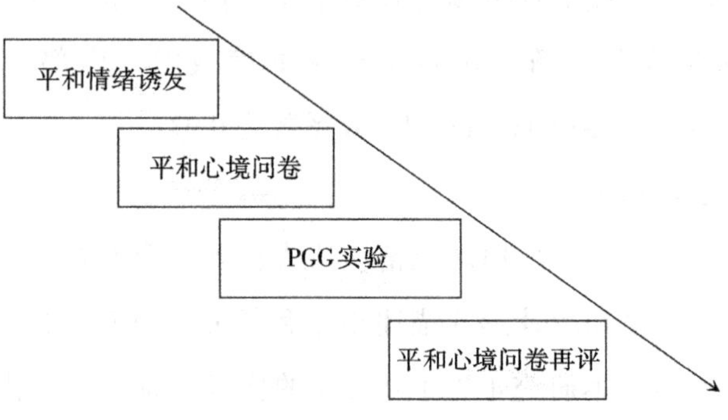

图5–3　诱发平和情绪对外显合作行为影响的实验流程

其次，3组都需要对平和情绪进行评价。再次，被试在电脑上完成外显合作行为实验。采用E-prime 2.0编制公共物品博弈实验程序。为控制不同信息来源的顺序的影响，3个任务情境随机呈现。最后，为评估整个实验过程中被试的情绪保持情况，再次对被试的平和情绪进行了评估。被试完成实验后获得一定的报酬。

2.5 统计与数据处理

采用EXCEL 2010、SPSS 19.0和Mplus 7.4进行数据整理和分析。采用多元重复测量方差和单因素方差分析。

3 结果

3.1 平和情绪诱发有效性检验

不同组别平和情绪评估情况见表5-7。采用单因素方差分析检验平和情绪诱发的有效性。其中，组别为被试间变量，包括3个水平（正念组、音频组和空白组）；情绪类型为被试内变量，包括1个水平（平静心境问卷得分）。结果表明：在平和情绪上，不同组别之间差异显著，F（2，153）=39.68，p<0.001，η_p^2=0.55，正念组显著高于其他组（p_s<0.001），音频组显著高于空白组（p<0.001）。

表5-7　不同组别被试对平和情绪的评估差异比较

	正念组(*n*=52)		音频组(*n*=52)		空白组(*n*=52)	
	M	*SD*	*M*	*SD*	*M*	*SD*
平和情绪(前测)	22.84	3.47	19.04	4.73	15.18	4.46
平和情绪(后测)	22.18	2.76	18.88	3.91	15.96	3.03

为检验被试在整个实验过程中是否保持了诱发情绪，实验结束时对被

试的平和情绪进行再次评估。结果表明，经过PGG实验任务后，配对样本 *t* 检验结果显示，正念组平和情绪前测未显著大于后测，$t_{(51)}=1.80$，$p=0.078$，$d=0.21$；音频组平和情绪前测未显著大于后测，$t_{(51)}=0.20$，$p=0.844$，$d=0.04$；空白组平和情绪前测未显著大于后测，$t_{(51)}=-1.184$，$p=0.242$，$d=-0.20$。本实验结果从跨时间的角度，说明了平和情绪的诱发效果可以持续到整个实验结束。

3.2 诱发平和情绪对外显合作行为的影响

在设定限额100元的条件下，大学生的平均投入金额为53.27元，标准差为17.99，表明大学生的投入金额差别较大。

不同诱发平和情绪下被试外显合作的差异见表5-8。采用单因素方差分析，对3组被试的外显合作任务投入的金额进行比较。在个人优先任务上，不同组别之间差异显著，$F(2, 153)=10.22$，$p<0.001$，$\eta_p^2=0.12$，正念组显著高于其他组（$p_s<0.001$），音频组与空白组差异不显著（$p=0.320$）；在团队优先任务上，不同组别之间无差异，$F(2, 153)=1.05$，$p=0.354$，$\eta_p^2=0.05$；在个人-团队冲突任务上，不同组别之间差异显著，$F(2, 153)=27.88$，$p<0.001$，$\eta_p^2=0.28$，正念组显著高于其他组（$p_s=0.001$），音频组与空白组差异不显著（$p=0.370$）；在外显合作（任务均值）上，不同组别之间差异显著，$F(2, 153)=20.28$，$p<0.001$，$\eta_p^2=0.22$，正念组显著高于其他组（$p_s<0.001$），音频组与空白组差异不显著（$p=0.209$）。

表5-8　不同组别外显合作的差异

	全体(*n*=156)		正念组(*n*=52)		音频组(*n*=52)		空白组(*n*=52)	
	M	*SD*	*M*	*SD*	*M*	*SD*	*M*	*SD*
个人优先任务	26.20	23.83	37.76	19.05	22.69	20.75	18.16	26.82
团队优先任务	83.10	24.68	86.71	18.23	83.06	22.91	79.51	31.12
个人-团队冲突任务	50.51	26.78	70.31	25.83	42.69	21.58	38.53	20.97
外显合作(任务均值)	53.27	17.99	64.93	14.12	49.48	13.73	45.40	19.51

4 讨论

本研究探讨正念练习、音频诱发平和情绪对大学生外显合作行为的影响。为了能够充分、有效地诱发被试的平和情绪，本研究首先进行了预实验，搜集和整理正念练习材料、音频材料，并对这些材料进行量化评估。研究结果表明，预实验整理的2个正念练习材料、5个音频材料均能够有效地诱发大学生的平和情绪，可用于平和情绪诱发的相关实验研究。

正式实验时，本研究选择"身体和呼吸的正念"正念练习作为平和情绪诱发材料，音频组平和情绪的诱发材料选取的是预实验确定的"ξ-Piano"。被试平和情绪自评结果表明，两组被试均被有效地诱发了平和情绪，且在实验结束后，仍能够较好地保持平和情绪。因此，本实验对平和情绪的诱发和保持有效。本研究采用行为实验法，探讨不同平和水平情绪个体外显合作行为的差异，以期明确正念对平和情绪诱发的效果。研究结果表明，正念练习诱发的平和情绪显著优于音频诱发和空白组。假设1获得验证。

研究结果表明，相较于音频组和空白组，正念组的外显合作行为效应更明显，部分验证了假设2（团队任务上，三组无差异）。这与本章第一节视频诱发平和情绪对外显合作行为影响的研究结果是一致的。平和情绪虽然会对外显合作行为产生积极影响，但也会受到情境中任务框架的限制。团队任务激活了被试的合作倾向，正念虽然增加了平和情绪，但此时团队任务已经释放了被试的合作倾向，平和情绪效应所带来的增加受到"天花板效应"的限制，因此，在团队优先任务上，正念组仅略高于音频组和控制组，三组未达到显著差异。

对比而言，在个人优先任务、个人-团队冲突任务中，由于情境中任务的框架并没有激活被试的合作倾向，或者在激活合作倾向的同时也激活了竞争倾向，因此，平和情绪效应有了发挥的空间，这一点可以从正念比音频诱发和空白组带来更多的平和情绪以及在这两个任务上外显合作行为倾向性的显著差异看出来。将任务均值作为指标来看，相较于音频组和空白组，正念组的外显合作行为效应更明显。因此，可以观测到正念对合作的稳定效应。

本研究具有一定的现实意义，即正念练习可以诱发大学生的平和情绪，可以有效地提高他们的外显合作行为倾向性，这为实施干预提供了实验基础。正念练习拓展了诱发平和情绪的材料，使得被试除通过视觉、听觉相对被动的方式获得平和情绪之外，还可以通过主动练习的方式提升自己的平和情绪，应用前景广阔。

本研究存在一定的局限：首先，没有揭示平和情绪影响合作行为的机制；其次，由于研究条件的限制，本研究对外显合作行为的测验采用的是模拟情境实验法，未来研究可以采用更具真实性和沉浸感的虚拟仿真技术或真实情境实验法，在更具生态效度的条件下，对本研究结果做进一步验证。

5 结论

（1）整理的平和情绪诱发材料包括2个正念练习材料、5个音频材料，经评估这些材料均能够有效诱发平和情绪；

（2）相较于音频组与空白组，正念组大学生的外显合作行为倾向性显著更高，诱发的平和情绪也显著高于音频组与空白组。

第六章　综合讨论

本书尝试从心理学视角整理中国的平和思想，采用“自上而下”与“自下而上”相结合的研究思路，初步探讨了大学生平和倾向的结构和特点，为了解新时代大学生平和倾向的真实状况提供实证依据；考察了个体因素对平和倾向的影响，有助于揭示平和倾向产生和发展的内部条件，从而更加完整地理解平和倾向，并为培养大学生平和倾向提供理论依据和实践指导；探究了平和倾向对合作的影响，既有助于深入揭示平和倾向对合作的促进效应，又有助于加强对平和倾向本质属性的理解。

第一节　大学生平和倾向的结构与测量工具

1 大学生平和倾向的结构

平和倾向的结构与测量应以平和倾向的内涵和概念为基础。文化传统上，平和逐渐从调和音乐的审美准则扩展到了个体的情绪体验、性格特点、处世原则、精神追求与治国理念，其核心是对调节的调节（简称“二阶调节”），以达到动态平衡和深层和谐。党的十九大报告指出：“加强社会心理服务体系建设，培育自尊自信、理性平和、积极向上的社会心态。”笔者对学术领域关于平和的相关研究进行梳理后发现，“平和”尚没有作为一个独立的概念进入心理学研究领域。前人对平和相关概念进行了研究，取得了一些有益成果。东方心理学界提出的状态性平和是一种平静心境或体验，提炼出了与平和直接相关的情绪和心境范畴，即中国人强调的安适恬淡（Lee et al.，2012）和平静心境（王诗茗等，2016），为研究心理学视角下的平和打下良好的基础。

本研究通过梳理我国传统文化下的平和思想，并对《四库全书》中平和的内涵进行内容分析，结合大学生理解平和涵义的开放式调查，提炼出中国化的平和倾向心理学概念。笔者认为，在中国文化背景下，平和倾向是个体内心平静、待人温和、处事理性的人格倾向。平和倾向是个体二阶调节的心理结构，可以表现在知、情、意、行等维度上，具有明显的亲社会性。

第一，平和倾向是以二阶调节为核心的人格倾向。平和是音乐审美中重要的准则，凡是能使人保持平和之心的音乐即“中声”（苗建华，2000），平和之乐是音高、速度适中，情感表达有所节制的音乐，所谓平正谐和、调和也。我国传统文化背景下平和思想的共性在于处理天人关系、人人关系和人己关系时存在二阶调节并推崇动态平衡与深层和谐。一阶调节包括增强调节与减弱调节，即对涉及个人利益的“物喜与己悲”的调控。中国文化强调一阶调节应受二阶调节的影响，基于此，家国利益超越了个人利益，小我转化成大我，增强的是社会利益动机，减弱的是个人利益动机，并在两者交融中实现以追求情绪宁静和淡泊欲望为基础的二阶调节。以情绪调节为例，在情绪调节基础上的高一阶层的调节，使得中国人的正性情绪更多指向自己的社会关系，体现出对情绪的社会取向。而西方人的正性情绪更多与个人、内在的因素相关，体现出对情绪的个人取向。受到正性情绪不同取向的影响，中国人对正性情绪持有非享乐主义的情绪调节模式；而西方人则持有享乐主义的情绪调节模式（邓欣媚，王晓钧，肖珊，2016）。在中国当前背景下，青少年的减弱调节是一种有效且具适应价值的调节策略（邓欣媚，王瑞安，桑标，2011）。

第二，平和倾向在知、情、意、行等维度上具有不同特征和表现，构成了一个相对完整的人格倾向概念（见图2-1）。由平和倾向的内涵可知，平和倾向是个体相对稳定的二阶调节心理结构。因此，本研究采用“自上而下”与“自下而上”相结合的思路，以二阶调节为基础，尝试从知、情、意、行四方面，通过描述个体在四个维度上的特征来体现平和倾向的结构。结合文化分析与文献综述，笔者从理论上构建了平和倾向四维结构：从认知维度看，平和倾向表现为理性思考和解决问题；从情绪维度看，平和倾向表现为情绪相对平静，自我调节能力强；从意志维度看，平和倾向表现为动机的强度适中，综合考虑个人利益和全体利益，强调淡泊名利；从行为维度看，平和倾向表现为做事不急不躁。

在认知维度上，中国人整体思维方式具有联系性、变化性和矛盾性（侯玉波，彭凯平，朱滢，2016）。阴阳五行学说蕴含的辩证统一为中国人如何运用整体思维解决复杂问题提供了原则（陈浩彬，汪凤炎，2013；刘超，汪凤炎，2015；汪凤炎，2018；徐晓波，汪凤炎，2010）。在开放式调查中，大学生提到较多的认知维度是理性、辩证、整体思考与综合分析。对“天人合一”的理解是中国人理性平和的基础。传统文化中的“天”既包括浩瀚、神秘的自然存在，又包括人生安立的宇宙秩序和不可变更的自然规律（冯友兰，2011；钱穆，2012；韦政通，2003），以“自然（天）”为称谓既易于理解又兼具文化特点；“人”不是单独的个体存在，而是相互联系的关系存在，是关系的“人”（黄光国，2009，2015）。在“天人合一”思想下，“天”与“人”是相互联系的有机整体（冯友兰，2011）。儒家强调“天人感应”，道家强调“道法自然”，佛家强调“因缘和合”，中医强调“天人相应”，这些都是对“天人”关系的整体化的理性认知。

在情绪维度上，安适幸福感（李怡真等，2008）的内涵是身心安适的平静以及随遇而安的恬淡；平静心境（王诗茗等，2016）的内涵是低度唤醒的正向情绪；东方的状态性平和是一种平和情绪，提炼出了与平和直接相关的情绪范畴，即中国人强调的安适和平静，这反映了个体情绪调节能力的高度成熟。中国文化强调个体的心平气和，推崇情绪调控（情绪本身就是一阶调控）。Mauss等（2010）观察亚裔美国女性（AA）和欧裔美国女性（EA）对实验室愤怒刺激的体验性、表达性或自主生理反应是否不同，并评估了价值观在情绪控制方面的中介作用。结果表明，AA参与者的报告和行为比EA参与者表现出更少的愤怒，而在生理反应上没有群体差异。情绪反应的差异部分是由情绪控制价值观起中介作用的，这体现了文化背景对愤怒反应的影响机制。另外一项研究表明，欧裔美国人的情绪表达行为与血压呈负相关，而亚裔美国人则相反，他们表现出正向相关的趋势。这些结果表明，情感表达和生理反应之间的联系可能取决于文化背景，文化背景塑造了个体在社会交往中对情感表达的意义（Butler，Lee，& Gross，2009）。

在意志维度上，大学生平和倾向意味着动机的强度适中。二阶调节是对动机的调节，帮助人们在个人利益和全体利益的权衡中找到适合的度。中国人首先承认欲望的合理性，然后又认为应该将它限制在适宜的范围之内，做到“发乎情止乎礼”（刘成纪，2001）。中国人追求幸福感并不是以个人情感为首要重点而是以人际关系和社会和谐为重点，且幸福感与道德感、审美感相连，与西方人有很大的不同，中国人更加强调追求理性之幸福（曾红，郭斯萍，2012）。在名利面前，中国人推崇自谦与亲社会动机，控制自大与亲个人动机。自谦可以理解为是通过低调的自我呈现，以柔克刚、以弱胜强的和谐控制过程。大学生非常强调自谦的防御功能、自我完善功能和提升形象功能（胡金生，2007；胡金生，黄希庭，2009）。不同的身份动机在身份的建构、维持、防御与改变等过程中协同发挥作用，而且动机的满足可以增强幸福感和心理适应（包寒吴霜，蔡华俭，罗宇，2019）。研究表明，亲社会自主动机显著正向预测青少年的幸福感和亲社会行为（杨莹，寇彧，2015，2017）。

在行为维度上，大学生平和倾向意味着做事稳重，待人温和，不急不躁。中国人行动上的平和，有着很强的适应功能以及促进身心健康的作用。儒家以德行之忧作为德行修养的内在心理动力，德行之乐是在德行彰明过程中本心情感的自然涌现，可以统摄和超越感性忧乐，实现忧乐圆融（高志强，2018）。有学者利用现代精神性和认知神经科学的相关研究成果，论证了儒家伦理特别是温和待人有利于身心健康（郭斯萍，2018；郭斯萍，柳林，2018）。在开放式调查中，大学生提到较多的行为是：与人沟通语气温和、守礼与有序。

结合半开放式调查，大学生平和倾向的操作性定义为：个体平静、理性、温和与淡定的倾向，具体包括四个维度，基本符合理论构想。平静倾向是安宁平静的倾向；理性倾向是理性分析问题和运用整体思维的倾向；温和倾向是待人和气的倾向；淡定倾向是镇定稳重的倾向。大学生所理解的平和与理论构想的平和倾向基本一致，其中平静倾向和理性倾向完全符合。在淡定倾向上，由于年轻，大学生对淡泊名利提及得较少，还做不到无论面对失败还是成功都保持一种豁达淡然的心态，这既是正常的又是符合其年龄发展特征的。现代大学生所理解的淡定是一种稳重的行事风格，碰到意外不惊慌失措。笔者认为这是基础性的淡定，尚没有全面涵盖理论构想所描述的意志维度，恰恰说明了平和倾向的发展性，大学生还需要提升其平和的意志品质。

第三，作为一种人格倾向，平和倾向具有亲社会性。从进化的视角来看，平和倾向可以拓展个人和人际资源。拓展-构建理论侧重于构建个人资源，而选择性投资理论强调将人际关系作为一种资源。李怡真等（2008）的研究结果表明，心境较平和的人在日常生活中更容易经历积极情绪。因此，拥有较高心境平和的人能够不受无关刺激的干扰而保持相对稳定的情绪状态，而且仍然能够保留在环境中接收积极信息。积极情绪的经历会拓展人们瞬间的思想-行动储备，即拓宽了人们头脑中出现的认知和行动的范围，进而有助于构建他们长期的资源，包括身体资源、心理资源以及社会资源，这些资源可以储备起来用来提高成功应对风险的概率

(Fredrickson, 2001; Mayne & Bonanno, 2001)。选择性投资理论赋予人际关系更大的作用，扩大了个人资源的范围，而不是简单地把它们看作拓展的潜在环境或一种特殊的资源。拓展不应局限于可能建立个人资源的情况，也应在社会环境中扩展，包括利他主义和对他人的关怀（Cohn & Fredrickson, 2006）。处于积极情绪状态中的人会形成更具包容性的社会群体（Dovidio et al., 1998）。平和倾向的个人更具有安全感和满足感，更容易产生积极情绪，因此平和可以促使个人积极感知他人，而对他人产生正向知觉，可以使个人从能获得短期收益的竞争行为转向能获得长期利益的合作行为，表现出更多的合作行为。

总之，笔者采用“自上而下”与“自下而上”相结合的研究思路，通过理论分析和量化统计的方法，从我国传统文化和普通大学生群体的日常生活体验中提炼平和倾向的结构，初步明确了二阶调节的核心地位，最终建构了平和倾向的四因素结构，即平和倾向包括平静倾向、理性倾向、温和倾向与淡定倾向四个因素。

2 大学生平和倾向的测量工具

在平和倾向的四因素结构基础上，笔者遵循心理测量学的基本程序和要求，编制了大学生平和倾向问卷。坚持“自下而上”与“自上而下”相结合的思路，尽可能从搜集的第一手素材（半开放式调查）中提取项目，同时兼顾情境的全面性和典型性，根据平和倾向的操作性定义，结合国内外已有的一些测量工具，进行项目编制，力求既贴近平和本质，又能够较好地反映典型维度下的典型特征，便于被大学生群体所理解。本研究初步形成了包含113个项目的初始问卷，经由专家评定和目标受测群体评价后，形成了用于初始测量的问卷。这些编制程序确保了所选编项目的内容效度与可读性。

本研究通过多种方法，对所编制的大学生平和倾向问卷的信效度进行检验。第一，大学生平和倾向问卷具有较好的信度，是测量大学生平和倾向的可靠工具。研究结果表明，大学生平和倾向问卷总的Cronbach's α系数为0.93，合成信度为0.96，4个因素的Cronbach's α 系数和合成信度均在0.87～0.90，因此，大学生平和倾向问卷的总体信度不低于0.93，4个因素的信度也应不低于0.87。Cronbach's α 系数和合成信度结果支持了大学生平和倾向问卷具有良好的内部一致性信度。对118名大学生进行了两次测试，总体重测信度（间隔4周）为0.85，各维度重测信度在0.75~0.82，问卷具有较好的测量稳定性。

第二，大学生平和倾向问卷具有较好的效度，能够有效地测量大学生的平和倾向水平。本研究重点对大学生平和倾向问卷的结构效度进行了检验。在前期研究（理论研究和半开放式调查研究）形成的平和倾向初步理论建构基础之上，按照探索性因素分析（EFA）、验证性因素分析（CFA）和多组结构方程模型（Multiple-group SEM）等的顺序，从多个方面对大学生平和倾向问卷的结构效度进行了验证。笔者选择探索性结构方程模型并灵活地使用多种参数估计方法，为研究提供模型拟合等更多有价值的数据信息（Marsh，Morin，Parker，& Kaur，2014）。探索性结构方程模型获得了相对清晰的平和倾向四因素结构。在问卷结构效度的验证上，本研究也不拘泥于单一模型假设，而是通过比较尽可能多的竞争模型，以获得一个更好的拟合数据的因素结构（Brown & Moore，2012；Kline，2015）。

研究结果表明，平和倾向的四因素结构是最能够反映大学生数据真实情况的一个模型框架。与其他竞争模型相比，大学生平和倾向的一阶四因素结构模型数据拟合性更好。基于此，在一阶因子模型的基础上，进一步构建出一个二阶因子，命名为平和倾向。这些研究结果均表明，笔者开发的大学生平和倾向问卷具有符合测量学要求的结构效度。大学生平和倾向问卷可以从两个不同的角度开展研究：总分和因子分。首先，总分越高，个体平和倾向越高，反映了个体在一般领域的平和倾向；其次，不同因子得分反映出个体平和倾向维度的不同，指出了个体平和倾向高低的特殊领域。基于此，还可以去分析不同人群中平和倾向的一般和特殊领域的差异。

第三，为进一步检验平和倾向四因素模型的延展性，本研究还通过多组结构方程模型方法，探讨了该模型在大学生不同亚组群体中的测量等值性。研究结果表明，大学生平和倾向问卷在不同性别的大学生群体、四个年级的大学生群体和不同专业的大学生群体中具有严格等值性（Strict Invariance），说明大学生平和倾向问卷在这些不同亚群体中的测量尺度和功能完全一致。严格等值性是需要在强等值性的基础上进行的，反映的是问卷观测分数变异的跨组差异是否完全反映了潜变量变异的跨组差异（Schmitt & Kuljanin，2008；Vandenberg & Lance，2016）。这些结果进一步支持了大学生平和倾向的四因素结构在不同亚群组之间具有较好的延展性。

第四，本研究以安适幸福感、平静心境和大五人格神经质维度的焦虑、敌意因子等国内外相对成熟的变量和测量工具为效标，检验了大学生平和倾向问卷的效标效度。由表2-15可知，平和倾向总问卷及四个维度均与安适幸福感、平静心境等变量呈显著正相关；与大五人格神经质维度的焦虑、敌意因子呈显著负相关，说明大学生平和倾向问卷效标效度符合心理测量学的要求。

综上所述，本研究立足于中国文化的平和思想与精神传承，对平和倾向的概念和结构进行初步探讨，建构的大学生平和倾向一阶四因子和二阶单因子结构能够较好地反映大学生平和倾向的本质；本研究所编制的大学生平和倾向问卷具有良好的信效度，可用于我国大学生平和倾向的测量和研究。

第二节 大学生平和倾向的特点与影响因素

1 大学生平和倾向得分处于中等偏上水平

本研究采用自编的大学生平和倾向问卷（DPHS-CU），从安徽、福建和江西等省的省属本科高校中抽取有效被试3610名进行调查，以期探讨我国大学生平和倾向的现状与特点。研究结果表明，大学生平和倾向处于中等偏上水平；大学生平和倾向在人口学变量上具有一定的差异性：男生平和倾向水平显著高于女生；不同年级大学生平和倾向存在显著差异，大三学生平和倾向水平最高。

当前的中国社会正处于由传统向现代的急剧转型期。在新时代背景下探讨大学生的平和倾向，具有时代的紧迫感和任务的艰巨性。新时代美好生活的一个侧面是积极社会心态占主流，那么将当前消极的社会心态，如恐慌（杨宜音，2015）、焦虑（周晓虹，2014a）、拜金（孙时进，2014）、浮躁（杨宜音，2014）转化为理性平和等积极社会心态十分重要。从消极社会心态看，中国自古以来强调的以追求情绪宁静和淡泊名利为基础的二阶调节心理结构是否已经消失了？因此，我们迫切需要具有代表性的数据，以了解和证实当前大学生平和倾向的总体状况如何。

本研究通过大样本调查表明，整体上，大学生的平和倾向处于中等偏上水平。从高分到低分，四个维度排序依次为：温和倾向、理性倾向、平静倾向和淡定倾向。平静倾向和淡定倾向略微高于4分（有点符合），说明大学生平静倾向和淡定倾向略低。考虑到社会赞许性效应（赵志裕，邹智敏，林升栋，2010），大学生实际得分可能更低。因此，需要提高中国大学生面对现实困难的平静心境，以淡定地面对意外，温和地与人相处，理性地解决冲突。

同时，笔者在人口学差异比较中还发现，不同性别大学生平和倾向水平存在显著差异，男生显著高于女生。这一结果与安适幸福感和大学生平静心境问卷的调查结果不一致（林道武，2014）。可能的原因有三个：一是从情绪的稳定性角度看，与男生相比，女生的情感比较细腻，更能够感受到自己情绪上的波动，遇到意外或者紧急的事情，不容易淡然面对；二是从社会接纳的角度看，女生比较容易接纳自己的不平和倾向，女生若遇到情绪不平静，会主动地寻求支持和帮助，而男生认为社会不接纳自己的低水平平和倾向，有意提高回答的得分；三是从社会赞许性角度看，女生的社会赞许性总体水平显著高于男生（徐晟，2014；徐晟等，2014），考虑到这一点，女大学生实际平和倾向的得分可能更低。

大学生作为新时代知识青年的代表，肩负着传承中华文明精粹的重任，需要在世界舞台上与来自不同国家的青年合作及竞争。虽然从表面上看大学生平和倾向整体水平中等偏上，但是我们应清晰地意识到其背后隐藏的群体得分分布不均衡问题，更不能忽视那些平和倾向已经低于平均值的个体。考虑到填写问卷是充满着时间压力的行为，在时间压力下的社会赞许性行为的结果，反映了他们想要向他人展示自己的愿望（Protzko，Zedelius Claire，& Schooler Jonathan，2019）。平和倾向的人口学差异比较结果也提示我们，应对那些平和倾向相对较低的学生群体给予关注。如何提升和培育大学生的平和倾向，让他们平静地学习和生活，理性地做出选择，温和地与人相处，淡然地面对得失，已成为当前心理学和思想教育工作者的重要议题。

2 正念通过严谨性与宜人性促进平和倾向

以本土文化的视角，分析平和倾向的影响因素，我们思考的首要问题是正念作为中国文化推崇的自我修养手段，也是认知的重要因素，是否依然有助于平和倾向的形成和培养，以及该认知因素如何与人格特质等因素共同发挥作用。日常正念与严谨性、宜人性呈正相关，与神经质呈负相关，与外向性、开放性不相关（Thompson & Jennifer，2007）。神经质与正念的负相关是很稳定的研究结论（Brown & Ryan，2003）。神经质是大五人格中最常被研究的变量（Giluk，2009），与正念有中等到大程度的负相关性（Brown et al.，2007）。在第二章问卷编制的效标测量中已经发现，平和倾向与神经质中的焦虑和敌意因子呈显著负相关。由于变量间关系已经比较清晰，基于低正念-高神经质-低平和倾向的显著相关以及正念与外向性、开放性之间的不相关，本研究不选取神经质、外向性、开放性作为对象，而将视线投向了正念、严谨性和宜人性对平和倾向的影响及其机制。

本研究尝试建构并检验一个中介效应模型，探讨“认知-人格”因素对大学生平和倾向的综合影响机制。研究结果表明，作为中国传统文化强调觉察的认知因素，正念对平和倾向具有显著的正向预测作用；正念可以通过严谨性和宜人性的中介作用正向预测平和倾向，严谨性中介路径显著大于宜人性中介路径。

首先，正念作为我国文化背景下强调觉察的认知方式，对大学生平和倾向具有显著的正向预测作用。基于东方佛教的正念为“有意识、此时此刻和不加批判的注意而产生对当下的觉知”（Kabat-Zinn，2003）。基于正念的练习旨在意识到当下，并帮助培养更健康的人，而不是习惯化的反应。集中注意、不带偏见地接受当下任何事物和经验是正念的核心（Bishop，2002）。本研究结果表明，正念对平和倾向具有显著的正向预测作用，正念越明显，平和倾向越高。

正念对平和倾向的影响可以从以下三个方面来解释：第一，正念练习使人变得情绪平和。面对外部施加的正、负性情绪刺激，接受正念冥想练习的实验组获得调制能力，带来情绪反应趋于平和的效果（Navarro-Haro et al.，2017；任俊等，2012）。正念觉知所达到的非二元性中的静止能让人摆脱因过度的自我专注或执著而产生的破坏性情绪（Vago & Zeidan，

2016；Zeidan et al.，2011)。第二，正念能够提升大脑的自我调节能力。长期的正念冥想练习会减少默认模式网络的活动，而默认模式网络在人保持清醒安静，不专注于外界的状态时会被激活，这就意味着冥想者能够更好地利用大脑资源，而且冥想练习时间越长，大脑的自我调节能力就越好(Carter et al.，2005；Fingelkurts，& Kallio-Tamminen，2016)。正念是一种非侵入性和非药理学的技术，被证明可以提高元意识。这是一种涉及对两个网络进行控制的认知能力，包括有意识地控制注意力的集中，并将注意力保持在当前的经历中而不进行自我参照的思考和思想游移（Hwan et al.，2011；Ramirez-Barrantes et al.，2019)。经常进行正念冥想的人相比于无冥想经验的人更富有同情心和同理心，当长期冥想者听到痛苦的声音时，其大脑颞顶接合处的激活水平比无冥想经验的人更高（LUTZ Brefczynski-Lewis，Johnstone，& Davidson，2008；Sood & Jones，2013)。第三，正念可以改善认知（Zeidan，Johnson，Diamond，David，& Goolkasian，2010)，提升个体的认知灵活性（Liu et al.，2020)，有助于理解复杂的冲突与困难，并获得新的解决办法。青少年参与正念干预后，注意警觉性增强，专注力显著提升（汪芬，黄宇霞，2011)。正念实际上是为生活带来更大安宁而采取的一种自我认知，是一种应对未满足的需求和负面的情绪的巧妙方法。平和倾向更多的是通过理解、接受和处理人类经历中的困难情绪来实现的（Ekman et al.，2010；Liu et al.，2015；Savel & Munro，2017；Xu et al.，2015；Zimmermann，2015)。综上，正念作为一种对认知的认知，至少是二阶认知，甚至是三阶认知，为情感洗练而产生“优质之和”提供了高阶觉知，进而提高了认知复杂性和认知灵活性，达到了“折中协调”(Frijda & Sundararajan，2007)。

笔者发现，严谨性和宜人性在正念与平和倾向的关系之间起中介作用，进一步构建了影响平和倾向的“认知-人格”通路。研究结果表明，正念不仅直接影响平和倾向，还通过严谨性和宜人性的中介作用影响平和倾向。

本研究一定程度上揭示了认知因素影响平和倾向的作用机制，即认知因素通过人格特质的中介作用影响平和倾向。正念与严谨性和宜人性是认知因素到人格特质的链接关系，二者之间的关系及其对平和倾向的积极影响与中国传统文化强调知行合一、自知之明以及君子人格相吻合（黄雨田，汪凤炎，2013；彭凯平，2013）。

首先，严谨性涉及对目标的管理和驱动，正念有助于提升严谨性。Baer 和 Sauer（2011）发现严谨性与五因素正念的描述、有觉知的行动呈显著正相关。正念是练习时间与人格特质的中介变量。描述和有觉知的行动是正念练习与严谨性的中介变量（Hurk et al.，2011）。严谨性作为一种人格特质，在正念影响平和倾向的过程中起中介作用，反映了从正念到严谨性，再到平和倾向的“认知-人格”通路之一。正念、严谨性、平和倾向涉及个体的自我调节、情绪管理，都与冲突情境有关。尽管关于自上而下的情绪控制和决策行为之间联系的实证研究很少，但已有一些先行者（Mascha et al.，2010）探索了自我调节（思想、动力、信念、行为和目标的调节），经典的双过程（Hofmann et al.，2009；Strack & Deutsch，2004）解释已经被提出。例如，一些模型强调，当确定了与中心目标之间的冲突时，就会启动有意识的自我控制以抑制联想（Fujita & Carnevale，2012；Myrseth & Fishbach，2010）。在这些情况下，有意识的自我控制被激活，以解决冲突，符合对目标的追求。平静涉及在面对挑衅刺激时保持冷静和心理平衡的熟练过程（Carmody et al.，2009）。根据定义，高严谨性者在按照社会规范控制冲动倾向、以任务目标为导向、先思后行、延迟满足以及遵守规范等方面上强于低严谨性者，需要发挥正念中的觉知因素（Baer et al.，2006），自然在平静自己的情绪方面更有成效。

其次，正念不仅直接正向预测大学生平和倾向水平，还通过宜人性的中介作用间接正向预测大学生平和倾向水平。这反映了影响平和倾向的第二条“认知-人格”通路。Jensen-Campbell 和 Graziano（2010）在回顾了众多关于宜人性的研究后得出结论：宜人性描述了个体在与他人相处时表现出的可爱、愉快和和谐的差异。平和倾向中的温和倾向维度描述的是待人和气的倾向，因此，宜人性的人际品质可以直接影响大学生的平和倾向。培养正念与宜人性的增加有关（Thompson & Jennifer，2007）。高宜人性的人通常性情温和、倾向于合作、支持和关心他人（Barrick et al.，2001）。正念的特征还包括对他人和自己的关系表现出同情（Crane et al.，2017；Kabat-Zinn et al.，1985）。此外，高宜人性的人通常会信任他人，认为他人诚实善良（Mccrae & Costa，1997）。这种信念似乎与“初学者的心态”的正念取向相一致（Kabat-Zinn，2003；Shapiro et al.，2008），在这种心态中，人们对待人和事就像第一次经历它们一样。正念的个体倾向于继续接近一个他们有过负面互动的人，带着对其的信任感重新开始。因此，从正念到宜人性再到平和倾向是一条明确而清晰的路径。

最后，本研究表明，人格特质是影响大学生平和倾向的重要因素，对大学生平和倾向的培养应上升到人格层面，需要重点考虑容易被忽视的严谨性（Giluk，2009）。在本研究中，严谨性占了90.3%的中介效应。严谨性高的人可能是可靠的、负责任的、遵守规则的和有成就的（Barrick et al.，2001）。严谨性的一个标志是自律（Mccrae & Costa，1997）。同样，研究者推论正念对严谨性的有益影响可以用正念个体有更强的自我调节能力来解释（Masicampo & Baumeister，2007；Shapiro et al.，2006）。正念和严谨性也具有审慎和有效应对的特征，而不是冲动或习惯性地做出反应（Kabat-Zinn，2003）。

综上所述，正念有助于平和倾向的形成和培养，它不仅直接作用于平和倾向，还通过人格特质影响平和倾向。正念作为中国传统文化强调觉察的认知因素（刘兴华等，2016；刘兴华等，2013；王玉正等，2017），严谨性和宜人性作为强调自我管理和人际和谐的人格因素，初步形成影响大学生平和倾向的“认知-人格”模型。正念作为认知因素，增强了个体的此刻觉察，或者说是保持了对当下的如实注意（Adair & Fredrickson，2015；李红玉，彭彦琴，2014；刘兴华等，2016；彭彦琴，居敏珠，

2013），去自我中心化（Vago & Silbersweig，2012）和去自动化（顾瑛琦，2018；王岩等，2012）有助于自我冲动的调制，增加了人际和谐，最终获得相对稳定的以二阶调节为核心的平和倾向。

本研究提示我们，对大学生平和倾向的培养，不仅要上升到人格层面，发挥严谨性和宜人性的中介作用，更要抓住影响大学生平和倾向的认知因素，发掘传统文化下的优秀资源，增加大学生的正念练习，获得可操作的训练方法与关键途径。

第三节　大学生平和倾向对合作的影响

1 大学生平和倾向对合作的促进效应

本研究从合作倾向、外显合作和内隐合作等三个层面系统地探讨了平和倾向对合作的影响。研究结果发现，平和倾向不仅影响合作倾向，作用于外显合作，还对内隐合作具有显著的正向作用。大学生平和倾向水平越高，大学生的合作倾向、外显合作和内隐合作越明显。

合作可理解为一种亲社会行为，是指个体通过抑制自身利益最大化的冲动从而实现群体利益最大化的决策行为（Vugt et al.，2007）。在合作倾向层面，本研究使用谢晓非的定义：在追求共同目标的过程中，个体愿意与他人进行协作的倾向性（谢晓非等，2006）。外显合作是指在社会交往中，个体自觉表现出来为了集体或团队利益而做出可能的自我损失决策。本研究定义外显合作为公共物品博弈中投入的金额（王娜，2012）。内隐合作则是指个体非自觉的合作行为，是个体内化的、自己不一定能够意识到的为了集体或团队利益而做出可能的自我损失决策。内隐合作的测量主要采用间接测验法，其中常用的方法为内隐联想测验（IAT）。因此，本研究从外显意识层面、行为层面到内隐潜意识层面，多层面、系统地探讨了平和倾向对合作的影响。

平和倾向对合作的积极影响，反映了平和倾向的亲社会属性，表明了平和倾向是一种亲社会的人格倾向。平和倾向对合作的积极效应及其亲社会属性可以从已有理论中获得解释。从合作倾向来看，认知情感人格系统理论（Cognitive Affective Personality System，CAPS）可以为平和倾向正向影响合作倾向提供理论基础。认知情感人格系统理论强调认知表征和情感状态的相互影响，正是它们之间关系的长期可通达性组织形成了人格结构的核心："认知-情感"单元（Kammrath & Scholer，2013；Mischel & Shoda，1995；Mischel & Shoda，1999；Mischel et al.，2007）。平和倾向可以理解为某种"认知-情感"单元的可通达性组合。平和倾向作为一种重要的、普遍的心理体验，不仅体现为一种状态性情绪变化，更表现为一种稳定的对刺激反应所进行的二阶调节倾向。平和倾向包括认知维度和情绪维度，即具有平和倾向的个体会采用理性的方式应对问题且情绪平静。换言之，平和倾向的"理性-平静"维度与合作所要求的"认知-情感"单元的可通达性之间存在共性。CAPS所建构的相对稳定的"理性-平静"单元，在社会情境中也会显现出待人温和与处事淡定的特点。这种人格倾向类型是指在处理某些特征情境时，中介单元之间具有共同的关系组织（Shoda，Mischel，& Wright，1994）。平和倾向"认知理性-情感平静"的可通达性在行为和意志维度上的二阶调节与人际温和的稳定化，有利于促进个体的合作倾向。有研究发现，预期启动自我控制的注意调节（相当于二阶调节）的影响效应大于直接的思想和情绪调节（Valikhani，Goodarzi，& Hashemi，2019）。

从合作行为来看，有研究者考察了人格特质各因素对合作的影响，结果表明，善良对合作意识有正向预测作用。根据人格特质的内涵，善良的特征为温和、利他、诚信和重感情，高善良水平的被试在进行合作准备时更倾向于投入更多的资源，具有更高的合作意识（王娜，2012）。大学生的合作心理品质与大五人格特征的相关关系的研究表明，宜人性对总体合作及其各维度都存在着正向预测作用，并具有最强的预测力，主要表现为同情友善、宽容亲切、信任他人等（曾莲子，2010）。这说明合作本身就具有一定的利他、温和的特性。平和倾向"认知理性-情感平静"的可通达性必然会促进合作。

总之，平和倾向作为一种人格倾向，有助于个体在各种情境中增加合作。具体而言，平和倾向易使个体理性分析问题并发挥整体思维，更关注他人的需求，更易平复自己的情绪，更能够消除自我中心观念，从而主动与他人合作。平和倾向对合作的积极影响，反映了平和倾向的亲社会属性，表明了平和倾向是一种亲社会的人格倾向。

2 大学生平和倾向促进合作的机制

本研究还探讨了平和倾向影响合作的中介机制。首先，笔者基于平和在传统文化中的涵义与大学生对平和概念的半开放式调查初步认为，大学生平和倾向促进合作涉及中庸思维方式的中介作用。然后，笔者以中庸思维量表的得分作为观测变量，以谢晓非等人编制的合作人格倾向量表、公共物品博弈实验中投入的金额、内隐联想测验的IAT效应值分别作为合作倾向、外显合作与内隐合作的观测变量，验证了中庸思维方式在平和倾向与合作之间的中介机制。通过上述三个研究，层层递进地探索了中庸思维方式在平和倾向与合作倾向、外显合作与内隐合作间的中介机制。

中庸思维方式是指从多个角度来思考同一件事情，从整体的角度来看待冲突，尽力达成和谐平衡的一种思维方式（吴佳辉，林以正，2005）。杨中芳（2014）认为，中庸能帮助个体对具体的认知过程做调整，并由此做出决定，以达成目标。具有较高中庸思维水平的人，更倾向于顾全大局，采取对团体成员而言都合情合理的方式，不容易偏执、冲动地采取行动。根据平和倾向的定义：个体内心平静、待人温和、处事理性的人格倾向，问卷得分高的大学生已经形成了理性看待问题与冲突、善于调节自己的情绪和温和地对待他人的处世风格，与多方思考、整合性与和谐性的认知必然有高的相关。平和倾向经过中庸思维方式对合作的促进作用可以分三个层次发挥：

第一，在合作的人格倾向层面，本研究明确了平和倾向通过中庸思维方式正向影响合作倾向的路径，为我们理解平和倾向对合作的影响提供了一定的帮助，即平和倾向会提高中庸思维方式，从而产生更为明显的合作倾向。这与 Fairlamb 和 Bateson 提出的多元整合的观点不谋而合（1979）。本研究首次将平和倾向与合作倾向的关系聚焦到人格倾向层面，不仅可以更好地揭示平和倾向影响合作倾向的长时程效应，还通过高低平和倾向分组进行差异比较的方法，验证了平和倾向具有内在的、深层的合作属性。这也从一个侧面说明了“一种心智，多种心态”（Shweder et al.，2006）。

第二，在合作的外显行为层面，本研究的结果与前人的实验结果有所不同。大学生的中庸思维方式调节其自我构念对公共物品博弈中合作行为的影响（辛志勇等，2017）。中庸思维方式的中介机制提示我们，平和倾向不仅直接影响外显合作，还通过影响中庸思维方式来影响外显合作，反映了平和倾向作用机制的认知通路。

第三，在合作的内隐层面，平和倾向作为一种人格倾向，它对合作行为的影响是系统性的、多层面的，不仅对大学生外显合作行为倾向具有积极的促进作用，也能够明显提升个体的内隐合作倾向。凌晓丽和孙鹏（2019）发现，个体的合作行为具有直觉自动性的特点。本研究除了再次发现大学生内隐合作效应的存在外，更重要的是，首次明确了高低平和倾向大学生在内隐合作上的差异性。

本研究通过调查和实验，让我们看到了中庸思维方式在合作倾向、外显合作与内隐合作上的相似效应，层层递进深入理解平和倾向的本质。中庸思维方式的作用机制有助于我们更好地理解平和倾向的本质。平和倾向作为一种人格倾向，是个体二阶调节的心理结构，可以表现在知、情、意、行等四个维度上，具有明显的亲社会性。因此，笔者对中庸思维方式中介机制的探讨与验证，不仅揭示了平和倾向影响合作的内在机制，也推动了对平和倾向本质的理解，具有一定的理论意义。

合作可理解为一种亲社会行为（Vugt et al.，2007），这是因为该类行为对社会具有积极影响，是被社会所接受、认可和鼓励的行为（Dovidio et al.，2017；何丽艳，2014）。社会困境关乎国家经济的可持续发展、环境资源的有效利用，已成为威胁整个社会和谐发展与幸福提升的重要因素（Lange et al.，2013）。社会困境中的合作是个体做出有利于集体的选择，而竞争则是指做出有利于个体利益的选择。如何促进社会困境中的合作行为已成为心理学、经济学与社会学等众多领域研究者所关注的热点话题（Declerck et al.，2013）。

新冠肺炎疫情在全球蔓延，给全球公共卫生安全带来巨大挑战，各国在应对疫情过程中面对的正是一个社会困境，需要各国做出明智的选择。习近平主席在二十国集团领导人特别峰会上发言："中方秉持人类命运共同体理念，愿同各国分享防控有益做法，开展药物和疫苗联合研发，并向出现疫情扩散的国家提供力所能及的援助。……中方已经建立新冠肺炎疫情防控网上知识中心，向所有国家开放。"习近平主席代表中国做出基于理性、合作的行动与倡议。在中国的行动选择中可以看出平和倾向所包含的理性、平静、温和与淡定。

心理学在研究社会困境问题时有别于经济学，经济学的研究通常假设个体层面的因素是同质的，着重考察外部奖惩因素对行为的影响；而心理学的研究则假设人格倾向、认知方式等个体因素存在差异，这些心理因素会影响个体行为的变化与发展（陈晓萍，2013）。

本研究首次明确平和倾向通过中庸思维方式正向影响合作的中介路径，寻找到促进合作的中国化的人格倾向和认知方式，提示我们可以从提高大学生平和倾向和中庸思维方式两个方面来提升其合作的倾向与行为。

第四节 大学生诱发平和情绪对合作的影响

1 视频诱发平和情绪对外显合作与内隐合作的促进效应

本研究采用行为实验法，首次从双过程加工理论视角，探讨诱发平和情绪对外显合作与内隐合作的影响。研究结果表明，诱发平和情绪个体的外显合作行为倾向性更高，说明平和情绪对外显合作行为具有显著影响，平和情绪个体更倾向于做出外显合作行为。具体来说，相较于中性组、快乐组和愤怒组，平和组的外显合作行为倾向性显著更高。

在内隐合作上，本研究首次发现平和情绪对内隐合作具有显著影响：相较于愤怒组，平和组的内隐合作更明显。有意思的是，平和组与中性组、快乐组的内隐合作无显著性差异。

为什么要诱发被试的平和情绪？我们已经发现，大学生相对稳定的高平和倾向，会在三个层面促进其合作。但是任何进化的合作倾向都不会取代竞争倾向，而只是与自私和其他反社会的冲动竞争。因此，人类的合作依赖于自我调节。有证据表明，当自我调节失败时，亲社会合作倾向会下降（Ainsworth & Baumeister，2013）。所以，我们需要获得提升大学生平和倾向的干预方案。考虑到人格倾向难以直接操控和在短时间内干预，通过诱发平和情绪来提升大学生的外显合作与内隐合作则是相对可行的选择。首先，使用预实验获得的视频材料来诱发平和情绪，接着通过公共物品博弈实验和内隐联想测验来考察中国情绪影像材料库（徐鹏飞，黄宇霞，罗跃嘉，2010）里的材料诱发的中性情绪、快乐情绪和愤怒情绪在外显合作与内隐合作上的差异。

为什么诱发被试的平和情绪，在外显合作与内隐合作上有部分不一致的结果？本研究将愤怒作为消极情绪的代表，将中性、快乐和平和情绪视为积极情绪。前人的研究告诉我们，个体的合作行为水平受到所唤起情绪和应对策略的共同影响（崔丽莹，钱依文，2016）。不同效价情绪对助人决策有不同的影响（Barasch et al.，2014；Emma et al.，2018）。积极情绪与亲社会行为呈显著正相关，消极情绪与亲社会行为呈显著负相关（Lamy et al.，2012；Sharma，2015），愤怒会带来亲社会行为的下降（杨昭宁等，2017），快乐可以增加合作行为（窦凯等，2018；罗旖颀等，2017）。

笔者比前人研究成果更进一步的地方在于，两个实验均证实，相较于愤怒，无论在外显合作还是内隐合作上，平和情绪都显著促进了合作。并且，仅在外显合作上发现了平和情绪显著超过了中性情绪与快乐情绪所带来的效应，但在内隐合作上，则没有统计学上的差异。这提示我们，短时诱发的平和情绪，只能短时增加被试的外显合作，但不能改变其潜意识、自动化的加工过程。从双过程加工理论框架来看，平和情绪在外显合作上的促进效应明显，但在内隐合作上远没有达到二阶调节的自动化程度。

为什么诱发被试的平和情绪，与中性情绪与快乐情绪相比，在内隐合作上的改变达不到统计学的显著性？可能的解释是，内隐合作是深层和自动化的加工过程，短期的情绪调节，难以使其有大的改变。进一步的解释是，人类独特心理的深层结构浸染着很强的社会性成分和文化底色，受社会文化长期影响的所沉淀的心理倾向，不可能通过一次视频的诱发就可以发生质的改变。进化心理学家对比人类及灵长类近亲的演化后发现，其间涉及的重要差异都源自人类独特的互动形式，尤其是人类乐于从事的多种形式的合作，其中也包括人类独具的合作性交流，使得人类群体可以借助合作创造出任何个体所无法独自创造出的各种事物。这在电脑和摩天大楼这类创造中体现得尤为明显，当然也体现在更为基础的人类能力当中，如习俗性语言交流和借助道德准则进行的自我调节（Tomasello，Dweck，Silk，Skyrms，& Spelke，2009）。

文化总是尝试通过多种社会规范来促进儿童的合作，这样做有进化的功能，如果我们遵从了社会规范，人们就会称赞我们，如果我们违反了社会规范，就会受到惩罚（Dweck，1990）。儿童在社会游戏和工具任务中，表现出相同的合作性，他们甚至有时将工具任务转变成社会游戏，相比于工具性目标，在合作活动中能获得更多的奖励，这表明儿童已经有了共同目标的概念（Warneken & Tomasello，2006）。为什么人们凭直觉合作，愿意和陌生人开展一次性的合作？为什么我们钦佩有原则的人？康德提出，真正的利他主义来自禁忌和爱（Hoffman，Yoeli，& Nowak，2015）。

本研究首次探讨诱发平和情绪对合作行为的影响。积极情绪与合作行为之间存在显著的正相关关系（Kniffin et al.，2017），合作是指个体通过抑制自身利益最大化的冲动从而实现群体利益最大化的决策行为（Vugt et al.，2007）。平和情绪是平和倾向在某一情境中的具体反映。平和情绪作为积极情绪的一种，为更大范围的思考、更长久的计划、综合考虑多方利益提供了情绪基础，说明平和情绪对合作行为具有显著的积极作用。积极情绪的拓展-构建理论（The Broaden-and-Build Theory of Positive Emotions，BBTPE）认为，拓展和构建两大功能是该模型的核心部分（高正亮，童辉杰，2010）。积极情绪的经历会拓展人们瞬间的思想-行动储备，提高了认知灵活性（Fredrickson，2001；Mayne & Bonanno，2001）、多种目标之间的整合（Isen，1990），进而扩大了可能行为反应的范围（Betzel et al.，2017）。总之，平和情绪拓展了个体对外部社会环境的注意视域，使个体更不关注自身内部，而更关注外部社会环境或他人，关心社会及他人的现实需要，在社会活动中积极谦让、乐于帮助他人、乐于合作和共享，表现出更为明显的利于他人和社会的品质与行为（Fredrickson，2004；Pressman，Jenkins，& Moskowitz，2018）

本研究具有一定的现实意义，即诱发大学生的平和情绪，可以有效地增加他们的外显合作行为；进一步地，本研究将平和情绪与合作的关系拓展至潜意识层面，揭示了平和情绪对自动化的合作行为倾向的积极作用。

这为研制提升大学生平和倾向的干预方案建构了实证基础。本研究搜集和整理的5个平和情绪视频诱发材料均能够有效地诱发大学生的平和情绪，可用于平和情绪诱发的相关实验研究。

2 正念诱发平和情绪对外显合作的促进效应

当我们明确了视频材料可以诱发大学生的平和情绪之后，循着同样的思路，认为音频诱发材料可能也有类似的效果，但是无论是视频材料还是音频材料，都有被试参与性不够高、容易厌烦等不利因素。已有的研究表明，正念可以使人平和（刘兴华等，2012；任俊等，2012；徐慰，2013）。考虑到正念练习的主动参与性高，可延展性好，被试不容易厌烦，那么，它很有潜力成为提升个体平和情绪的干预技术。

为了能够充分、有效地诱发被试的平和情绪，本研究首先进行了预实验，搜集和整理短时正念练习材料、音频材料，并对这些材料进行量化评估。研究结果表明，整理的2个短时正念练习材料、5个音频诱发材料均能够有效诱发大学生的平和情绪，可用于平和情绪诱发的相关实验研究。

本研究结果表明，相较于音频组和空白组，正念组的外显合作行为效应更明显，这与视频诱发平和情绪对外显合作行为影响的研究结果一致。无论是视频、音频还是正念诱发的平和情绪，与大学生平和倾向相比，对情境效应的克服会有一定的限制。但是正念带来的效果更好，可以考虑作为干预大学生平和倾向的主要训练方式。

平和倾向作为人格变量，可以被改变吗？对此我们持有谨慎的乐观态度。人格特质会保持一定的变化和稳定性，其中动机和自我调节发挥了重要作用（Denissen，Aken，Penke，& Wood，2013）。自我调节人格发展的三成分框架进一步阐述了人格改变的三个前提条件：主观意愿、可行性和行为习惯的形成（杨蕾，尤瑾，2018）。一项为期16周的纵向追踪调查结果发现，个体想要改变某种人格特质的意愿越高，该人格特质越会随时间的增加表现出更明显的增加趋势，这表明在严谨性、外向性和情绪稳定性等人格维度上均达到了显著的水平（Hudson & Fraley，2015）。

正念可以应用于情绪调节来促进社会合作（Kirk et al.，2012）。正念觉知所达到的非二元性中的静止能让人摆脱因过度的自我专注或执著而产生的破坏性情绪和认知（Williams，2013）。正念作为一种非评判的觉知，获得了更大的客观性（Adair & Fredrickson，2015）。研究者对正念的再感知模型进行了实验研究，再感知被认为是对心理内容的客观化或不认同（Garland，Gaylord，& Park，2009），包括四个二级机制：自我调节、认知灵活性、价值澄清和暴露。一项研究已经证实了价值澄清和心理灵活性的部分中介作用，这支持了再感知模型（Carmody et al.，2009）。价值澄清、认知灵活性不是对刺激的直接调节，而是对价值调节、认知调节的再次调节，这与平和所蕴含的核心——二阶调节，不谋而合。正念练习所带来的积极情绪与注意力获益是一种双向的因果关系，正念练习会使注意力更加集中，可以通过放松抑制性的认知控制促进再评价，从而产生一种生成的、灵活的、积极的心理状态（Garland et al.，2009）。有学者认为，以元觉知为基础的正念练习有四个发挥作用的具体机制：对注意的调控，对负面事物接纳的态度和反应灵活性，动态的自我以及对价值观的反思（翟成，盖笑松，焦小燕，于博充，2016）。正念以人类经验的模式为基础，提出痛苦的原因和缓解途径，发展出一种和谐关系：以当前时刻为重点，去中心化的操作；促进诸如快乐、同情、智慧、镇定的发展；在强化冥想练习和体验式探究过程中，增加情绪管理和行为自律，在练习中发展理解（Crane et al.，2016）。

正念觉知是二阶调节的基础。正念可以把僵硬的、防御性的自我关注变成灵活的和易于接受的自我构建（Kang，2019），为此，人们必须具备在多个层面上觉知自己内在反应和体验的能力，这种能力被称为“内在调和”（Intrapersonal Attunement）（Siegel，2009）或“品味”（Frijda & Sundararajan，2007）。正念的高阶结构保证了觉知之后的二阶调节并产生了平和的情绪与淡泊的意志与行为：（1）一阶觉知：彼此独立的情绪/情感平行存在；（2）二阶觉知：心灵无意识地以阴阳二元、差异且互补的结构关系表达和呈现一阶觉知中的种种情绪/情感；（3）三阶觉知：有意识地觉知自身对于二级觉知的情感反应，进而体验、感受到一种即时而生、审美式的情感，即“平和”（Sundararajan，2015）。

正念练习干预项目（Mindfulness-Based Programs，MBPs）是以正念为基础的各种干预项目的总称。在健康人群的情绪管理（Brown & Ryan，2003）、职业倦怠干预、心理品质提高、父母养育、效能提升、人际关系促进等领域，为了提高特定人群的可接受性，MBPs的项目结构、长度、和途径发生了改变：如更短但更多的干预单元；每周进行改为每隔两周进行一次；利用午餐时间做正念课程；使用智能手机应用程序（Brewer，El-wafi，& Davis，2013；Heeter，Lehto，Allbritton，Day，& Wiseman，2017；Moltner，Leve，& Esch，2017），一些早期的证据表明，这些低强度和自助项目可能是有益的（Cavanagh，Strauss，Forder，& Jones，2014）。干预项目出现了专门化（Jennings，Frank，Snowberg，Coccia，& Greenberg，2013）、简短化（Watanabe et al.，2015）、智能化（Heeter et al.，2017）、自助化（Cavanagh et al.，2014；Hulsheger，Alberts，Feinholdt，& Lang，2013）趋势。

正念练习具有很好的文化亲和性。东方文化所强调的觉知与平和，埋藏在中国人行事风格的底层，如果能够强化心灵中已有的平和倾向，将对现代社会有很大的帮助。Lin和Shiah（2019）提出的“静觉”较正念更为强调减少欲望与自我反思，具体包括克己寡欲、专注定心、仁慈利他与反思智慧。心理学界对起源于佛学的正念已经做了有益的探索，未来应对相关典籍做系统、全面的梳理，结合中医的文化宝藏，如八段锦、五禽戏、太极等，进一步科学化、操作化和实证化地探索，让正念练习更好地干预大学生的平和，成为建设理性平和等积极社会心态的手段之一。

本研究具有一定的现实意义，即正念练习可以诱发大学生的平和情绪，可以有效地提高他们的外显合作行为，这为以后实施干预提供了实验基础。正念练习拓展了诱发平和情绪的材料，使得被试通过视觉、听觉相对被动的方式获得平和情绪之外，还可以通过主动练习的方式提升自己的平和情绪，应用前景广阔。

第五节　本研究的创新点与不足之处

1 本研究的创新点

本研究的创新之处：(1）首次较为系统地梳理了我国传统文化下的平和思想，尝试提出基于中国文化背景下的平和倾向构念，为平和倾向的中国化研究奠定了基础；(2）以大学生为对象，编制了第一个中国化的平和倾向问卷，为开展平和倾向的中国化实证研究提供了可靠的工具；(3）首次较大规模调查了我国大学生平和倾向的特点，为掌握我国大学生平和倾向的真实情况提供了可靠的数据；(4）明确了正念、严谨性、宜人性等因素对平和倾向的影响及其机制，尝试建构了影响大学生平和倾向的“认知-人格”模式，为大学生平和倾向的培养提供了路径；(5）系统探讨了平和倾向对大学生合作的影响，建构并验证了平和倾向通过中庸思维方式影响合作的中介机制；(6）整理了诱发平和情绪的视频、音频与正念材料，首次从双加工过程角度，验证了诱发平和情绪可以提升大学生的合作行为倾向性，并证实了正念练习能诱发平和情绪与促进外显合作，为进一步干预平和倾向提供了重要基础。

2 本研究的不足之处

本研究的不足之处及未来研究的方向：（1）本书采用“自上而下”与“自下而上”相结合的研究思路，通过理论分析和量化统计的方法，从我国传统文化和普通大学生群体的日常生活体验中提炼平和倾向的结构，初步明确了二阶调节的核心地位，最终建构了平和倾向的四因素结构，即平和倾向包括平静倾向、理性倾向、温和倾向与淡定倾向等四个因素，但是限于研究者水平和时间的不足，尚没有深入平和倾向构念的深一层本质，如二阶调节如何实现动态平衡等，有待未来进一步探索。（2）本研究以我国大学生群体为研究对象，所获得的结果和结论仅适用于我国大学生群体。由于对象的年龄仅仅集中在18~24周岁，其对二阶调节，特别是对淡泊名利的忽视，削弱了操作性概念的完整性，未来研究可选择发展中的青少年、工作中的成年人以及离退休的老年人等不同年龄阶段的群体，也可以选择司法人员、服刑和成瘾人员、艺术和文化创作者等特殊群体，进行平和倾向的发展性研究或特殊群体的社会文化特异性研究，明确平和倾向的发展特点与本研究结果的适用范围。（3）对平和倾向的测量主要采用自我报告法，可能受社会赞许效应、趋中效应和被试主观效应的影响，未来研究可以创新测量方式，通过他评法和间接测量方式等，进一步验证本研究结果。（4）对平和倾向影响因素的研究仅仅专注于人格和认知等个体因素，从系统观来看，没有涉及社会因素是一个缺憾，未来研究可以继续从已有研究文献和实际生活中发掘研究问题，对其他影响因素进行研究。另外，调查研究均是基于横断数据，无法直接推断因果关系，未来研究应采用追踪研究或行为实验方法，对它们之间的因果关系做进一步的验证。（5）本研究力图建构并验证平和倾向影响合作的机制。由于需要更精准的变量控制和实验操纵，行为实验同时考虑多个变量的调节或中介作用存在一定难度，也不利于核心问题的探讨，因此，行为实验研究部分没有探讨平和倾向及其中介作用机制的边界条件。未来研究可以专门针对人际信任等调节因素的作用问题，设计行为实验，进行专门探讨。(6) 内隐平和涉及人的潜意识与前意识，是一种更为复杂的心理属性。由于研究水平有限，本研究仅从外显层面测量了平和倾向及中庸思维方式，因此，本研究无法反映平和倾向影响合作的潜意识机制。未来研究应增加研究手段和条件，从潜意识层面测量平和倾向、中庸思维方式，从而深入潜意识层面去探讨平和倾向影响合作的深层机制。(7) 本研究建构的平和倾向四维结构与西方人格心理学的相关结构成分的异同可以进一步分析论证。再者，从跨文化的角度比较中西方大学生在平和倾向得分上的差异也很有价值的。另外，从文化、群体、民族等领域选择有关变量对平和倾向进行影响的系统研究十分必要，然而受研究者水平和时间的限制，只能留待未来开展进一步的探索。(8) 虽然本研究验证了正念练习、视频与音频材料可以诱发大学生的平和情绪，能有效地增加他们的外显合作行为，但是并没有开展干预研究，未来应设计正念练习方案，考察正念训练在提升大学生平和情绪、平和倾向与合作倾向方面的效果。

结　语

本书旨在探讨大学生平和倾向的特点、影响因素及其与合作的关系。本书共计抽取12个样本8726名有效大学生被试（不含预实验），采用内容分析法、问卷调查法和行为实验法，通过4个部分共计10个研究，得到以下结论：

1. 在中国文化背景下，平和倾向是个体内心平静、待人温和、处事理性的人格倾向，平和倾向可以表现在知、情、意、行等维度；

2. 平和倾向是一个四维度、两阶层的概念结构，包括平静倾向、理性倾向、温和倾向与淡定倾向等四个因素；编制的大学生平和倾向问卷具有良好的信效度，可应用于平和倾向的相关研究；

3. 大学生平和倾向处于中等偏上水平；大学生平和倾向在性别和年级等方面存在差异；

4. “认知-人格”的综合作用模式影响了大学生的平和倾向：作为中国传统文化强调觉察的认知因素，正念对平和倾向具有显著的正向预测作用；正念通过严谨性和宜人性的中介作用正向预测平和倾向，严谨性中介路径显著大于宜人性中介路径；

5. 平和倾向能够显著促进大学生的合作：平和倾向不仅正向影响合作倾向，积极作用于外显合作，还对内隐合作具有显著的正向作用，大学生平和倾向水平越高，大学生的合作倾向越高、外显合作和内隐合作越明显；另外，验证了中庸思维方式在平和倾向与合作倾向、外显合作与内隐合作间的中介机制。

6.视频诱发平和情绪对外显合作与内隐合作有显著的促进效应；相较于音频材料，正念诱发的平和情绪更加显著，对外显合作的促进效应也更加显著。

研究表明：大学生平和倾向问卷具有良好的信效度，可用于平和倾向的相关研究；大学生平和倾向处于中等偏上水平，大学生平和倾向受“认知-人格”模式的影响；平和倾向对大学生三个层面的合作（合作倾向、外显合作与内隐合作）均具有显著影响，中庸思维方式在二者之间起中介作用。总之，平和倾向是促进大学生合作的重要因素，从“认知-人格”角度培养与提升平和倾向，对大学生平和倾向的培养及社会治理具有一定的现实意义。

参考文献

白薇臻，杨莉馨.《中国问题》与现代性反思——从罗素访华谈起[J].西北师大学报(社会科学版)，2018，55(6)：139-146.

包寒吴霜，蔡华俭，罗宇.身份认同动机：概念、测量与心理效应[J].心理科学，2019，42(4)：971-977.

毕重增，黄希庭.中国文化中自信人格的内涵和功能[J].心理科学进展，2007(2)：224-229.

蔡华俭.Greenwald提出的内隐联想测验介绍[J].心理科学进展，2003(3)：339-344.

蔡华俭.内隐自尊效应及内隐自尊与外显自尊的关系[J].心理学报，2003，35(6)：796-801.

岑延远.大学生内隐竞争心理的实验研究[J].心理学探新，2006(3)：65-69.

陈国鹏，李鹃，陆芳.《竞争态度量表》中国版的修订[J].心理科学，2003，26(2)：332-333.

陈浩彬，汪凤炎.智慧：结构、类型、测量及与相关变量的关系[J].心理科学进展，2013(1)：108-117.

陈来.中华文明的价值偏好与现代性价值的差异[J].人民教育，2016(19)：77-79.

陈晓萍，等.走出社会困境：有效诱导合作的心理机制[M].北京：北京大学出版社，2013.

程翠萍，黄希庭．中国人勇气量表的建构[J]．西南大学学报(社会科学版)，2016，42(1)：93-99，191.

池丽萍，辛自强．社会心理服务体系建设的应然与实然：基于全国12个试点地区的评估[J]．心理科学，2019，42(4)：978-987.

崔丽莹，钱依文．正负情绪对社会两难困境中合作决策的影响[J]．社会心理科学，2016，31(C1)：14-21.

戴晓阳，姚树桥，蔡太生，等．NEO个性问卷修订本在中国的应用研究[J]．中国心理卫生杂志，2004，18(3)：171-174，170.

邓欣媚，王瑞安，桑标．情绪调节的发展及其与情绪体验、情绪能力、情绪调节态度的关系[J]．心理科学，2011，34(6)：1345-1352.

邓欣媚，王晓钧，肖珊．独乐乐或众乐乐？不同文化下的正性情绪取向和调节研究[J]．心理科学，2016，39(6)：1413-1419.

邓永光，毕新，杨智钦，等．血浓于水：大学生的内隐亲缘合作偏好[J]．心理研究，2017，10(6)：25-30.

窦凯，刘耀中，王玉洁，等．“乐”于合作：感知社会善念诱导合作行为的情绪机制[J]．心理学报，2018，50(1)：101-114.

范津砚，叶斌，章震宇，等．探索性因素分析——最近10年的评述[J]．心理科学进展，2003(5)：579-585.

方登星，董翠萍．首批新型冠状病毒感染肺炎发热门诊护士心理体验的质性研究[J]．现代临床护理，2020(1)：11.

冯友兰．觉解人生[M]．杭州：浙江人民出版社，1996.

冯友兰．中国哲学史：上[M]．北京：商务印书馆，2011.

高石，杨莉萍，白福宝．探索性因子分析中主轴法下的平行分析[J]．心理学探新，2015(5)：471-473.

高正亮，童辉杰．积极情绪的作用：拓展-建构理论[J]．中国健康心理学杂志，2010(2)：246-249.

高志强．忧乐圆融：儒家忧乐思想的核心特质[J]．心理科学，2018，41

(5):1274-1279.

顾瑛琦.正念的去自动化心理机制及临床干预效果研究[D].上海:华东师范大学,2018.

郭丰波.自恋人格调节人际合作决策与结果评价——来自事件相关电位和神经震荡的证据[D].天津:天津师范大学,2017.

郭晶莹,冯志远,杨新国,等.内隐联想测验、简式内隐测验、单类内隐测验测评大学新生自杀意念的效果[J].中国心理卫生杂志,2018,32(12):1034-1039.

郭斯萍.仁者何以不忧?——试论儒家伦理与心身健康[J].南京师大学报(社会科学版),2018(3):111-119.

郭斯萍,柳林.试论儒家伦理的精神性内涵及其心理健康价值[J].宗教心理学,2018(0):33-49.

韩慧琴,陈珏,谢斌.新型冠状病毒肺炎患者治愈后的心理问题和干预策略建议[J].上海医学,2020(3):175-180.

何丽艳.亲社会行为的道德认同培育[J].人民论坛(中旬刊),2014(3):225-227.

何宁,朱云莉.自爱与他爱:自恋、共情与内隐利他的关系[J].心理学报,2016(2):199-210.

侯玉波,彭凯平,朱滢.中国人整体思维方式量表的编制与确认[J].中国社会心理学评论,2016(2):45-72.

胡金生.传统和现代视野中的自谦[J].心理学探新,2007(3):19-21,43.

胡金生,黄希庭.自谦:中国人一种重要的行事风格初探[J].心理学报,2009(9):842-852.

胡舒乐.大学生认知风格、中庸自我与合作行为的关系研究[D].桂林:广西师范大学,2014.

胡艳华,黄敏儿.神经质和外倾的负情绪减弱调节特点[J].心理学报,2006(4):553-561.

胡宇南,罗映光.略论当代大学生阳光心态的培育[J].思想理论教育导刊,2013(6):116-119.

胡中锋,莫雷.论因素分析方法的整合[J].心理科学,2002(4):474-475.

黄希庭.人格研究中国化之我见[J].心理科学,2017,40(6):1518-1523.

黄希庭,尹天子.从自尊的文化差异说起[J].心理科学,2012,35(1):2-8.

黄雨田,汪凤炎.《周易》论君子的人格素养及其形成途径[J].心理学探新,2013(2):99-104.

蒋达,王歆睿,傅丽,周仁来.内隐利他行为的实验研究[J].心理科学,2008(1):79-82,78.

李阿特,汪凤炎.大学生羞耻心的结构及问卷编制[J].心理与行为研究,2013(2):170-175.

李红玉,彭彦琴.正念训练对于注意的异向影响研究:专注与警觉[J].宗教心理学,2014(0):383-395.

李林,黄希庭.俭:心理学的研究视角[J].心理科学进展,2014(1):181-189.

李林,黄希庭.中国人节俭价值观的结构研究[J].西南大学学报(社会科学版),2016,42(1):100-106,191.

李艳.中庸思维对员工合作竞争态度、组织公民行为的影响[D].南京:南京大学,2011.

廖建平.冯友兰的觉解与人生关系论[J].江西社会科学,2004(4):81-83.

林道武.大学生内心平静量表的信效度检验[D].北京:首都师范大学,2014.

林栋.初中生共情、情绪调节对合作倾向的影响与干预研究[D].上海:上海师范大学,2016.

凌晓丽,孙鹏.损失情境下社会困境中的合作行为[J].心理与行为研究,2019,17(3):377-383.

刘超,汪凤炎.中国人实用思维的基本特征及其效应[J].心理研究,2015,8(6):9-14.

刘成纪.中庸的理想[M].北京:北京语言大学出版社,2001.

刘红云.α系数与测验的同质性[J].心理科学,2008,31(1):185-189.

刘小山,唐晓嘉.基于囚徒困境博弈的理性、信息与合作分析[J].西南大学学报(社会科学版),2019,45(1):21-30.

刘晓凤,迟新丽,张洁婷,等.儿童青少年正念量表(CAMM)在中国青少年群体中的信效度检验[J].心理学探新39(3):250-256.

刘兴华,徐钧,张琴,等."此刻觉察"正念训练的定义、操作及可行性[J].中国健康心理学杂志,2016,24(8):1224-1229.

刘兴华,徐慰,王玉正,等.正念训练提升自愿者幸福感的6周随机对照试验[J].中国心理卫生杂志,2013(8):597-601.

刘长江,郝芳.不对称社会困境中社会价值取向对合作的影响[J].心理学报,2011(4):432-441.

罗旖颀,苏方国,余子逸.快乐的音乐对合作行为的影响:情绪的中介作用[J].中国人力资源开发,2017(6):34-43.

马楷轩,张燚德,侯田雅,等.新型冠状病毒肺炎疫情期间隔离人员生理心理状况调查[J].中国临床医学,2020,27(1):36-40.

马克·威廉姆斯,丹尼·彭曼.正念禅修——在喧嚣的世界中获取安宁[M].刘海青,译.北京:九州出版社,2013.

苗建华.先秦两汉琴论的美学研究[J].南京艺术学院学报(音乐及表演版),2000(2):24-26.

苗建华.古琴美学中的儒道佛思想[J].音乐研究,2002(2):7-13.

沐守宽.美德形容词评定量表的建立及其应用研究[D].上海:上海师范大学,2007.

穆俊平,杨建宇,朱庆文.中和医派中和思想在糖尿病诊疗中的应用[J].

光明中医,2017,32(12):1682-1684.

欧阳瑜华.当代大学生积极社会心态培育[D].北京:中国地质大学,2017.

彭凯平.知行合一的智慧[J].中外管理,2013(5):126-127.

彭彦琴,居敏珠.正念机制的核心:注意还是态度?[J].心理科学,36(4):1009-1013.

任俊,黄璐,张振新.冥想使人变得平和——人们对正、负性情绪图片的情绪反应可因冥想训练而降低[J].心理学报,2012,44(10):1339-1348.

任娜,佐斌,侯飞翔,汪国驹.情境效应或自动化加工:大学生对老年人的内隐态度[J].心理学报,2012(6):777-788.

舒首立,郭永玉,黄希庭.中国人的自尊结构初探[J].心理学探新,2015(5):425-431.

孙时进.物欲或拜金:心理学视角的解读[J].江苏行政学院学报,2014(6):57-60.

汪芬,黄宇霞.正念的心理和脑机制[J].心理科学进展,2011(11):1635-1644.

汪凤炎.对水稻理论的质疑:兼新论中国人偏好整体思维的内外因[J].心理学报,2018,50(5):572-582.

王登峰,崔红.人格结构的行为归类假设与中国人人格的文化意义[J].浙江大学学报(人文社会科学版),2006,36(1):26-34.

王俊秀,陈满琪.中国社会心态研究报告[M].北京:社会科学文献出版社,2019.

王立皓,汪凤炎.西方的元认知与儒家的自省:概念比较[J].现代教育管理,2010(3):106-109.

王娜.中国人人格特质结构对合作的影响机制[J].心理与行为研究,2012(2):92-97.

王沛,汲慧丽.罚款对城市居民个人用水行为的影响[J].应用心理学,

2008(2):149-154.

王诗茗,张振铎,刘兴华.平静心境量表在大学生中的试测[J].中国心理卫生杂志,2016(7):543-547.

王霄,吴伟炯.情绪机制与公共物品供给决策:一项基于社会资本的实验研究[J].经济研究,2012(11):142-156.

王秀丽,彭杜宏,吴铁钧.大学生内隐与外显合作态度的比较研究[J].高教探索,2008(1):129-131.

王学静,郝正玮,李佳宁,等.八段锦联合正念冥想对离退休综合征老年人的影响[J].上海护理,2017,17(4):22-26.

王岩,辛婷婷,刘兴华,等.正念训练的去自动化效应:Stroop和前瞻记忆任务证据[J].心理学报,2012(9):1180-1188.

王玉正,齐臻臻,刘兴华.情绪弹性在正念训练改善心境中的作用[J].中国心理卫生杂志,2017,31(11):914-915.

王自华,李惠.引导大学生树立良好的社会心态[J].人民论坛,2018(7):113-115.

温忠麟,叶宝娟.测验信度估计:从α系数到内部一致性信度[J].心理学报,2011(7):821-829.

吴继霞,黄希庭.诚信心理学研究的理论思考[J].西南大学学报(社会科学版),2010(6):7-12.

吴佳辉,林以正.中庸思维量表的编制[J].本土心理学研究,2005(24):247-300.

吴键,石凤妍,臧传丽,等.当代大学生对竞争认识的调查研究[J].心理科学,2007(2):293-296.

吴睿,郭庆科,李芳.内隐和外显测量对利他行为的预测:来自IAT和BI-AT的证据[J].心理学探新,2018,38(4):356-362.

夏凌翔,黄希庭,吴波.西方的自主与中国的自立:概念比较[J].西南大学学报(社会科学版),2008(1):8-13.

谢威士，汪凤炎．大学生谦虚问卷的初步编制[J]．心理研究，2014，7(5)：82-87.

谢晓非，孔瑞芬，陈曦，等．儿童合作倾向与家长价值观[J]．心理科学，2000(6)：699-702.

谢晓非，余媛媛，陈曦，等．合作与竞争人格倾向测量[J]．心理学报，2006，38(1)：116-125.

辛自强．社会治理中的心理学问题[J]．心理科学进展，2018，26(1)：1-13.

徐鹏飞，黄宇霞，罗跃嘉．中国情绪影像材料库的初步编制和评定[J]．中国心理卫生杂志，2010(7)：551-554+561.

徐晟．社会赞许性的争议、应用与展望[J]．南开学报(哲学社会科学版)，2014(3)：152-160.

徐晟，李强，李凌，等．心理健康素质测评系统·中国成年人社会赞许性全国常模的制定[J]．心理与行为研究，2014(6)：748-755.

徐慰．正念训练提升内心平静的效果[D]．北京：首都师范大学，2013.

徐慰，符仲芳，王玉正，等．日常生活中压力对愤怒情绪的动态影响：特质正念的调节作用[J]．中国临床心理学杂志，2017，25(3)：485-488.

徐晓波，汪凤炎．"吃亏是福"现象的心理学分析[J]．社会心理科学，2010(6)：46-49，116.

严进，王重鸣．两难对策中价值取向对群体合作行为的影响[J]．心理学报，2000(3)：332-336.

杨洛萱．竞争态度和注意水平对合作与竞争词记忆的影响[D]．保定：河北大学，2013.

杨希．长春市高校大学生内隐与外显竞争态度的比较研究[D]．长春：吉林大学，2009.

杨雪冬．大国成长中需保持平和心态[J]．政府法制，2010(5)：9.

杨亚杰．高中教师外显与内隐竞争态度与心理健康的关系[D]．开封：河南大学,2011.

杨宜音.个体与宏观社会的心理关系:社会心态概念的界定[J].社会学研究,2006(4):117-131,244.

杨宜音.浮躁怎样成为一种社会心态[J].江苏行政学院学报,2014(6):60-62.

杨宜音.社会心态:风险社会中心理共享现实的建构[J].哈尔滨工业大学学报(社会科学版),2015(6):43-48.

杨莹,寇彧.亲社会互动中的幸福感:自主性的作用[J].心理科学进展,2015(7):1226-1235.

杨莹,寇彧.亲社会自主动机对青少年幸福感及亲社会行为的影响:基本心理需要满足的中介作用[J].心理发展与教育,2017,33(2):163-171.

杨玉婷.理性:人的生命精神之所在——读梁漱溟《中国文化要义》[J].思想政治课教学,2015(1):95-96.

邓华强.愤怒和悲伤情绪对助人决策的影响:人际责任归因的作用[D].成都:四川师范大学,2018.

杨中芳.传统文化与社会科学结合之实例:中庸的社会心理学研究[J].中国人民大学学报,2009(3):53-60.

杨中芳.中庸研究与华人本土心理学[J].中国社会心理学评论,2014(2):304-319.

杨中芳,林升栋.中庸实践思维体系构念图的建构效度研究[J].社会学研究,2012(4):167-186,245.

杨紫嫣,刘云芝,余震坤,等.内隐联系测验的应用:国内外研究现状[J].心理科学进展,2015(11):1966-1980.

俞国良.社会转型:心理健康服务与社会心理服务[J].黑龙江社会科学,2018(4):62-69,168.

俞国良,谢天.社会转型:社会心理服务与社会心态培育[J].河北学刊,2018(2):175-181.

袁博.社会博弈中合作与冲突结果评价的认知神经机制[D].天津:天津师范大学,2014.

袁晓晶.作为思维结构的"中庸"[J].哲学动态,2017(11):47-52.

翟成,盖笑松,焦小燕,等.正念训练中的认知转变机制[J].东北师大学报(哲学社会科学版),2016(2):182-187.

翟学伟.人情、面子与权力的再生产:情理社会中的社会交换方式[J].社会学研究,2004(5):48-57.

曾红.建构中国化的人格理论模型初探[J].江西师范大学学报(哲学社会科学版),2003(3):113-117.

曾红,郭斯萍."乐"——中国人的主观幸福感与传统文化中的幸福观[J].心理学报,2012,44(7):986-994.

曾红,杨鑫辉.试论中国传统道德人格的现代延伸[J].江西教育科研,2001(10):11-15.

曾莲子.大学生合作心理品质特点及其与大五人格的关系研究[D].重庆:重庆师范大学,2010.

张其成.中医学生命模型的特征和意义[J].河北学刊,2007(3):29-33.

张婍,王二平.社会困境下政治信任对公众态度和合作行为的影响[J].心理科学进展,2010(10):1620-1627.

张舒.安静自我量表的信效度检验及初步应用[D].郑州:郑州大学,2017.

张蔚,袁博,宋霞刚,等.人类合作行为的神经生物基础及脑模型[J].福州大学学报(自然科学版),2016,44(6):906-912.

赵志裕,邹智敏,林升栋.文化与社会赞许反应:社会个人互动的观点[J].心理学报,2010(1):48-55.

郑剑虹.自强的心理学研究:理论与实证[D].重庆:西南师范大学,2004.

周浩,龙立荣.共同方法偏差的统计检验与控制方法[J].心理科学进展,2004,12(6):942-950.

周晓虹.焦虑:迅疾变迁背景下的时代症候[J].江苏行政学院学报,2014(6):54-57.

周晓虹.转型时代的社会心态与中国体验——兼与《社会心态:转型社会的社会心理研究》一文商榷[J].社会学研究,2014(4):1-23,242.

朱琳琳.大学生外显、内隐竞争与合作态度的关系及其对成就动机的影响[D].西安:陕西师范大学,2012.

Adair, K. C., & Fredrickson, B. L. (2015). Be open: Mindfulness predicts reduced motivated perception.*Personality and Individual Differences*, 83, 198-201.

Adhiya-Shah, K. (2016). Book review: Man's search for meaning (Victor Frankl).*Frontiers in Psychology*, 7, 1493.

Ainsworth, S.E., & Baumeister, R.F.(2013). Cooperation and fairness depend on self-regulation.*The Behavioral and brain sciences*, 36(1), 79-80.

Alexander, G.K., Rollins, K., Walker, D., Wong, L., & Pennings, J.(2015). Yoga for self-care and burnout prevention among nurses. *Workplace Health and Safety*, 63(10), 462-470.

Allport, G.W., & Odbert, H.S.(1936).Trait-Names: A psychological study.*Psychological Monographs*, 47(1), 1-171.

Anderson, J.C., & Gerbing, D.W.J.P.B.(1988). "Structural equation modeling in practice: A review of the two-step approach". *Psychological Bulletin*, 103(3), 411-423.

Anderson, R.(2004).A definition of peace.*Peace and Conflict: Journal of Peace Psychology*, 10(2), 101-116.

Andrews, J.A., Hampson, S.E., Greenwald, A.G., Gordon, J., & Widdop, C. (2010).Using the implicit association test to assess children's implicit attitudes toward smoking.*Journal of Applied Social Psychology*, 40(9), 2387-2406.

Ardelt, M.(2003).Empirical assessment of a three-dimensional wisdom scale.

Research on Aging, 25(3), 275–324.

Baer, R.A., & Sauer, S.E.Relationships between depressive rumination, anger rumination, and borderline personality features.*Personality Disorders*, 2(2), 142–150.

Baer, R.A., Smith, G.T., Hopkins, J., Krietemeyer, J., & Toney, L.(2006).Using self–report assessment methods to explore facets of mindfulness.*Assessment*, 13(1), 27–45.

Balakrishnan, N., & Scarpa, B.(2012).Multivariate measures of skewness for the skew–normal distribution.*Journal of Multivariate Analysis*, 104(1), 73–87.

Baldwin, K., & Huber, J. D. (2010). Economic versus cultural differences: Forms of ethnic diversity and public goods provision.*American Political Science Review*, 104(4), 644–662.

Balliet, D., Li, N.P., & Joireman, J.(2011).Relating trait self–control and forgiveness within prosocial and proselfs: compensatory versus synergistic models. *Journal of Personality and Social Psychology*, 101(5), 1090–1105.

Bandalos, D.L.(2002).The effects of item parceling on goodness–of–fit and parameter estimate bias in structural equation modeling.*Structural equation modeling*, 9(1), 78–102.

Bandalos, D.L.(2008).Is parceling really necessary? A comparison of results from item parceling and categorical variable methodology.*Structural equation modeling*, 15(2), 211–240.

Bao, Y., Sun, Y., Meng, S., Shi, J., & Lu, L.(2020).2019–nCoV epidemic: address mental health care to empower society.*The Lancet*, 395(10224), e37–e38.

Barasch, A., Levine, E.E., Berman, J.Z., & Small, D.A.(2014).Selfish or selfless? On the signal value of emotion in altruistic behavior.*Journal of Personality and Social Psychology*, 107(3), 393–413.

Bargh, J.A., Chen, M., & Burrows, L.(1996).Automaticity of social behavior:

Direct effects of trait construct and stereotype activation on action. *Journal of Personality and Social Psychology*, 71(2), 230–244.

Barrick, M. R., Mount, M. K., & Judge, T. A. (2001). Personality and performance at the beginning of the new millennium: What do we know and where do we go next? *International Journal of Selection and Assessment*, 9(12), 9–30.

Betzel, R.F., Satterthwaite, T.D., Gold, J.I., & Bassett, D.S.(2017).Positive affect, surprise, and fatigue are correlates of network flexibility. *Scientific Reports*, 7, 9–30.

Bird Brian, M., Geniole Shawn, N., Procyshyn Tanya, L., Ortiz Triana, L., Carré Justin, M., & V., W.N.(2019).Effect of exogenous testosterone on cooperation depends on personality and time pressure. *Neuropsychopharmacology: official publication of the American College of Neuropsychopharmacology*, 44(3), 538–545.

Birnie, K., Speca, M., & Carlson, L.E.(2010). Exploring self–compassion and empathy in the context of mindfulness–based stress reduction (MBSR). *Stress and Health*, 26(5), 359–371.

Bishop, S.R.(2002). What do we really know about Mindfulness–Based Stress Reduction? *Psychosomatic Medicine*, 64(1), 71–83.

Blue, C. L. (2009). Commentary on "the brief serenity scale: a psychometric analysis of a measure of spirituality and well–being". *Journal of holistic nursing*, 27(1), 17–18.

Bogaert, S., Boone, C., & Declerck, C.(2011).Social value orientation and cooperation in social dilemmas: a review and conceptual model. *British Journal of Social Psychology*, 47(3), 453–480.

Bremner, R.H., Koole, S.L., & Bushman, B.J.(2011)."Pray for Those Who Mistreat You": Effects of prayer on anger and aggression. *Personality and Social Psychology Bulletin*, 37(6), 830–837.

Brewer, J.A., Elwafi, H.M., & Davis, J.H.(2013).Craving to quit: psychological models and neurobiological mechanisms of mindfulness training as treatment for addictions.*Psychology of Addictive Behaviors*, 27(2), 366–379.

Brown, K.W., Ryan, R.A., & Creswell, J.D.(2007). Mindfulness: Theoretical foundations and evidence for its salutary effects.*Psychological Inquiry*, 18(4), 211–237.

Brown, K.W., & Ryan, R.M.(2003).The benefits of being present: mindfulness and its role in psychological well-being.*Journal of Personality and Social Psychology*, 84(4), 822–848.

Brown, T.A., & Moore, M.T.(2012).Confirmatory factor analysis.*Handbook of Structural Equation Modeling*, 361–379.

Butler, E.A., Lee, T.L., & Gross, J.J.(2009). Does expressing your emotions raise or lower your blood pressure? The answer depends on cultural context.*Journal of Cross Cultural Psychology*, 40(3), 510–517.

Carmody, J., Baer, R.A., Lykins, E.L.B., & Olendzki, N.(2009).An empirical study of the mechanisms of mindfulness in a mindfulness-based stress reduction program.*Journal of Clinical Psychology*, 65(6), 613–626.

Carter, O.L., Presti, D.E., Callistemon, C., Ungerer, Y., Liu, G.B., & Pettigrew, J.D.(2005). Meditation alters perceptual rivalry in Tibetan Buddhist monks. *Current Biology*, 15(11), R412–R413.

Cavanagh, K., Strauss, C., Forder, L., & Jones, F.(2014).Can mindfulness and acceptance be learnt by self-help?: a systematic review and meta-analysis of mindfulness and acceptance-based self-help interventions.*Clinical Psychology Review*, 34(2), 118–129.

Chambers, R., Gullone, E., & Allen, N.B.(2009). Mindful emotion regulation: An integrative review.*Clinical Psychology Review*, 29(6), 560–572.

Chatterjee, M.B., Baumann, N., & Koole, S.L.(2017). Feeling better when someone is alike: Poor emotion regulators profit from pro-social values and priming for similarities with close others.*Journal of Personality*, 85(6), 841–851.

Cheung, G.W., & Lau, R.S.J.O.r.m.(2008).Testing mediation and suppression effects of latent variables: Bootstrapping with structural equation models. 11(2), 296–325.

Clark, M.S., Lemay, E.P., Jr., Graham, S.M., Pataki, S.P., & Finkel, E.J. (2010).Ways of giving benefits in marriage: norm use, relationship satisfaction, and attachment–related variability.*Psychological Science*, 21(7), 944–951.

Clark, M.S., Milberg, S., & Erber, R.(1984).Effects of arousal on judgments of others' emotions.*Journal of Personality and Social Psychology*, 46(3), 551–560.

Cohen, & Jacob.(1992).A power primer.*Psychological Bulletin*, 112(1), 155–159.

Cohn, M.A., & Fredrickson, B.L.(2006).Beyond the moment, beyond the self: shared ground between selective Investment theory and the broaden–and–build theory of positive emotions.*Psychological Inquiry*, 17, (1), 39–44.

Crane, R.S., Brewer, J., Feldman, C., Kabat–Zinn, J., Santorelli, S., Williams, J.M.G., & Kuyken, W.(2016).What defines mindfulness–based programs? The warp and the weft.*Psychological Medicine*, 47(06), 990–999.

Cremer, D.D., & Leonardelli, G.J.(2003).Co–operation in social dilemmas and the need to belong: The moderating effect of group size.*Group Dynamics Theory Research and Practice*, 7(2), 168–174.

De Cremer, D., & Van Dijk, E.(2011).On the near miss in public good dilemmas: How upward counterfactuals influence group stability when the group fails. *Journal of Experimental Social Psychology*, 47(1), 139–146.

Decety, J., Jackson, P.L., Sommerville, J.A., Chaminade, T., & Meltzoff, A.N. (2004).The neural bases of cooperation and competition: an fMRI investigation.*Neuroimage*, 23(2), 744–751.

Declerck, C.H., Boone, C., & Emonds, G.(2013).When do people cooperate?

The neuroeconomics of prosocial decision making.*Brain and Cognition*, 81(1), 95–117.

Denissen, J.J.A., van Aken, M.A.G., Penke, L., & Wood, D.(2013).Self–Regulation underlies temperament and personality: an integrative developmental framework.*Child Development Perspectives*, 7(4), 255–260.

Desbordes, G., Gard, T., Hoge, E.A., Hoelzel, B.K., Kerr, C., Lazar, S.W., ... Vago, D.R.(2015).Moving beyond mindfulness: Defining equanimity as an outcome measure in meditation and contemplative research.*Mindfulness*, 6(2), 356–372.

Deutsch, M., Coleman, P.T., & Marcus, E.C.(2014).The handbook of conflict resolution : theory and practice.(2nd ed.).Wiley Publishing.

Deutsch, R., & Strack, F.(2006).Duality Models in social psychology: from dual processes to interacting systems.*Psychological Inquiry*, 17(3), 166–172.

Dossey, B.M.(2007).Integral and holistic nursing.*Beginnings*, 27(2), 14.

Dovidio, J.F., Isen, A.M., Guerra, P., Gaertner, S.L., & Rust, M.(1998).Positive affect, cognition, and the reduction of intergroup bias.In C.Sedikides, J.Schopler, & C.A.Insko (Eds.), *Intergroup Cognition and Intergroup Behavior* (p.337 – 366).

Dunfield, K.A.(2014).A construct divided: prosocial behavior as helping, sharing, and comforting subtypes.*Frontiers in Psychology*, 5, 958.

Dweck, C.S.(1990).Self–theories and goals: their role in motivation, personality, and development.*Nebraska Symposium on Motivation*.38, 199–235.

Edesbordes, G., Edesbordes, G., Negi, L.T., Pace, T.W.W., Wallace, B.A., Raison, C.L., & Schwartz, E.L.(2012).Effects of mindful–attention and compassion meditation training on amygdala response to emotional stimuli in an ordinary, non–meditative state.*Frontiers in Human Neuroscience*, 6(3), 292.

Eisenberg, N., Eggum, N.D., & Di, G.L.(2010).Empathy–related responding: associations with prosocial behavior, aggression, and intergroup relations.*Social Is-*

sues and Policy Review, 4 (1), 143–180

Ekman, P., Davidson, R.J., Ricard, M., & Wallace, B.A.(2010).Buddhist and psychological perspectives on emotions and well-being.*Current Directions in Psychological Science*, 14(2), 59–63.

Fabrigar, L.R., Wegener, D.T., MacCallum, R.C., & Strahan, E.J.(1999).Evaluating the use of exploratory factor analysis in psychological research.*Psychological Methods*, 4(3), 272–299.

Fairlamb, H.L., & Bateson, G.(1979).Mind and Nature: A Necessary Unity. *MLN*, 94(5), 1218.

Fingelkurts, A.A., Fingelkurts, A.A., & Kallio-Tamminen, T.(2016).Long-term meditation training induced changes in the operational synchrony of default mode network modules during a resting state.*Cognitive Processing*, 17(1), 27–37.

Floyd, F.J., & Widaman, K.F.(1995).Factor analysis in the development and refinement of clinical assessment instruments.*Psychological Assessment*, 7(3), 286–299.

Frederick, S.(2005).Cognitive reflection and decision making.*Journal of Economic Perspectives*, 19(4), 25–42.

Fredrickson, B.L.(2001).The role of positive emotions in positive psychology: The broaden-and-build theory of positive emotions.*American Psychologist*, 56(3), 218–226.

Fredrickson, B.L.(2004).The broaden-and-build theory of positive emotions. *American Psychologist*, 359(1449), 1367–1377.

Frijda, N.H., Kuipers, P., & Ter Schure, E.(1989).Relations among emotion, appraisal, and emotional action readiness.*Journal of Personality and Social Psychology*, 57(2), 212.

Frijda, N.H., & Sundararajan, L.(2007).Emotion refinement: a theory inspired by chinese poetics.*Perspectives on Psychological Science*, 2(3), 227–241.

Fujita, K., & Carnevale, J.J.(2012).Transcending temptation through abstraction: the role of construal level in self-control.*Current Directions in Psychological Science*, 21(21), 248–252.

Gächter, S., & Herrmann, B.(2011).The limits of self-governance when cooperators get punished: Experimental evidence from urban and rural Russia.*European Economic Review*, 55(2), 193–210.

Garland, E., Gaylord, S., & Park, J.(2009).The role of mindfulness in positive reappraisal.*Explore:the Journal of Science and Healing*, 5(1), 37–44.

George Loewenstein.(2001).The creative destruction of decision research.*Journal of Consumer Research*, 28(3), 499–505.

Giluk, T.L.(2009).Mindfulness, Big five personality, and affect: a meta-analysis.*Personality and Individual Differences*, 47(8), 805–811.

Grabovac, A.D., Lau, M.A., & Willett, B.R.(2011).Mechanisms of mindfulness: a buddhist psychological model.*Mindfulness*, 2(3), 154–166.

Grecucci, A., Giorgetta, C., Bonini, N., & Sanfey, A.G.(2013).Reappraising social emotions: the role of inferior frontal gyrus, temporo-parietal junction and insula in interpersonal emotion regulation.*Frontiers in Human Neuroscience*, 7(7), 523.

Greenwald, A.G., Nosek, B.A., & Banaji, M.R.(2003).Understanding and using the Implicit Association Test: I.An improved scoring algorithm.*Journal of Personality and Social Psychology*, 85(2), 197–216.

Greenwald, A.G., Banaji, M.R., Rudman, L.A., Farnham, S.D., Nosek, B.A., & Mellott, D.S.(2002).A unified theory of implicit attitudes, stereotypes, self-esteem, and self-concept.*Psychological Review*, 109(1), 3–25.

Greenwald, A.G., McGhee, D.E., & Schwartz, J.L.K.(1998).Measuring individual differences in implicit cognition: the implicit association test.*Journal of Personality and Social Psychology*, 74(6), 1464–1480.

Gross, J.J., Halperin, E., & Porat, R.(2013).Emotion regulation in intractable conflicts.*Current Directions in Psychological Science*, 22(6), 423–429.

Gustav, T.G., David, A., Caroline, B., Harald, B.T., Camilla, J., Gustaf, L., ... Magnus, J.(2013).Intuition and cooperation reconsidered.*Nature*, 498(7452), 2–3.

Gyurak, A., Gross, J.J., & Etkin, A.(2011).Explicit and implicit emotion regulation: a dual–process framework.*Cognition and Emotion*, 25(3), 400–412.

Hair, J. F., Black, B., Babin, B. J., & Anderson, R. (2011). Multivariate Data Analysis: A Global Perspective.*Upper Saddle River*, NJ: Pearson

Hamama–Raz, Y., Bergman, Y.S., Ben–Ezra, M., Tirosh, Y., Baruch, R., & Nakache, R.(2018).Attachment patterns moderate the relation between coping flexibility and illness acceptance among kidney transplant recipients.*Anxiety Stress and Coping*, 31(5), 571–579.

Harlé, K.M., & Sanfey, A.G.(2007).Incidental sadness biases social economic decisions in the Ultimatum Game.*Emotion*, 7(4), 876–881.

Heeter, C., Lehto, R., Allbritton, M., Day, T., & Wiseman, M.(2017).Effects of a technology–assisted meditation program on healthcare providers' interoceptive awareness, compassion fatigue, and Burnout.*Journal of Hospice and Palliative Nursing*, 19(4), 314–322.

Hoffman, M., Yoeli, E., & Nowak, M. A. (2015). Cooperate without looking: Why we care what people think and not just what they do.*Proceedings of the National Academy of Sciences of the United States of America*, 112(6), 1727–1732.

Hofmann, W., Friese, M., & Strack, F.(2009).Impulse and self–control from a dual–systems perspective.*Perspectives on Psychological Science*, 4(2), 162–176.

Hofmann, W., Strack, F., & Deutsch, R.(2008).Free to buy? Explaining self–control and impulse in consumer behavior.*Journal of Consumer Psychology*, 18(1), 22–26.

Hu, L., & Bentler, P.M.(1998).Fit indices in covariance structure modeling: Sensitivity to under parameterized model misspecification.*Psychological Methods*, 3

(4), 424.

Hu, L., & Bentler, P. M. (1999). Cutoff criteria for fit indexes in covariance structure analysis: Conventional criteria versus new alternatives. *Structural Equation Modeling: A Multidisciplinary Journal*, 6(1), 1–55.

Hudson, N.W., & Fraley, R.C.(2015). Volitional personality trait change: Can people choose to change their personality traits? *Journal of Personality and Social Psychology*, 109(3), 490–507.

Hulsheger, U.R., Alberts, H.J.E.M., Feinholdt, A., & Lang, J.W.B.(2013). Benefits of mindfulness at work: The role of mindfulness in emotion regulation, emotional exhaustion, and job satisfaction. *Journal of Applied Psychology*, 98(2), 310–325.

Hurk, P.A.M.v.d., Wingens, T., Giommi, F., Barendregt, H.P., Speckens, A.E.M., & Schie, H.T.v.(2011). On the relationship between the practice of mindfulness meditation and personality:an exploratory analysis of the mediating role of mindfulness skills. *Mindfulness*, 2(3), 194–200.

Isen, A.M.(1990). The influence of positive and negative affect on cognitive organization: Some implications for development. In N.L.Stein, B.Leventhal, & T.Trabasso (Eds.), *Psychological and biological approaches to emotion* (p. 75–94). Lawrence Erlbaum Associates, Inc.

Ito, K., & Doebeli, M.(2019). The joint evolution of cooperation and competition. *Journal of Theoretical Biology*, 480, 1–12.

Jackson, D.L., Gillaspy Jr, J.A., & Purc–Stephenson, R.(2009). Reporting practices in confirmatory factor analysis: an overview and some recommendations. *Psychological Methods*, 14(1), 6–23.

Jennings, P.A., Frank, J.L., Snowberg, K.E., Coccia, M.A., & Greenberg, M.T.(2013). Improving classroom Learning environments by cultivating awareness and resilience in education (CARE): Results of a randomized controlled trial. *School Psy-*

chology Quarterly, 28(4), 374–390.

Jensen–Campbell, L. A., Gleason, K. A., Adams, R., & Malcolm, K. T. (2010). Interpersonal conflict, agreeableness, and personality development. *Journal of Personality*, 71(6), 1059–1086.

Jensen–Campbell, L. A., & Graziano, W. G. (2010). Agreeableness as a moderator of interpersonal conflict. *Journal of Personality*, 69(2), 323–362.

Joon Hwan, J., Wi Hoon, J., Do–Hyung, K., Soo, B. M., Soo Jin, K., Chi–Hoon, C., & Jun Soo, K. (2011). Increased default mode network connectivity associated with meditation. *Neuroscience Letters*, 487(3), 358–362.

Kabat–Zinn, J. (2003). Mindfulness–based interventions in context: past, present, and future. *Clinical Psychology: Science and Practice*, 10(2), 144–156.

Kabat–Zinn, J., Lipworth, L., & Burney, R. (1985). The clinical use of mindfulness meditation for the self–regulation of chronic pain. *Journal of Behavioral Medicine*, 8(2), 163–190.

Kahneman, D. (2003). A perspective on judgment and choice: mapping bounded rationality. *American Psychologist*, 58(9), 697–720.

Kammrath, L. K. & Scholer, A. A. (2012). The Cognitive–Affective Processing System. *In Handbook of Psychology*, Second Edition (eds I. Weiner, H. Tennen and J. Suls). John Wiley and Sons, Inc.

Kang, Y. (2019). Examining interpersonal self–transcendence as a potential mechanism linking meditation and social outcomes. *Current Opinion in Psychology*, 28, 115–119.

Kashdan, T. B., & Rottenberg, J. (2010). Psychological flexibility as a fundamental aspect of health. *Clinical Psychology Review*, 30(7), 865–878.

Kay, C., & Wotherspoon, I. (2004). The Oxford English Dictionary Online. *Literary and Linguistic Computing*, 19(2), 246–249.

Khwaja, A. I. (2009). Can good projects succeed in bad communities? *Journal of*

Public Economics, 93(7), 899–916.

Kilpatrick, L.A., Suyenobu, B.Y., Smith, S.R., Bueller, J.A., Goodman, T., Creswell, J.D., ... Naliboff, B.D.(2011). Impact of mindfulness–based stress reduction training on intrinsic brain connectivity.*Neuroimage*, 56(1), 290–298.

Kirk, U., Gu, X., Sharp, C., Hula, A., Fonagy, P., & Montague, P.R.Mindfulness training increases cooperative decision making in economic exchanges: Evidence from fMRI.*Neuroimage*.138, 274–283

Klaczynski, P.A.(2001).Analytic and heuristic processing influences on adolescent reasoning and decision-making.*Child Development*, 72(3), 844–861.

Klapwijk, A., & Van Lange, P.A.(2009). Promoting cooperation and trust in "noisy" situations: the power of generosity.*Journal of Personality and Social Psychology*, 96(1), 83–103.

Kleef, G.A.V., Dijk, E.v., Steinel, W., Harinck, F., & Beest, I.v.(2007).Anger in social conflict: Cross–situational comparisons and suggestions for the future. *Group Decision and Negotiation*, 17(1), 13–30.

Kline, R.B.(2011).Principles and practice of structural equation modeling.*Journal of the American Statistical Association*, 101(12), 397–409.

Kline, R.B.(2015).*Principles and practice of structural equation modeling*: Guilford publications.

Kniffin, K.M., Yan, J., Wansink, B., & Schulze, W.D.(2017).The sound of co-operation: Musical influences on cooperative behavior.*Journal of Organizational Behavior*, 38(3), 372–390.

Koole, S.L., Berg, A.E.V.D., Vlek, C.A.J., & Hofstee, W.K.B.(2001).On the social nature of personality: effects of extraversion, agreeableness, and feedback about collective resource Use on cooperation in a resource dilemma.*Personality and Social Psychology Bulletin*, 27(3), 289–301.

Kraft, K.(1992).*Inner Peace, World Peace*.SUNY Press.

Kreitzer, M.J., Gross, C.R., Waleekhachonloet, O.-a., Reilly-Spong, M., & Byrd, M.(2009). The brief serenity scale: a psychometric analysis of a measure of spirituality and well-being. *Journal of Holistic Nursing*, 27(1), 7-16.

Kruse, B.G., Heinemann, D., Moody, L., Beckstead, J., & Conley, C.E.(2005). Psychometric properties of the serenity scale. *Journal of Hospice and Palliative Nursing*, 7(6), 337-344.

Kuyken, W., Watkins, E., Holden, E., White, K., Taylor, R.S., Byford, S., ... Dalgleish, T.(2010). How does mindfulness-based cognitive therapy work? *Behaviour Research and Therapy*, 48(11), 1105-1112.

Kwaadsteniet, E.W.D., Dijk, E.V., Wit, A., & Cremer, D.D.(2006). Social dilemmas as strong versus weak situations: Social value orientations and tacit coordination under resource size uncertainty. *Journal of Experimental Social Psychology*, 42(4), 509-516.

Lamy, L., Fischer-Lokou, J., & Guéguen, N.(2012). Priming emotion concepts and helping behavior: How unlived emotions can influence action. *Social Behavior and Personality An International Journal*, 40(1), 55-61.

Lane, K.A., Banaji, M.R., Nosek, B.A., & Greenwald, A.G.(2007). Understanding and using the implicit association test: IV: What we know (So Far) about the method. In B.Wittenbrink & N.Schwarz (Eds.), *Implicit Measures of Attitudes* (p.59-102). The Guilford Press.

Lange, P.A.M.V., Joireman, J., Parks, C.D., & Dijk, E.V.(2013). The psychology of social dilemmas: A review. *Organizational Behavior and Human Decision Processes*, 120(2), 125-141.

Lawrence Ian, R., Cheryl, K.B., & Hooley, J.M.(2018). Cooperation with characters: How a partner's personality disorder decreases cooperation in two economic games. *Personality and Individual Differences*, 126, 33-37.

Lazarus, R.S.(1991). *Emotion and adaptation*: Oxford University Press.

Lee, Y.-C., Lin, Y.-C., Huang, C.-L., & Fredrickson, B.L.(2012).The construct and measurement of peace of mind.*Journal of Happiness Studies*, 14(2), 571-590.

Levine Emma, E., Barasch, A., Rand, D., Z., B.J., & A., S.D.(2018).Signaling emotion and reason in cooperation.Journal of Experimental Psychology.*General*, 147 (5), 702-719.

Lieberman, M.D., Gaunt, R., Gilbert, D.T., & Trope, Y.(2002).Reflexion and reflection: A social cognitive neuroscience approach to attributional inference.*Advances in Experimental Social Psychology*, 34(02), 199-249.

Lin, C.-C., & Shiah, Y.-J.(2019).Tranquility-enlightenment self-cultivation model: rethinking mindfulness from the perspective of chinese three philosophies. 华人本土心理学, 52, 69-114.

Lind, E.A.(2001).Fairness heuristic theory: Justice judgments as pivotal cognitions in organizational relations.*Advances in Organizational Justice*, 56-88.

Liu, X., Xu, W., Wang, Y., Williams, J.M., Geng, Y., Zhang, Q., & Liu, X. (2015).Can inner peace be improved by mindfulness training: a randomized controlled trial.*Stress and Health*, 31(3), 245-254.

Lu, L., & Gilmour, R.(2004).Culture, self and ways to achieve SWB: a cross-cultural analysis.*Journal of Psychology in Chinese Societies*, 5(1), 51-79.

Lundman, B., Strandberg, G., Eisemann, M., Gustafson, Y., & Brulin, C. (2007).Psychometric properties of the Swedish version of the resilience scale.*Scandinavian Journal of Caring Sciences*, 21(2), 229-237.

Lutz, A., Brefczynski-Lewis, J., Johnstone, T., & Davidson, R.J.(2008).Regulation of the neural circuitry of emotion by compassion meditation: effects of meditative expertise.*Plos One*, 3 (3): e1897.

Maarten, J.J.W., David De, C., & Dijk, E.v.(2009).How emotion communication guides reciprocity: Establishing cooperation through disappointment and anger.

Journal of Experimental Social Psychology, 45(4), 987–990.

Mack, J.W., Nilsson, M., Balboni, T., Friedlander, R.J., Block, S.D., Trice, E., & Prigerson, H.G.(2008).Peace, equanimity, and acceptance in the cancer experience (PEACE) – Validatlon of a scale to assess acceptance and struggle with terminal illness.*Cancer*, 112(11), 2509–2517.

Magyar–Russell, G., Brown, I.T., Edara, I.R., Smith, M.T., Marine, J.E., & Ziegelstein, R.C.(2014).In search of serenity: Religious struggle among patients hospitalized for suspected acute coronary syndrome.*Journal of Religion and Health*, 53 (2), 562–578.

Marsh, H.W., Hau, K.–T., & Grayson, D.(2005).Goodness of fit in structural equation models.*In Contemporary psychometrics: A festschrift for Roderick P.McDonald*.(pp.275–340).Mahwah, NJ, Lawrence Erlbaum Associates Publishers.

Marsh, H.W., Morin, A.J.S., Parker, P.D., & Kaur, G.(2014).Exploratory structural equation modeling: an integration of the best features of exploratory and confirmatory factor analysis.In T.D.Cannon & T.Widiger (Eds.), *Annual Review of Clinical Psychology*, (Vol.10, pp.85).Guilford Press.

Martin, L., & Delgado, M.(2011).The influence of emotion regulation on decision–making under risk.*Journal of Cognitive Neuroscience*, 23(9), 2569–2581.

Mascha, V.T.W., Chang, L.J., & Sanfey, A.G.(2010).The influence of emotion regulation on social interactive decision–making.*Emotion*, 10(6), 815–821.

Masicampo, E.J., & Baumeister, R.F.(2007).Relating mindfulness and self–regulatory processes.*Psychological Inquiry*, 18(4), 255–258.

Mauss, I.B., & Butler, E.A.(2010).Cultural context moderates the relationship between emotion control values and cardiovascular challenge versus threat responses.*Biological Psychology*, 84(3), 521–530.

Mauss, I.B., Butler, E.A., Roberts, N.A., & Chu, A.(2010).Emotion control values and responding to an anger provocation in Asian–American and European–

American individuals.*Cognition and Emotion*, 24(6), 1026–1043.

Mayne, T., & Bonanno, G.A.(2001).Emotions: *Current issues and future directions*: Guilford Press.

Mayton, D.(2009).*Nonviolence and Peace Psychology*.New York, Springer, NY

McCrae, R.R.(1991).The five-factor model and its assessment in clinical settings.*Journal of Personality Assessment*, 57(3), 399–414.

Mccrae, R.R., & Costa, P.T.(2014).The NEO personality inventory: using the five-factor model in counseling. *Journal of Counseling and Development*, 69(4), 367–372.

McCrae, R.R., & Costa Jr, P.T.(1997).Personality trait structure as a human universal. *American Psychologist*, 52(5), 509.

Melen, S., Pepping, C.A., & O'Donovan, A.(2017).Social foundations of mindfulness: priming attachment anxiety reduces emotion regulation and mindful attention.*Mindfulness*, 8(1), 136–143.

Mesquita, B., & Frijda, N.H.(1992).Cultural variations in emotions: a review. *Psychological Bulletin*, 112(2), 179–204.

Messenger, T., & Roberts, K.T.(1994).The terminally ill: serenity nursing interventions for hospice clients.*Journal of Gerontological Nursing*, 20(11), 17–22.

Mikulincer, M., & Sheffi, E.(2000).Adult attachment style and cognitive reactions to positive affect: A test of mental categorization and creative problem solving. *Motivation and Emotion*, 24(3), 149–174.

Mischel, W., & Shoda, Y.(1995).A cognitive-affective system theory of personality: reconceptualizing situations, dispositions, dynamics, and invariance in personality structure.*Psychological Review*, 102(2), 246.

Mischel, W., & Shoda, Y.(1999).Integrating dispositions and processing dynamics within a unified theory of personality: The cognitive-affective personality system.In L.A.Pervin & O.P.John (Eds.), *Handbook of Personality: Theory and Re-*

search (p.197–218).Guilford Press.

Mischel, W., Shoda, Y., & Ayduk, O.(2007).Introduction to Personality: *Toward an Integrative Science of the Person*.Wiley.

Moltner, H., Leve, J., & Esch, T.(2017).Burnout prevention and mobile mindfulness: evaluation of an app–based health training program for employees.*Gesundheitswesen* (*Bundesverband der Arzte des Offentlichen Gesundheitsdienstes* (*Germany*)).

Moon, E.–J., & 최해연.(2015).The role of self–compassion in the emotion processing : examination of effect of emotion awareness.*Korean Journal of Health Psychology*, 20(1), 1–16.

Myrseth, K.O.R., & Fishbach, A.(2010).Self–control: a function of knowing when and how to exercise restraint.*Current Directions in Psychological Science*, 18 (4), 247–252.

Navarro–Haro, M.V., Lopez–del–Hoyo, Y., Campos, D., Linehan, M.M., Hoffman, H.G., Garcia–Palacios, A., ... Garcia–Campayo, J.(2017).Meditation experts try Virtual Reality Mindfulness: A pilot study evaluation of the feasibility and acceptability of Virtual Reality to facilitate mindfulness practice in people attending a Mindfulness conference.*Plos One*, 12(11).

Neff, K.D., Kirkpatrick, K.L., & Rude, S.S.(2007).Self–compassion and adaptive psychological functioning.*Journal of Research In Personality*, 41(1), 139–154.

Neff, K.D., Rude, S.S., & Kirkpatrick, K.L.(2007).An examination of self–compassion in relation to positive psychological functioning and personality traits. *Journal of Research in Personality*, 41(4), 908–916.

Nelson, L.(2014a).Peace psychology should include the study of peaceful individuals.*American Psychologist*, 69(6), 626–626.

Nelson, L.(2014b).Peacefulness as a personality trait.In: Sims G., Nelson L., Puopolo M. (eds) *Personal Peacefulness*. Peace Psychology Book Series, vol 20. Springer, New York, NY

Nelson, L., Puopolo M., Sims G.(2014).Personal peacefulness: Expanding the scope and application of peace psychology.In: Sims G., Nelson L., Puopolo M.(eds) *Personal Peacefulness*.Peace Psychology Book Series, vol 20.Springer, New York, NY.

Nicolao, B., Constantinos, H., Ketti, M., Maria Luisa, D., Massimiliano, Z., Andrea, S., & Stefano, M.(2011).Pecunia olet: the role of incidental disgust in the ultimatum game.*Emotion*, 11(4), 965–969.

O'Connell, K.A., & Skevington, S.M.(2010).Spiritual, religious, and personal beliefs are important and distinctive to assessing quality of life in health: a comparison of theoretical models.*British Journal of Health Psychology*, 15, 729–748.

Oatley, K., & Jenkins, J.M.(1996).*Understanding emotions*.Blackwell Publishing.

Park, H., & Antonioni, D.(2007).Personality, reciprocity, and strength of conflict resolution strategy.*Journal of Research in Personality*, 41(1), 110–125.

Peterson, R.A.(2000).A meta-analysis of variance accounted for and factor loadings in exploratory factor analysis.*Marketing Letters*, 11(3), 261–275.

Peterson, R.A., & Kim, Y.(2013).On the relationship between coefficient alpha and composite reliability.*Journal of Applied Psychology*, 98(1), 194–198.

Piers, S., Joseph, S., & Jonas, S.(2008).Refining the relationship between personality and subjective well-being.*Psychological Bulletin*, 134(1), 138–161.

Podsakoff, P.M., MacKenzie, S.B., Lee, J.Y., & Podsakoff, N.P.(2003).Common method biases in behavioral research: a critical review of the literature and recommended remedies.*Journal of Applied Psychology*, 88(5), 879–903.

Pomm, H.A., Shahady, E., & Pomm, R.M.(2004).The CALMER approach: Teaching learners six steps to serenity when dealing with difficult patients.*Family Medicine*, 36(7), 467–469.

Preacher, K.J.(2015).Advances in mediation analysis: a survey and synthesis of new developments.*Annual Review of Psychology*, 66, 825–852.

Pressman, S. D., Jenkins, B. N., & Moskowitz, J. T. (2018). Positive affect and health: what do we know and where next should we go? *Annual Review of Psychology*, 70, 627–650.

Protzko, J., Zedelius Claire, M., & Schooler Jonathan, W. (2019). Rushing to appear virtuous: Time pressure increases socially desirable responding.*Psychological Science*, 30(11), 1584–1591.

Rae, G. (2007). A note on using stratified alpha to estimate the composite reliability of a test composed of interrelated nonhomogeneous items. *Psychological Methods*, 12(2), 177–184.

Ramirez–Barrantes, R., Arancibia, M., Stojanova, J., Aspe–Sanchez, M., Cordova, C., & Henriquez – Ch, R. A. (2019). Default mode network, meditation, and age–associated brain changes: What can we learn from the impact of mental training on well–being as a psychotherapeutic approach? *Neural Plast*, 2019, 7067592.

Rand, D.G., Greene, J.D., & Nowak, M.A. (2012).Spontaneous giving and calculated greed.*Nature*, 489(7416), 427–430.

Rand, D.G., & Kraft–Todd, G.T. (2014).Reflection does not undermine self–interested prosociality.*Frontiers in Behavioral Neuroscience*, 8(13), 300.

Rand, D. G., Newman, G. E., & Wurzbacher, O. M. (2015). Social context and the dynamics of cooperative choice.*Journal of Behavioral Decision Making*, 28(2), 159–166.

Rand, D. G., & Nowak, M. A. (2013). Human cooperation. *Trends in Cognitive Sciences*, 17(8), 413–425.

Rand, D.G., Peysakhovich, A., Krafttodd, G.T., Newman, G.E., Wurzbacher, O., Nowak, M.A., & Greene, J.D. (2014). Social heuristics shape intuitive cooperation.*Social Science Electronic Publishing*, 5(4), 3677.

Raykov, T., & Grayson, D. (2003). A test for change of composite reliability in scale development.*Multivariate Behavioral Research*, 38(2), 143–159.

Reise, S.P., Waller, N.G., & Comrey, A.L.(2000).Factor analysis and scale revision.*Psychological Assessment*, 12(3), 287–297.

Richerson, P.J., Boyd, R.T., & Henrich, J.(2003).*Cultural Evolution of Human Cooperation*.The MIT Press.

Roberts, K.T., & Aspy, C.B.(1993).Development of the serenity scale.*Journal of Nursing Measurement*, 1(2), 145–164.

Roberts, K.T., & Whall, A.(1996).Serenity as a goal for nursing practice.*The Journal of Nursing Scholarship*, 28(4), 359–364.

Russell, J.A., & Carroll, J.M.(1999).On the bipolarity of positive and negative affect.*Psychological Bulletin*, 125(1), 3–30.

Sachs, N.M., Veysey, B.M., & Rivera, L.M.(2017).Implicit social cognitive processes underlying victim self and identity: Evidence with college–aged adults. *Journal of Interpersonal Violence*.

Satorra, A., & Bentler, P.M.(1994).Corrections to test statistics and standard errors in covariance structure analysis.In A.v.Eye & C.C.Cloggs (Eds.), *Latent Variables Analysis: Applications for Developmental Research* (pp. 399–419). Thousand Oaks, CA: Sage.

Satorra, A., & Bentler, P.M.(2010).Ensuring positiveness of the scaled difference chi–square test statistic.*Psychometrika*, 75(2), 243–248.

Savel, R.H., & Munro, C.L.(2017).Quiet the mind: mindfulness, meditation, and the search for inner peace.*American Journal of Critical Care*, 26(6), 433–436.

Schmitt, N., & Kuljanin, G.(2008).Measurement invariance: Review of practice and implications.*Human Resource Management Review*, 18(4), 210–222.

Schwartz, B., Ward, A., Monterosso, J., Lyubomirsky, S., White, K., & Lehman, D.R.(2002).Maximizing versus satisficing: Happiness is a matter of choice.*Journal of Personality and Social Psychology*, 83(5), 1178–1197.

Shaffer, D.R., Williamson, G.M.(2006). Shall we select selective investment theory? a viewpoint from the informal care arena. *Psychological Inquiry*, 17(1), 51-55.

Shapiro, S.L., Carlson, L.E., Astin, J.A., & Freedman, B.(2006). Mechanisms of mindfulness. *Journal of Clinical Psychology*, 62(3), 373-386.

Shapiro, S.L., Oman, D., Thoresen, C.E., Plante, T.G., & Flinders, T.(2008). Cultivating mindfulness: Effects on well-being. *Journal of Clinical Psychology*, 64(7), 840-862.

Sharma, P.(2015). Positive and negative affect: Impact on empathy and prosocial behaviour among college going adolescents. *The International Journal of Indian Psychology*, 2(3), 12-17.

Shaver, P.R., & Mikulincer, M.(2007). *Adult Attachment Strategies and the Regulation of Emotion*. In J.J.Gross (Ed.), Handbook of emotion regulation (p.446-465). The Guilford Press.

Shiota, M.N., Keltner, D., & John, O.P.(2006). Positive emotion dispositions differentially associated with Big Five personality and attachment style. *The Journal of Positive Psychology*, 1(2), 61-71.

Shoda, Y., Mischel, W., & Wright, J.C.(1994). Intra-individual stability in the organization and patterning of behavior: incorporating psychological situations into the idiographic analysis of personality. *Journal of Personality and Social Psychology*, 67(4), 674-687.

Shweder, R.A., Goodnow, J.J., Hatano, G., Levine, R.A., Markus, H.R., & Miller, P.J.(2006). *The Cultural psychology of development : one mind, many mentalities*. In R.M.Lerner & W.Damon (Eds.), *Handbook of Child Psychology: Theoretical Models of Human Development* (p.716-792). John Wiley and Sons Inc.

Siegel, D.J.(2009). The mindful brain: Reflection and attunement in the cultivation of well-being. *Journal of Mental Health*, 17(2), 178-179.

Sijtsma, K.(2008). On the use, the misuse, and the very limited usefulness of cronbach's alpha. *Psychometrika*, 74(1), 107–120.

Sims, G., Nelson, L., & Puopolo, M.(2013). *Personal Peacefulness. Peace Psychology Psychological Perspectives*. New York, Springer

Slagter, H.A., Davidson, R.J., & Lutz, A.(2011). Mental training as a tool in the neuroscientific study of brain and cognitive plasticity. *Frontiers in Human Neuroscience*, 5(3), 17.

Sloman, S.A.(1996). The empirical case for two systems of reasoning. *Psychological Bulletin*, 119(1), 3–22.

Sood, A., & Jones, D.T.(2013). On mind wandering, attention, brain networks, and meditation. *Explore the Journal of Science and Healing*, 9(3), 136–141.

Soto, C.J.(2008). Paradigm shift to the integrative Big Five taxonomy: History, measurement, and conceptual issues. In O. P. John, R. W. Robins, & L. A. Pervin (Eds.), *Handbook of Personality: Theory and Research* (3rd ed., pp. 114–158). New York: Guilford

Srivastava, M.S.(1984). A measure of skewness and kurtosis and a graphical method for assessing multivariate normality. *Statistics and Probability Letters*, 2(5), 263–267.

Stanovich, K.E., & West, R.F.(2000). Individual differences in reasoning: implications for the rationality debate? *Behavioral and Brain Sciences*, 23(5), 665–726.

Staudinger, M.R., Susanne, E., & Henrik, W.(2011). Dorsolateral prefrontal cortex modulates striatal reward encoding during reappraisal of reward anticipation. *Cerebral Cortex*, 21(11), 2578.

Strack, F., & Deutsch, R.(2004). Reflective and impulsive determinants of social behavior. *Personality and Social Psychology Review*, 8 (3), 220–247.

Stroebe, M., Schut, H., & Stroebe, W.(2006). Who benefits from disclosure?

Exploration of attachment style differences in the effects of expressing emotions. *Clinical Psychology Review*, 26(1), 66–85.

Sundararajan, L.(2015). *Understanding Emotion in Chinese Culture*. New York, Springer.

Swanson, J.E., Swanson, E., & Greenwald, A.G.(2001). Using the implicit association test to investigate attitude–behaviour consistency for stigmatised behaviour. *Cognition and Emotion*, 15(2), 207–230.

Szolnoki, A., & Perc, M.(2009). Promoting cooperation in social dilemmas via simple coevolutionary rules. *European Physical Journal*, 67(3), 337–344.

Teo, T., & Febbraro, A.R.(2003). Ethnocentrism as a form of intuition in psychology. *Theory and Psychology*, 13(5), 673–694.

Thompson, B. (2004). *Exploratory and Confirmatory Factor Analysis: Understanding Concepts and Applications*. American Psychological Association.

Thompson, B.L., & Jennifer, W.(2007). Everyday mindfulness and mindfulness meditation: Overlapping constructs or not? *Personality and Individual Differences*, 43(7), 1875–1885.

Thygeson, M.V., Hooke, M.C., Clapsaddle, J., Robbins, A., & Moquist, K. (2010). Peaceful play yoga: serenity and balance for children with cancer and their parents. *Journal of Pediatric Oncology Nursing*, 27(5), 276–284.

Tomasello, M., & Dweck, C.S., Silk, J.B., Skyrms, B., & Spelke, E.S.(Collaborators).(2009). *Why We Cooperate*. MIT Press.

Tongeren, D.R., Van, & Green, J.D.(2010). Combating meaninglessness: on the automatic defense of meaning. *Personality and Social Psychology Bulletin*, 36(10), 1372–1384.

Chaiken, S., & Trope, Y.(1999). *Dual–Process Theories in Social Psychology*. New York, Guilford Press.

Tsai, J.L., Knutson, B., & Fung, H.H.(2006). Cultural variation in affect valuation.*Journal of Personality and Social Psychology*, 90(2), 288-307.

Twenge, J.M., Baumeister, R.F., DeWall, C.N., Ciarocco, N.J., & Bartels, J.M. (2007).Social exclusion decreases prosocial behavior.*Journal of Personality and Social Psychology*, 92(1), 56.

Unrau, A.M., & Morry, M.M.(2019).The subclinical psychopath in love: Mediating effects of attachment styles.*Journal of Social and Personal Relationships*, 36 (2), 421-449.

Vago, D.R., & Silbersweig, D.A.(2012).Self-awareness, self-regulation, and self-transcendence (S-ART): a framework for understanding the neurobiological mechanisms of mindfulness.*Frontiers in Human Neuroscience*, 6, 296-307.

Vago, D.R., & Zeidan, F.(2016).The brain on silent: mind wandering, mindful awareness, and states of mental tranquility.In S.Sequeira (Ed.), *Special Issue: Advances in Meditation Research* (Vol.1373, pp.96-113).

Valikhani, A., Goodarzi, M.A., & Hashemi, R.(2019).Psychometric properties of dispositional self-regulation scale in iranian population and predicting inhibitory/initiatory self-control on the basis of it.*Current Psychology*, 38(1), 154-164.

Van, D.E., de Kwaadsteniet, E.W., & De, C.D.(2009).Tacit coordination in social dilemmas: the importance of having a common understanding.*Journal of Personality and Social Psychology*, 96(3), 665-678.

Van Doorn, E.A., Heerdink, M.W., & Van Kleef, G.A.(2012).Emotion and the construal of social situations: Inferences of cooperation versus competition from expressions of anger, happiness, and disappointment.*Cognition and Emotion*, 26(3), 442-461.

Van Tongeren, D.R., & Green, J.D.(2010).Combating meaninglessness: on the automatic defense of meaning.*Personality and Social Psychology Bulletin*, 36(10), 1372-1384.

Van Vugt, M., De Cremer, D., & Janssen, D.P.(2007).Gender differences in cooperation and competition: the male-warrior hypothesis. *Psychological Science*, 18 (1), 19–23.

Vandenberg, R.J., & Lance, C.E. (2016). A review and synthesis of the measurement invariance literature: suggestions, practices, and recommendations for organizational research. *Organizational Research Methods*, 3(1), 4–70.

Vladas, G., Tybur, J.M., & Bram, V.D.B. (2010). Going green to be seen: status, reputation, and conspicuous conservation. *Journal of Personality and Social Psychology*, 98(3), 392.

Vugt, M.v., Cremer, D.D., & Janssen, D.P. (2007). Gender differences in cooperation and competition: The male-warrior hypothesis. *Psychological Science*, 18(1), 19–23.

Wallace, B.A., & Shapiro, S.L. (2006). Mental balance and well-being: building bridges between Buddhism and Western psychology. *American Psychologist*, 61 (7), 690–701.

Wang, J.-C., & Wang, X.-Q. (2012). *Structural Equation Modeling: Applications using Mplus* (Vol.1). Beijing: Higher education press.

Warneken, F., & Tomasello, M. (2006). Altruistic helping in human infants and young chimpanzees. *Science*, 311(5765), 1301–1303.

Watanabe, N., Furukawa, T.A., Horikoshi, M., Katsuki, F., Narisawa, T., Kumachi, M., ...Matsuoka, Y. (2015). A mindfulness-based stress management program and treatment with omega-3 fatty acids to maintain a healthy mental state in hospital nurses (Happy Nurse Project): study protocol for a randomized controlled trial. *Trials*, 16.36 (2015).

Wayment, H.A., & Bauer, J.J. (2018). The quiet ego: Motives for self-other balance and growth in relation to well-being. *Journal of Happiness Studies*, 19, 1–16.

West, S.G., Finch, J.F., & Curran, P.J. (1995). Structural equation models with nonnormal variables: Problems and remedies. In R.H. Hoyle (Ed.), *Structural Equa-*

tion Modeling: *Concepts*, *Issues*, *and Applications* (p.56–75).Sage Publications, Inc.

Whitaker, J.L., & Bushman, B.J.(2012)."Remain calm.Be kind.": Effects of relaxing vieo games on aggressive and prosocial behavior.*Social Psychological and Personality Science*, 3(1), 88–92.

Whitmarsh, S., Uddén, J., Barendregt, H., & Petersson, K.M.(2013).Mindfulness reduces habitual responding based on implicit knowledge: Evidence from artificial grammar learning.*Consciousness and Cognition*, *vol.*22(iss.3), 833–845.

Wiers, R.W., Rinck, M., Kordts, R., Houben, K., & Strack, F.(2010).Retraining automatic action–tendencies to approach alcohol in hazardous drinkers.*Addiction*, 105(2), 279–287.

Williams, P.B.(2013).*The Effect of Compassion–based Meditative Practice on Systems Mediating Cooperative Behavior*: *Evidence Linking Physiology to Behavior*. The Claremont Graduate University.

Wong, J., Morrison, A.S., Heimberg, R.G., Goldin, P.R., & Gross, J.J.(2014). Implicit associations in social anxiety disorder: The effects of comorbid depression. *Journal of Anxiety Disorders*, 28(6), 537–546.

Wood, V.F., & Bell, P.A.(2008).Predicting interpersonal conflict resolution styles from personality characteristics.*Personality and Individual Differences*, 45(2), 126–131.

Xinghua Liu, Y.Z., Ping Li, Stefan G.Hofmann.(2020).The mediating role of non–reactivity to mindfulness training and cognitive flexibility: a randomized controlled Trail.Unpublished Manuscript, *Peking University*.

Xu, W., Rodriguez, M.A., Zhang, Q., & Liu, X.(2015).The mediating effect of self–acceptance in the relationship between mindfulness and peace of mind.*Mindfulness*, 6(4), 797–802.

Yamaguchi, S., Greenwald, A.G., Banaji, M.R., Murakami, F., Chen, D., Shiomura, K., ...Krendl, A.(2010).Apparent universality of positive implicit self–esteem.

Psychological Science, 18(6), 498–500.

Zaki, J., & Ochsner, K.N.(2012).The neuroscience of empathy: progress, pitfalls and promise.*Nature Neuroscience*, 15(5), 675–680.

Zeidan, F., Johnson, S.K., Diamond, B.J., David, Z., & Goolkasian, P.(2010). Mindfulness meditation improves cognition: Evidence of brief mental training.*Consciousness and Cognition*, 19(2), 597–605.

Zeidan, F., Martucci, K.T., Kraft, R.A., Gordon, N.S., McHaffie, J.G., & Coghill, R.C.(2011).Brain mechanisms supporting the modulation of pain by mindfulness meditation.*Journal of Neuroscience*, 31(14), 5540–5548.

Zimmermann, F.(2015).Mindfulness–based practices as a resource for health and well–being.*Medical Acupuncture*, 27(5), 349–359.

附 录

附录1　大学生平和倾向初始问卷（部分）

指导语：下面各项描述的是大学生的特点，请在最符合你实际情况的选项上画“○”，无需过多的思考。

1. 大部分时间，我拥有平静的内心。
11. 一般来说，我会理性地分析遇到的问题。
13. 通常，我能从正、反两个方面看待问题。
15. 我会从整体或全局的角度思考问题。
17. 紧急情况下，我能让自己冷静下来，找到应对的思路。
19. 遇到事情时，通常我会先让自己冷静。
21. 总的来说，我能控制好自己的情绪。
23. 发现自己过于激动或紧张的时候，我会去平复情绪。
25. 总的来说，我是一个温和的人。
27. 总的来说，我做事不慌不忙。
29. 我几乎不会与人发生冲突。
31. 通常，我能包容自己不喜欢的人。
33. 我能接受自己无法改变的事情。
35. 对物质和金钱，我并不是特别在意。

37.我愿意为自己的目标付出长期努力。

39.碰到预料之外的事，我不会惊讶。

41.我是一个比较稳重的人。

43.我的生活能让自己感到安稳舒适。

45.我能接受自己的弱点和不足。

附录2 大学生平和倾向正式问卷

下面各题是描述你的特点，请在最符合你实际情况的选项上画“○”。

题项	非常不符合	大部分不符合	有点不符合	有点符合	大部分符合	非常符合
1.我的内心经常是安宁的。	1	2	3	4	5	6
2.我不会经常感到烦躁。	1	2	3	4	5	6
3.我的内心是轻松自在的。	1	2	3	4	5	6
4.总的来说,我对自己感到满意。	1	2	3	4	5	6
5.在生活中,我经常感到怡然自得。	1	2	3	4	5	6
6.一般来说,我会理性地分析遇到的问题。	1	2	3	4	5	6
7.我会让自己站在局外的角度去看问题。	1	2	3	4	5	6
8.通常,我能从正、反两个方面看待问题。	1	2	3	4	5	6
9.我会通过利弊分析来做决策。	1	2	3	4	5	6
10.我会从整体或全局的角度思考问题。	1	2	3	4	5	6
11.遇到问题,我会把注意力放在如何更有效地解决上。	1	2	3	4	5	6
12.与别人讲话时,我的语气很温和。	1	2	3	4	5	6
13.总的来说,我是一个温和的人。	1	2	3	4	5	6
14.别人多认为我的脾气好。	1	2	3	4	5	6
15.与别人相处,我很随和。	1	2	3	4	5	6
16.我几乎不会与人发生冲突。	1	2	3	4	5	6

续 表

题项	非常不符合	大部分不符合	有点不符合	有点符合	大部分符合	非常符合
17.碰到预料之外的事,我不会惊讶。	1	2	3	4	5	6
18.我是一个镇定从容的人。	1	2	3	4	5	6
19.我是一个比较稳重的人。	1	2	3	4	5	6
20.无论遇到什么事情,我都能淡定面对。	1	2	3	4	5	6

附录3　本研究使用的其他测量工具

一、人口学变量

请填写你的基本信息，选择题直接在选项前面的序号上画“○”。

1. 性别：A.男　B.女

2. 年级：A.大一　B.大二　C.大三　D.大四

3. 年龄：______周岁

4. 专业：A.文科　B.理科　C.工科　D.医学　E.艺术　F.农林　G.经管

二、合作人格倾向量表（部分）

仔细阅读每一个句子，然后选择最符合你实际情况的选项，无需过多的思考。

1. 在与同事一起工作的时候，我愿意多听取他人的意见，即使这些意见我并不赞同。

A.非常不同意　B.大部分不同意　C.有点不同意　D.有点同意　E.大部分同意　F.非常同意

3. 工作中，我通常会考虑双方利益。

A.非常不同意　B.大部分不同意　C.有点不同意　D.有点同意　E.大部分同意　F.非常同意

5. 在工作中，我通常能够站在他人的立场上考虑他人的利益。

A. 非常不同意　B. 大部分不同意　C. 有点不同意　D. 有点同意　E. 大部分同意　F. 非常同意

7. 为了成功，一个人必须与他人合作。

A. 非常不同意　B. 大部分不同意　C. 有点不同意　D. 有点同意　E. 大部分同意　F. 非常同意

13. 我喜欢与他人一起工作获得共同的成功。

A. 非常不同意　B. 大部分不同意　C. 有点不同意　D. 有点同意　E. 大部分同意　F. 非常同意

三、严谨性问卷（部分）

请你仔细阅读每个句子，然后根据自己的实际情况选择。

2. 一旦确定了目标，我会坚持努力地实现它。

A. 非常不符合　B. 大部分不符合　C. 有点不符合　D. 有点符合　E. 大部分符合　F. 非常符合

3. 我常常是仔细考虑之后才做出决定。

A. 非常不符合　B. 大部分不符合　C. 有点不符合　D. 有点符合　E. 大部分符合　F. 非常符合

6. 我喜欢一开始就把事情计划好。

A. 非常不符合　B. 大部分不符合　C. 有点不符合　D. 有点符合　E. 大部分符合　F. 非常符合

8. 当别人向我诉说不幸时，我常感到难过。

A. 非常不符合　B. 大部分不符合　C. 有点不符合　D. 有点符合　E. 大部分符合　F. 非常符合

四、宜人性问卷（部分）

请你仔细阅读每个句子，然后根据自己的实际情况选择。

2. 我觉得大部分人，基本上是心怀善意的。

A. 非常不符合　B. 大部分不符合　C. 有点不符合　D. 有点符合　E. 大部分符合　F. 非常符合

3. 虽然社会上有些骗子，但我觉得大部分人还是可信的。

A. 非常不符合　B. 大部分不符合　C. 有点不符合　D. 有点符合　E. 大部分符合　F. 非常符合

6. 我常为那些遭遇不幸的人感到难过。

A. 非常不符合　B. 大部分不符合　C. 有点不符合　D. 有点符合　E. 大部分符合　F. 非常符合

8. 一旦确定了目标，我会坚持努力地去实现它。

A. 非常不符合　B. 大部分不符合　C. 有点不符合　D. 有点符合　E. 大部分符合　F. 非常符合

五、正念问卷（部分）

仔细阅读每一个句子，然后选择最符合你实际情况的选项。

1. 我让自己忙得没有时间关注自己的想法或感受。

A. 从不　B. 较少　C. 有时　D. 较多　E. 总是

4. 我会告诉自己不应该有这样的感受。

A. 从不　B. 较少　C. 有时　D. 较多　E. 总是

6. 我很难专注在一件事情上。

A. 从不　B. 较少　C. 有时　D. 较多　E. 总是

10. 我克制自己产生那些我不喜欢的感受。

A.从不　B.较少　C.有时　D.较多　E.总是

六、中庸思维方式问卷（部分）

请你仔细阅读每个句子，然后根据自己的实际情况选择。

1. 意见讨论时，我会兼顾相互争执的意见。

A.非常不符合　B.大部分不符合　C.有点不符合　D.有点符合　E.大部分符合　F.非常符合

3. 在意见表决时，我会听取所有的意见。

A.非常不符合　B.大部分不符合　C.有点不符合　D.有点符合　E.大部分符合　F.非常符合

6. 我会试着在自己与他人的意见中，找到一个平衡点。

A.非常不符合　B.大部分不符合　C.有点不符合　D.有点符合　E.大部分符合　F.非常符合

13. 做决定时，我通常会为了顾及整体的和谐，而调整自己的表达方式。

A.非常不符合　B.大部分不符合　C.有点不符合　D.有点符合　E.大部分符合　F.非常符合

七、安适幸福感量表（部分）

在你的日常生活中，你多久会感受到内心的平静与闲适？仔细阅读每个句子，然后根据自己的实际情况选择。

1. 我的内心是轻松自在的。

A.从不　B.较少　C.有时　D.较多　E.总是

4. 我拥有内心的平静与和谐。

A.从不　B.较少　C.有时　D.较多　E.总是

6 我的生活能带给我一种安适的感觉。

A.从不　B.较少　C.有时　D.较多　E.总是

7. 我的心里感到焦躁和不安。

A.从不　B.较少　C.有时　D.较多　E.总是

八、平静心境量表（部分）

请将最能代表你最近1周（在实验部分为“此刻”）感觉程度的选项挑出来。

1. 平静。

A.一点也不　B.一点儿　C.中等　D.相当地　E.非常地

3. 安宁。

A.一点也不　B.一点儿　C.中等　D.相当地　E.非常地

4. 心平气和。

A.一点也不　B.一点儿　C.中等　D.相当地　E.非常地

7. 怡然自得。

A.一点也不　B.一点儿　C.中等　D.相当地　E.非常地

九、大五人格量表（焦虑和敌意因子）

请你仔细阅读每个句子，然后根据自己的实际情况选择。

1. 我不是一个充满烦恼的人。

A.最不赞同　B.不赞同　C.中等　D.赞同　E.非常赞同

4. 我经常感到紧张及心神不定。

A.最不赞同　B.不赞同　C.中等　D.赞同　E.非常赞同

6. 我常常为事情可能会出差错而担心。

A.最不赞同　B.不赞同　C.中等　D.赞同　E.非常赞同

9. 别人对待我的方式常使我感到愤怒。

A. 最不赞同　B. 不赞同　C. 中等　D. 赞同　E. 非常赞同

11. 我是一个心平气和的人。

A. 最不赞同　B. 不赞同　C. 中等　D. 赞同　E. 非常赞同

15. 我很不容易动怒。

A. 最不赞同　B. 不赞同　C. 中等　D. 赞同　E. 非常赞同

16. 即使是小小的烦恼，仍会使我感受到挫折。

A. 最不赞同　B. 不赞同　C. 中等　D. 赞同　E. 非常赞同

附录4　平和情绪视频诱发材料的评估

预实验的目的在于整理引发平和情绪的视频材料，并对其有效性进行评估。本预实验假设，整理的视频诱发材料能够有效地诱发大学生的平和情绪。

1 研究方法

1.1 视频诱发材料的编制

视频片段采集：来源于研究小组、网络、影评及其他研究者，能够引发平和情绪的视频片段。

具体采集途径：以往研究表明，被试对情绪材料越熟悉则越容易诱发情绪体验。因此，通过以下途径搜集知名度较高的视频材料，在知名视频网站（抖音、B站、优酷网等）搜索包含平和、平静、安静、宁静、放松等标签的视频。

视频片段筛选：由研究小组成员（1名心理学专业的博士生和6名硕士生），依据平和主题（自然风光、生命律动、人际和谐、淡泊名利和其他领域）搜集视频片段，初步搜集了29个视频片段。根据时长（要求相对较短）、可理解性、离散性（诱发平和情绪的纯度）等3个属性，对搜集的视频片段进行筛选，最终确定下来5个片段。视频片段基本都来自国产影片或非商业性视频，个别国外影片也为国内引进版。

1.2 视频诱发材料的评定

1.2.1 对象

55名安徽师范大学学生应征校内招募广告，参加本实验。其中，男生12名（21.8%），女生43名（78.2%）；文科生23名（41.8%），理科生32名（58.2%）。所有被试均无明显的情绪问题和精神疾病。实验前告知被试实验内容，并让被试签署知情同意书，实验后支付给被试一定报酬。

1.2.2 视频诱发材料

5个视频片段，均旨在引发平和情绪，平均时长为204.7s（*SD*=95.8），时长范围89~322s。

1.2.3 评估工具

参照相关研究，使用自我报告的7点量表评分方法，对被试所诱发的主观情绪体验类型（平静、悲伤、厌恶、快乐、恐惧、愤怒）和强度（完全没有、稍微有点、中等偏弱、中等强度、中等偏强、有点强烈、非常强烈）进行评定。将平静作为平和情绪的操作性指标。

1.2.4 实验程序

采用集体施测方式，被试在安静的行为实验室戴上耳机，观看视频片段，填写问卷。呈现视频的计算机显示屏为21.5英寸LED显示器，频率为75Hz，分辨率为1024×768 Pixels。耳机为漫步者H650P型号。视频采用迅雷影音播放器5.4.6软件呈现。为平衡序列位置的影响，5个片段随机呈现。每个片段开始前，被试放松120s，片段结束后，填写问卷。要求被试报告看完该片段后的实际感受，而不是看完该片段后应该有的感受。

1.2.5 统计方法

采用SPSS 19.0进行描述统计和多元重复测量方差分析。

2 结果

所有视频材料引发被试不同情绪类型反应评分见表8-1。5种视频材料引发平和情绪评分在4.42~5.56（“中等强度”至“有点强烈”），其中，《二十四节气》《原始森林》2个视频材料引发平和情绪的强度均在“中等偏强”以上，说明这些视频材料均能够较有效地引发被试的平和情绪。

表8-1　不同视频材料引发被试不同情绪类型反应评分情况

序号	视频	平静	悲伤	厌恶	快乐	恐惧	愤怒
1	二十四节气	5.56±1.37	1.31±0.61	1.04±0.19	3.16±1.87	1.05±0.23	1.00±0.01
2	卡农钢琴演奏	4.73±1.51	1.85±1.19	1.20±0.49	4.20±1.89	1.07±0.33	1.07±0.26
3	蔚蓝海洋	4.42±1.62	1.96±1.29	1.51±1.12	2.18±1.44	2.42±1.64	1.11±0.42
4	原始森林	5.24±1.56	1.35±0.80	1.31±0.84	3.42±1.82	1.13±0.47	1.09±0.35
5	日出	4.84±1.60	2.44±1.74	1.38±0.87	2.18±1.44	1.51±1.10	1.22±0.81

采用多元重复测量方差法，比较被试在不同视频材料（5个视频材料的名称见表8-1）和不同情绪类型（平静、悲伤、厌恶、快乐、恐惧、愤怒）上得分的差异。结果表明：视频材料主效应不显著，F（4，51）=1.82，MSE=0.63，p=0.12，η_p^2=0.07；情绪类型主效应显著，F（5，50）=216.50，MSE=2.81，$p<0.001$，η_p^2=0.80；视频材料与情绪类型的交互效应显著，F（20，35）=16.10，MSE=1.04，$p<0.001$，η_p^2=0.23。在情绪类型上的简单效应分析结果表明，对于平和情绪而言，不同视频材料之间差异显著，F（4，51）=7.11，MSE=1.55，$p<0.001$，η_p^2=0.21。配对比较（Pairwise Comparisons）发现，《二十四节气》引发的平和情绪显著高于其他视频材料（p_s<0.001），但与《原始森林》的差异不显著（p=0.175）；《原始森林》引发的平和情绪显著高于《蔚蓝海洋》（p_s<0.01），但与《卡农钢琴演奏》《日出》的差异不显著（p=0.068、0.088）。在不同视频材料上的

简单效应分析结果表明，对5个视频材料而言，它们引发的不同类型情绪的强度均存在显著差异，F（5，270）=202.39、113.22、43.09、129.15、57.75；MSE=0.93、1.35、1.70、1.24、1.73；$p_s < 0.001$，η_p^2=0.85、0.56、0.41、0.63、0.49。配对比较发现，《二十四节气》《蔚蓝海洋》《原始森林》和《日出》等4个视频材料引发的平和情绪显著高于其他情绪（p_s< 0.001），《卡农钢琴演奏》引发的平和情绪显著高于其他情绪（p_s<0.001），但与快乐情绪差异不显著（p=0.157）。

3 讨论与小结

本预备实验旨在整理引发平和情绪的视频材料，检验其有效性，为后续正式实验准备可靠的实验材料。基于平和的定义，本研究从平和主题（自然风光、生命律动、人际和谐、淡泊名利和其他领域）分别搜集和整理视频材料，最终获得5个相关视频材料。被试随机观看这些视频材料，并对它们的情绪唤醒程度进行多维主观评定。研究结果表明，整理的5个视频材料均能够有效地引发被试的平和情绪，具有较好的平和情绪唤醒度。同时，本研究还对5个视频材料的其他情绪唤醒度进行评定，以检验这些视频材料的纯度。研究结果也表明，与其他类型的情绪相比，大部分视频材料（除《卡农钢琴演奏》外）引发的平和情绪显著更高，说明这些视频材料在唤醒情绪上具有较高的纯度。因此，本研究整理的5个视频材料能够较好地引发平和情绪。

相较而言，5个视频材料中，《二十四节气》《原始森林》引发平和情绪的强度均在“中等偏强”以上，且这5个视频材料引发的平和情绪均显著高于其他类型情绪（《卡农钢琴演奏》引发的平和情绪与快乐情绪差异不显著），具有更好的平和情绪唤醒度和纯度，是未来研究可推荐的实验材料。

本预实验也存在一些不足，有待未来研究进一步完善。一是在被试取样上未考虑性别和年级均衡问题，所取被试样本女生多于男生，并且皆为大学二年级学生；二是本研究中的所有数据均来自被试的主观报告，未来研究可在明确平和情绪生理基础上对客观生理指标进行记录。

附录5　平和情绪音频诱发材料的评估

预实验的目的在于整理引发平和情绪的音频材料，并对其有效性进行评估。本预实验假设，整理的音频材料能够有效地诱发大学生的平和情绪。

1 研究方法

1.1 音频诱发材料的编制

音频片段采集：来源于研究小组、网络、乐评人及其他研究者，能够引发平和情绪的音频片段。

具体采集途径：以往研究表明，被试对情绪材料越熟悉则越容易诱发情绪体验。因此，通过以下两种途径收集知名度较高的音频材料：（1）利用互联网，通过知名音频网站（喜马拉雅、网易云音乐等）搜索包含平和、平静、安静、宁静、放松等标签的音频；（2）朋友推荐。

音频片段筛选：由研究小组成员（1名心理学专业的博士生和6名硕士生），依据“能否诱发平和情绪”搜集音频片段，初步搜集了49个音频片段。根据时长（要求相对较短）、可理解性、离散性（诱发平和情绪的纯度）等3个属性，对搜集的音频片段进行筛选，最终确定了5个片段。音频片段基本都来自国产音乐或非商业性音频，个别国外音乐也为国内引进版。

1.2 音频诱发材料的评定

1.2.1 对象

55名安徽师范大学学生应征校内招募广告，参加本实验。其中，男生12名（21.8%），女生43名（78.2%）；文科生23名（41.8%），理科生32名（58.2%）。所有被试均无明显的情绪问题和精神疾病。实验前告知被试实验内容，并让被试签署知情同意书，实验后支付给被试一定的报酬。

1.2.2 音频诱发材料

5个音频片段，均旨在引发平和情绪，平均时长为196.4s（SD=59.8，时长范围106~241s）。

1.2.3 评估工具

参照相关研究，使用自我报告的7点量表评分方法，对被试所诱发的主观情绪体验类型（平静、悲伤、厌恶、快乐、恐惧、愤怒）和强度（完全没有、稍微有点、中等偏弱、中等强度、中等偏强、有点强烈、非常强烈）进行评定。将平静作为平和情绪的操作性指标。

1.2.4 实验程序

采用集体施测方式，让被试在安静的行为实验室戴上耳机，收听音频片段，填写问卷。音频呈现的计算机为Dell品牌，CPU为Intel（R）i3-4150，耳机为EDIFER H650P。音频采用迅雷影音播放器5.4.6软件进行呈现。为平衡序列位置的影响，5个片段随机呈现。每个片段开始前，被试放松120s，片段结束后，填写问卷。要求被试报告听完该片段后的实际感受，而不是听完该片段后应该有的感受。

1.2.5 统计方法

采用SPSS 19.0进行描述统计和多元重复测量方差分析。

2 结果

所有音频材料引发被试不同情绪类型反应评分见表8-2。5种音频材料引发平和情绪评分4.49~5.22（“中等强度”至“有点强烈”），其中《晨雾》、“ξ-Piano”引发平和情绪的强度均在“中等偏强”以上，说明这些音频材料均能够有效地引发被试的平和情绪。

表8-2 不同音频材料引发被试不同情绪类型反应评分情况

序号	音频	平静	悲伤	厌恶	快乐	恐惧	愤怒
1	晨雾	5.22±1.36	2.05±1.30	1.16±0.13	3.76±1.78	1.18±0.55	1.13±0.58
2	夏荷风舞	4.49±1.53	3.36±1.76	1.29±0.69	2.58±1.71	1.24±0.72	1.22±0.88
3	归途	4.69±1.43	3.95±1.97	1.22±0.66	1.45±1.02	1.64±1.08	1.18±0.67
4	ξ-Piano	5.18±1.57	1.93±1.46	1.35±0.89	3.04±1.59	1.15±0.62	1.13±0.61
5	The Promise	4.84±1.39	3.98±1.91	1.36±1.01	1.73±1.16	1.40±0.97	1.15±0.52

采用多元重复测量方差法，比较被试在不同音频材料和不同情绪类型（平静、悲伤、厌恶、快乐、恐惧、愤怒）上得分的差异。结果表明：音频材料主效应不显著，F（4，51）=1.48，MSE=0.20，p=0.21；情绪类型主效应显著，F（5，50）=204.30，MSE=116.27，$p<0.001$，η_p^2=0.79；音频材料与情绪类型的交互效应显著，F（20，35）=19.96，MSE=1.00，$p<0.001$，η_p^2=0.27。

在情绪类型上的简单效应分析结果表明，对于平和情绪而言，不同音频材料之间差异显著，F（4，51）=4.33，MSE=1.25，$p<0.01$，η_p^2=0.21。配对比较发现，“ξ-Piano”引发的平和情绪显著高于音频材料《夏荷风舞》《归途》（p_s<0.01），但与《晨雾》和“The Promise”的差异不显著（p=0.869、p=0.058）；《晨雾》引发的平和情绪显著高于《夏荷风舞》《归途》（p<0.01），但与“ξ-Piano”和“The Promise”的差异不显著（p=0.869、p=

0.055)。

在不同音频材料上的简单效应分析结果表明，对于5个音频材料而言，它们引发的不同类型情绪强度均存在显著差异，F（5，270）=123.36、62.94、92.23、96.11、89.97；MSE=1.30、1.63、1.43、1.44、1.93；p_s < 0.001，η_p^2=0.76、0.49、0.71、0.73、0.75。配对比较发现，《晨雾》、《夏荷风舞》、《归途》、“ξ-Piano”和“The Promise”等5个音频材料引发的平和情绪显著高于其他情绪（p<0.01）。

3 讨论与小结

本预备实验旨在整理引发平和情绪的音频材料，检验其有效性，为后续正式实验准备可靠的实验材料。基于平和的定义，本研究从多渠道搜集和整理音频材料，最终获得5个相关音频材料。被试随机听这些音频材料，并对它们的情绪唤醒程度进行多维主观评定。研究结果表明，整理的5个音频材料均能够有效地引发被试的平和情绪，具有较好的平和情绪唤醒度。同时，本研究还对5个音频材料的其他情绪唤醒度进行评定，以检验这些音频材料的纯度。研究结果也表明，与其他类型的情绪相比，5个音频材料引发的平和情绪均显著更高，说明这些音频材料在唤醒情绪上具有较高的纯度。因此，整理的5个音频材料能够较好地引发平和情绪。

相较而言，5个音频材料中，《晨雾》、“ξ-Piano”引发平和情绪的强度均在“中等偏强”以上，且这5个音频材料引发的平和情绪均显著高于其他类型情绪，具有更好的平和情绪唤醒度和纯度，是未来研究可推荐的实验材料。

本预实验也存在一些不足，有待未来研究进一步完善。一是在被试取样上未考虑性别和年级均衡问题，所取被试样本女生多于男生，并且皆为大学二年级学生；二是本研究中的所有数据均来自被试的主观报告，未来研究可在明确平和情绪生理基础上对客观生理指标进行记录。

附录6　平和情绪正念诱发材料的评估

预实验的目的在于整理引发平和情绪的正念材料，并对其有效性进行评估。本预实验假设，正念练习指导语能够有效地诱发大学生的平和情绪。

1 研究方法

1.1 正念诱发材料的选择

正念诱发材料的搜集：来源于已经发表的著作、论文及其他研究者，由研究小组成员（1名心理学专业的博士生和2名正念研究者），依据适宜引发平和情绪、没有经验者便于学习等原则，初步搜集了18个正念诱发材料。根据时长（要求相对较短）、可理解性、离散性（诱发平和情绪的纯度）等3个属性，对搜集的正念诱发材料进行筛选，最终确定下来2个。

1.2 正念练习的评定

1.2.1 对象

被试间设计，A组，男生12名（40.0%），女生18名（60.0%）；文科生15名（50.0%），理科生15名（50.0%）。B组，男生10名（33.3%），女生20名（67.7%）；文科生13名（43.3%），理科生17名（56.7%）。所有被试均没有正念练习经验，也没有明显的情绪问题和精神疾病。实验前告知被试实验内容，并让被试签署知情同意书，实验后支付给被试一定报酬。

1.2.2 正念诱发材料

2个短时正念诱发材料（马克·威廉姆斯、丹尼·彭曼，2013），均旨在引发平和情绪，时长分别为264s和255s。

1.2.3 评估工具

参照相关研究，使用自我报告的7点量表评分方法，对被试所诱发的主观情绪体验类型（平静、悲伤、厌恶、快乐、恐惧、愤怒）和强度（完全没有、稍微有点、中等偏弱、中等强度、中等偏强、有点强烈、非常强烈）进行评定。将平静作为平和情绪的操作性指标。

1.2.4 实验程序

采用被试间设计，2组被试在安静的行为实验室戴上耳机，按照短时正念练习指导语操作，填写问卷。耳机为漫步者H650P型号。

1.2.5 统计方法

采用SPSS 19.0进行描述统计和独立样本t检验。

2 结果

2个正念诱发材料引发被试不同情绪类型反应评分见表8-3，引发平和情绪的强度均在“中等偏强”以上，两者均能够较有效地引发被试的平和情绪。

表8-3　不同正念诱发材料引发被试不同情绪类型反应评分情况

序号	正念练习	平静	悲伤	厌恶	快乐	恐惧	愤怒
1	身体和呼吸的正念	5.44±1.48	1.38±0.83	1.44±1.08	1.81±1.28	1.17±0.49	1.03±0.18
2	觉察思绪	4.22±1.78	1.13±0.46	2.13±1.52	1.39±0.72	1.00±0.10	1.43±1.16

采用独立样本t检验，比较被试在不同正念练习指导语平和情绪上得分的差异，结果表明：$t_{(58)}=2.77$，$p=0.008$，$d=0.75$，在其他5种情绪上未

到达显著性差异。

3 讨论与小结

本预备实验旨在整理引发平和情绪的正念诱发材料，检验其有效性，为后续正式实验准备可靠的实验材料。被试随机分组练习，并对它们的情绪唤醒程度进行多维主观评定。研究结果表明，收集整理的2个正念诱发材料均能够有效地引发被试的平和情绪，具有较好的平和情绪唤醒度。同时，本研究还对2个正念诱发材料的其他情绪唤醒度进行评定，以检验这些正念诱发材料的纯度。研究结果也表明，与其他类型的情绪相比，正念诱发材料引发的平和情绪更高，说明这些正念诱发材料在唤醒情绪上具有较高的纯度。因此，我们整理的2个正念诱发材料能够较好地引发平和情绪。

相较而言，2个正念诱发材料中，指导语“呼吸和身体的正念”“觉察思绪”引发平和情绪的强度均在“中等偏强”以上，且这2个正念诱发材料引发的平和情绪均高于其他类型情绪，具有更好的平和情绪唤醒度和纯度，是未来研究可推荐的实验材料。

本预实验也存在一些不足，有待未来研究进一步完善。一是在被试取样上未考虑性别和年级均衡问题，所取被试样本女生多于男生，并且皆为大学二年级学生；二是本研究中的所有数据均来自被试的主观报告，未来研究可在明确平和情绪生理基础上对客观生理指标进行记录。

附录7　内隐合作IAT实验材料的评估

由于国内尚无有关合作的内隐联想实验材料，目标词的选取需要开展预研究。本预实验的目的在于搜集、整理内隐合作IAT实验材料中的目标词，并对其有效性进行评估。本预实验假设，整理的内隐合作IAT实验材料中的目标词在词频、笔画数、意义度与熟悉度上无显著性差异。

1 研究方法

1.1 目标词的编制

目标词搜集：由研究小组成员（1名心理学专业的博士生和4名硕士生），搜集期刊、硕博士学位论文（邓永光等，2017；蒋达等，2008；杨洛萱，2013；杨希，2009）中使用过的合作与竞争词，查询其在《现代汉语常用词表》中的词频，补充未使用过的高频词，共获得66个合作词、75个竞争词。

1.2 目标词的评定

1.2.1 对象

55名安徽师范大学学生应征校内招募广告，参加本实验。其中，男生12名（21.8%），女生43名（78.2%）；文科生23名（41.8%），理科生32名（58.2%）。所有被试均无明显的情绪问题和精神疾病。实验前告知被试实验内容，使用问卷星回收评估数据，实验后支付给被试一定的报酬。

1.2.2 工具

按照《现代汉语常用词表》的词频标准，选择词频较高、前人研究出现次数较多的合作词27个、竞争词24个。

合作词：帮助、支持、保护、合作、联合、交流、团结、整体、配合、信任、协商、全局、商量、协作、支援、联盟、互利、分工、共享、互助、合力、携手、团队、联手、商议、双赢、共赢。

竞争词：斗争、竞争、战斗、拒绝、争取、攻击、决赛、选拔、侵略、竞赛、侵犯、超越、争夺、淘汰、夺取、对抗、欺骗、竞选、夺冠、角逐、决战、背叛、排挤、侵占。

用一道题目评定词语代表程度：下面是一些与“合作”（或者“竞争”）相关的词语，请您根据自己对该词意义能否代表合作的程度进行评判。7点评分：从“完全不能代表”到“非常能代表”。

用一道题目评定词语熟悉程度：下面是一些与“合作”（或者“竞争”）相关的词语，请您根据自己对该词语的熟悉程度进行评判。7点评分：从“完全陌生”到“非常熟悉”。

1.2.3 统计方法

采用SPSS 19.0进行描述统计和t检验。

2 结果

按照《现代汉语常用词表》的词频标准，结合意义度、熟悉度对词语进行初步筛选，选出词频比较高的合作词和竞争词各5个，进行词频匹配的检验。然后进行笔画、意义度、熟悉度匹配的检验（任娜等，2012；沐守宽等，2010）。对合作词和竞争词的词频排序做统计学检验，发现合作词（均值范围为2397.60±2550.77）和竞争词（均值范围为3644.20±2355.94）的词频在0.05水平上没有显著性差异（t=−0.803，p=0.445）。对合作词（均值范围为15.40±4.83）和竞争词（均值范围为18.80±3.27）的笔画数量做统计学检验，发现它们在0.05水平上没有显著性差异（t=−1.304，p=0.229）。对合作词和竞争词的意义度做统计学检验，发现合作词（均值范围为5.81±0.48）和竞争词（均值范围为5.67±0.68）的意义度在0.05水平上没有显著性差异（t=0.763，p=0.717）。对合作词（均值范围为6.08±0.15）和竞争词（均值范围为5.73±0.43）的熟悉度做统计学检验，发现它们在0.05水平上没有显著性差异（t=1.745，p=0.119）。

表8-4 目标词词频排序、笔画数及大学生对其意义度、熟悉度的评估

内隐词	目标词	词频排序	笔画数	意义度	熟悉度
合作	合作	724	13	6.49±0.72	6.25±0.73
	团结	1206	15	5.80±1.24	6.16±0.92
	整体	1548	23	5.36±1.43	5.96±1.09
	配合	1592	16	5.38±1.13	5.89±0.96
	团队	6918	10	6.04±1.09	6.13±0.12
竞争	竞争	1097	16	6.62±0.59	6.25±0.87
	决赛	3097	20	4.89±1.42	5.62±1.23
	选拔	3178	17	5.20±1.06	5.91±0.97
	竞赛	3320	24	5.62±1.01	5.76±0.92
	角逐	7529	17	6.04±0.84	5.09±1.44

3 讨论与小结

被试提名法和主试选定法是确定目标词的主要方法。蒋达等（2008）采用提名法，在小范围内发放问卷调查并进行简单频次统计，程序简单，操作迅速，时间周期短，且在小范围样本内，词语代表性相对突出。但最后确定的词语可能仅适用于小范围样本，不一定能最大程度代表更广泛人群对目标词的理解。

主试选定法通常使用词语词典中词频较高或者较能代表目标词涵义的词语，优点是词语代表性强，不大会遗漏重要的词语；缺点是使用出版年代较早的字典、工具书可能会造成词语选择欠妥，与被试不匹配等问题，如刘源主编的《现代汉语常用词词频词典（音序部分）》是1990年出版的，其中收录的高频词，也许现在不为大学生被试所用，成为低频词。

词语的数量并不影响内隐联想测验的效应量大小（25个词语和5个词语所产生的IAT效应值相同）。但是词语的代表性和匹配度会影响效应值的大小，因此，应该选取最具代表性和最匹配的少量词语作为实验刺激材料（Lane et al.，2007）。本研究使用主试选定法，一是参考前人研究中对合作词和竞争词的选择，二是参考《现代汉语常用词表》的词频，增加被试对意义度和熟悉度（沐守宽，2007）的评估。选取与大学生被试相同来源的样本，开展主观评定，取意义度、熟悉度排名靠前的词语作为实验用的目标词，所开发的合作词和竞争词之间的词频排序和笔画数的差异不显著。

本研究使合作词和竞争词在词频、笔画数、意义度与熟悉度上相匹配，提高了实验的客观性与准确度，可以作为内隐合作IAT实验的目标词材料。本预实验也存在一些不足，有待未来研究进一步完善。一是在被试取样上未考虑性别均衡问题，所取被试样本女生多于男生；二是本研究中的所有数据均来自被试的主观报告，未来研究可增加其他方面的指标。

附录8　行为实验使用的相关材料

一、情绪评估问卷

指导语：当你看完视频后，你可能会有如下体验，也可能没有。请你对你看完视频后的体验进行评估，在相应数字上打钩。

类别	完全没有	稍微有点	中等偏弱	中等强度	中等偏强	有点强烈	非常强烈
平静	1	2	3	4	5	6	7
快乐	1	2	3	4	5	6	7
愤怒	1	2	3	4	5	6	7

二、平静心境量表（部分）

指导语：请将最能代表你此时此刻感觉程度的选项圈出来。

1. 平静。

A. 一点也不　B. 一点儿　C. 中等　D. 相当的　E. 非常的

3. 安宁。

A. 一点也不　B. 一点儿　C. 中等　D. 相当的　E. 非常的

4. 心平气和。

A. 一点也不　B. 一点儿　C. 中等　D. 相当的　E. 非常的

7. 怡然自得。

A. 一点也不　B. 一点儿　C. 中等　D. 相当的　E. 非常的

三、外显合作行为实验材料

参照相关研究范式，采用虚拟情境法进行外显合作行为实验。通过指导语，以文字、表格和图片形式描述规则和任务，因变量为被试完成任务所选择投入的金额。

这是规则的图解，阅读完后，按“Q”进入下一步。

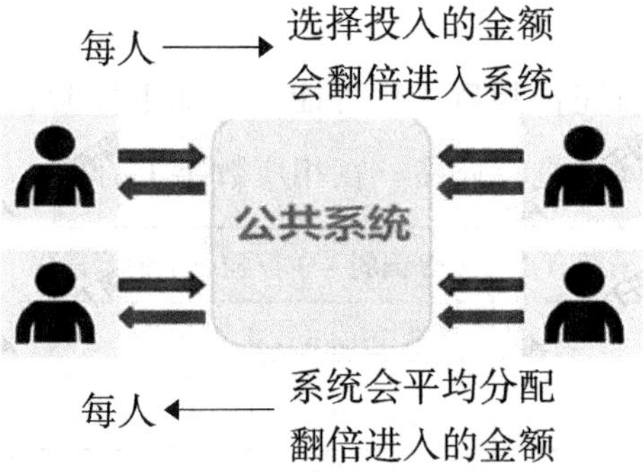

PGG举例，帮助你更好的理解规则。

举例	成员A投入	成员B投入	成员C投入	成员D投入	公共账户所得	系统自动翻倍后平均分配	A所得	B\C\D所得
1	100	100	100	100	400	400×2÷4=200	0+200=200	0+200=200
2	0	0	0	0	0	0×2÷4=0	100+0=100	100+0=100
3	100	0	0	0	100	100×2÷4=50	0+50=50	100+50=150
4	0	100	100	100	300	300×2÷4=150	100+150=250	0+150=150
5	70	10	10	10	100	100×2÷4=50	30+50=80	90+50=140

看完举例，按“Q”进入下一步。

我们会用问题来确保你理解了规则。请问：基于规则，对团队利益（账户金额最大化）而言，应该选择投入的金额是多少？

请在方框内输入数字，然后按“Enter”进入下一步。

请问：基于规则，对你的个人利益（账户金额最大化）而言，应该选择投入的金额是多少？

请在方框内输入数字，然后按“Enter”进入下一步。

本研究3个外显合作任务如下：

个人优先任务的指导语：“你的任务与其他3人一样，通过选择投入还是不投入，以及投入多少，尽量让自己个人账户的金额比其他人账户的金额多，以得到唯一的奖励。”

团队优先任务的指导语：“你的任务是与本团队其他3人一起，打败另外的4人队伍，以得到奖励。”

个人-团队冲突任务的指导语：“你有两个同等重要的任务，任务A为与本团队其他3人一起，打败另外的4人队伍，任务B为你也要与本团队其他3人竞争，让自己个人账户的金额，比本团队其他人个人账户的金额多。”

3个任务指导语之后，进入选择金额界面，由被试在“0~100元”进行选择。计算机自动记录被试在每个任务中所选的金额。

任务1

请在方框内输入你选择投入的金额（0~100元），然后按“Enter”进入下一步。

四、内隐合作行为实验材料

以下为指导语4的内容：

本部分不再有正确、错误的提示，请你判断出现在屏幕中央的词语的归类，若归为左上角“自我或合作”类词，请按F键。若归为右上角“他人或竞争”类词，请按J键。请尽快做出正确反应。

现在，按Q键开始实验！

2.以下为指导语7的内容：

本部分不再有正确、错误的提示，请你判断出现在屏幕中央的词语的归类，若归为左上角“他人或合作”类词，请按F键。若归为右上角“自我或竞争”类词，请按J键。请尽快做出正确反应。

现在，按Q键开始实验！

五、平和情绪视频诱发材料

1.《二十四节气》

选自中央电视台拍摄的纪录片《园林I》片段，讲述了中国节气的主要代表，视频时长90s。

2.《卡农钢琴演奏》

选自由钢琴家乔治·温斯顿演奏的《卡农》影像资料，视频时长322s。

3.《蔚蓝海洋》

视频描述了海洋以及在海里的植物与动物，画面宁静、和谐，音乐悠扬、恬静，视频时长245s。

4.《原始森林》

选自班得瑞（Bandari）出品的悠悠四季系列，配上原始森林的郁郁葱葱画面，给人以安宁轻松的感受，视频时长123s。

5.《日出》

视频描述了清晨的海边，太阳缓缓升起，伴着海浪和悠扬的音乐，温暖的红色铺满了整个画面，视频时长222s。

六、平和情绪音频诱发材料

1.“ξ-Piano”

选自Pavonis - Piano Collection Ⅰ，有虫鸣、鸟叫、溪流声、浪潮声，

自然的声音很美。音频时长155s。

2.《晨雾》

选自中国唱片上海公司JVC轻音乐特选系列：悠悠四季，由小岛演奏的森林交响曲——《晨雾》，悠悠之音平心静气，音频时长238s。

3. "Road to Freedom"

选自金培达演奏的音乐"Road to Freedom"，音乐悠扬、恬静，音频时长106s。

4.《夏荷风舞》

本古琴曲出自杨青老师的古琴专辑《半山听雨》，音频时长233s。

5. "The Promise"

神秘园（Secret Garden）创作的一首纯音乐作品，在钢琴声中开始，娓娓道来，缓慢抒情，音频时长194s。

七、平和情绪正念诱发材料

1. "身体和呼吸的正念"

选自《正念禅修——在喧嚣的世界中获取安宁》配套的指导语，从觉知呼吸和基本的身体姿势指导练习者进入正念，指导语时长255s。

2. "觉察思绪"

选自《正念禅修——在喧嚣的世界中获取安宁》配套的指导语，从觉知自动产生的念头、思绪指导练习者进入正念，指导语时长324s。

后　记

这本小书算是送给疫情时代的礼物吧。本书提出了平和倾向的心理学概念，并初步明确了大学生平和倾向的特点、影响因素与提升途径。己亥末，庚子春，新冠疫情在全球流行，深深地影响了每个人。疫情时代“不确定”的特征更加明显，增加了个体管理情绪的难度，那么，如何在不确定中安住当下，如何平和面对喧嚣的世界，将成为个体的重要素养。

本书是在博士论文基础上修改而成的，得到了我的博士生导师连榕教授的指导。记得在论文选题时，老师给予我充分的学术自由，当我提出要研究“平和”时，老师坚定地支持并给了具体的研究建议。老师示范了独立思考、担当责任、勇于创新、严谨学术与宽以待人的学者品格。如果没有老师的全力支持，不可能有此书的出版！成为老师的学生，何其幸哉！

感谢我的硕士生导师姚本先教授一直以来对我的关心。姚老师一直都是我学习的榜样，更是我生命历程中的贵人，是您将我领进心理学的大门，是您手把手教我发表第一篇学术论文，是您激励我坚持在学术和实务两个领域深度探索。谢谢您，老师！

感谢安徽师范大学教育科学学院领导和同事给予我的支持和帮助。感谢刘晓宇书记、葛明贵教授、方泓书记、李宜江院长和桑青松教授长期以来对我的关心和支持。感谢桂守才教授、赵必华教授、李萍副教授接受我的访谈。特别要感谢林荣茂师兄，在福建师范大学旗山校区的星雨湖畔、食堂桌前，我们一起讨论学术、切磋实务，彼此激发对方的灵感。感谢填写问卷和参加实验的大学生们，感谢在问卷发放和实验过程中，给予我帮助的老师和同行们。感谢家人和朋友对我的关爱和支持。本书由戴瑞同志题写书名，这份恩情，铭记于心。

本书是我所主持的国家社会科学基金“十三五”规划2019年度教育学一般课题“幼儿教师职业倦怠的正念整合预防模式研究（BBA190027）”的研究成果。本书得到了安徽师范大学学术著作出版基金（2020XJ54）的资助，也是2020年安徽师范大学校级本科教学工程项目（线下一流课程：咨询心理学）的成果。在写作过程中，我参考了国内外学者的真知灼见，在此一并表示感谢。由于本人学识有限，难免有疏漏之处，恳请各位专家和读者批评指正。

何元庆

作于和润斋

2020年6月22日